机械测量技术

（第2版）

主　编　邬建忠
副主编　陈爱民
参　编　丁丽丽　吕延鹏　周志刚
主　审　张　萍

北京理工大学出版社
BEIJING INSTITUTE OF TECHNOLOGY PRESS

内容简介

本书包含机械测量技术基础知识部分、机械测量技术技能训练项目部分和精密测量设备应用技术基础部分。机械测量技术基础知识部分主要介绍机械测量技术的相关基础知识。机械测量技术技能训练项目部分包含4个项目：轴类零件的测量、套类零件的测量、螺纹件的测量、圆柱齿轮和蜗杆的测量。精密测量设备应用技术基础部分主要介绍了三种精密测量设备的应用技术基础。同时，每个项目均以量具、量仪的应用和测量方法为主线架设若干个任务，便于教学开展和工作任务的完成。本书图文并茂，形象直观，文字叙述简明扼要，通俗易懂。

本书可作为职业院校数控技术应用专业、机电技术应用专业、模具制造技术专业、机械加工技术专业及其他相关专业的教学用书，也可作为相关行业的岗位培训教材及有关人员的自学用书。

图书在版编目（CIP）数据

机械测量技术 / 邬建忠编. —2版. —北京：北京理工大学出版社，2019.10

ISBN 978-7-5682-7760-0

Ⅰ.①机…　Ⅱ.①邬…　Ⅲ.①技术测量－中等专业学校－教材　Ⅳ.①TG801

中国版本图书馆CIP数据核字（2019）第239905号

出版发行 / 北京理工大学出版社有限责任公司
社　　址 / 北京市海淀区中关村南大街5号
邮　　编 / 100081
电　　话 / （010）68914775（总编室）
（010）82562903（教材售后服务热线）
（010）68948351（其他图书服务热线）
网　　址 / http：//www.bitpress.com.cn
经　　销 / 全国各地新华书店
印　　刷 / 定州市新华印刷有限公司
开　　本 / 787毫米×1092毫米　1/16
印　　张 / 13.75
字　　数 / 320千字
版　　次 / 2019年10月第2版　2019年10月第1次印刷
定　　价 / 38.00元

责任编辑 / 张荣君
文案编辑 / 张荣君
责任校对 / 周瑞红
责任印制 / 边心超

北京理工大学出版社中等职业教育加工制造类系列教材

专家委员会

李志江：江苏省徐州技师学院
刘科建：江苏省徐州技师学院
刘衍益：无锡交通高等职业技术学校
刘永富：无锡机电高等职业技术学校
卢　松：江苏省淮安工业中等专业学校
陆浩刚：江苏省惠山中等专业学校
马利军：四川省射洪县职业中专学校
石　磊：武汉机电工程学校
唐建成：江苏省徐州技师学院
滕士雷：无锡机电高等职业技术学校
王　著：盐城机电高等职业技术学校
王红梅：唐山劳动技师学院
王锦昌：江苏省连云港中等专业学校
王志慧：连云港工贸高等职业技术学校
邬建忠：江苏省惠山中等专业学校
吴　玢：苏州工业园区工业技术学校
吴泽军：四川省射洪县职业中专学校
夏宝林：四川职业技术学院
夏春荣：无锡交通高等职业技术学校
邢丽华：无锡机电高等职业技术学校
徐自远：无锡机电高等职业技术学校
杨耀雄：河源技师学院
郁　冬：江苏省靖江中等专业学校
喻志刚：武汉机电工程学校
翟雄翔：扬州高等职业技术学校
张立炎：清远工贸职业技术学校
张　萍：无锡机电高等职业技术学校
张长红：连云港工贸高等职业技术学校
钟伟东：河源技师学院
周成东：盐城机电高等职业技术学校
周　静：江苏省盐城高级职业学院
周亚男：唐山劳动技师学院
周　玉：四川省射洪县职业中专学校
周中艳：江苏安全技术职业学院
庄金雨：宿迁经贸高等职业技术学校

前言

FOREWORD

“机械测量技术”是一门实用性和操作性较强的理实一体化课程。为了适应新形势下国家对技能应用型人才的培养目标，本教材在编写过程中力求做到以能力为本位，突出职教特色，本着强调专业基础、注重测量技术能力的培养、突出工程实践的应用、力求教材内容创新的总体思路，以项目为导向设置课程体系，以工程实践任务为引领组织教材内容。本书在编写过程中突出以下特点：

1．本书执行最新专业教学标准，教材内容贯彻最新国家技术标准

本书根据教育部最新中等职业学校专业教学标准和核心课程标准编写。教材贯彻最新的国家技术标准和行业标准，引入相关精密测量仪器内容的介绍；同时，选题内容尽可能体现新知识、新方法、新工艺、新技术的应用，强调实用性、典型性和工艺规范。

2．“以职业能力为本位”出发来整合组织编写教材内容

掌握并具备综合运用机械测量技术的能力，是对从事机械制造类专业人员的最基本要求。本教材理论联系实践，引入大量的实际应用和工程实例来组织编排和整合教材具体内容，从而达到培养学生的机械测量操作基本技能。

3．以项目为引领、任务为驱动，实现理论与实践一体化

本书以项目为引领、以任务为驱动、以技能训练为中心的指导思想，配备相关的理论知识构成项目化教学模块来优化教材内容；通过“做中学、学中做、边学边做”来实施任务，实现理论知识与技能训练的统一；突出实践动手能力培养，重视知识、能力、素质的协调发展。

4．测量任务设置明确，实施环节紧扣有效

各项目测量任务设置了“训练目标”、“任务分析”、“知识学习”、“任务实施”、“训练评价”“思考练习”等环节，相关环节步步紧扣，高效地实施工作任务。

5．教材图文并茂，实用性强

教材的相关操作均取自于现场实际操作，以图文并茂的方式呈现，步骤与图形一一对应，便于学生的自学与操作练习；同时，在教材编写结构上，每个项目形成相对独立模块，具有一定的独立性和灵活性，便于在教学过程中有针对性地进行训练。

本教材的参考教学时数为 50 ～ 70 学时，使用时可根据具体情况删减部分内容。

FOREWORD

课程教学时数建议（供参考），其中带“*”号内容为选学内容：

序号	主要内容	课时		
		理论	实践	总课时
第一部分	机械测量技术基础知识	8	2	10
第二部分	机械测量技术技能训练项目			
项目一	轴类零件的测量	4	10	14
项目二	套类零件的测量	4	8	12
项目三	螺纹件的测量	2	6	8
项目四	圆柱齿轮和蜗杆的测量	2	6	8
*第三部分	精密测量设备应用技术基础	4	4	8
机　动				10
合　计		24	36	70

本书由江苏省惠山中等专业学校邬建忠担任主编、无锡机电高等职业技术学校陈爱民担任副主编。具体编写分工如下：邬建忠编写了第一部分、第三部分、附录，并负责全书的策划和统稿；浙江省嘉善县中等专业学校吕延鹏编写了第二部分的项目一；江苏省江阴中等专业学校丁丽丽编写了第二部分的项目二；陈爱民编写了第二部分的项目三、项目四；江苏太湖锅炉股份有限公司周志刚提供了大量的实际案例素材并协助审稿；江苏城市职业学院（徐州）程良对本书的编写提供了大量的帮助。

本书由无锡机电高等职业技术学校张萍审稿，她对书稿提出了许多宝贵的修改意见和建议，提高了书稿质量，在此一并表示衷心的感谢！

本书在推广使用中，非常希望得到其教学适用性反馈意见，以便不断改进与完善。由于编者水平有限，书中错漏之处在所难免，敬请读者批评指正。

编　者

目录

CONTENTS

第一部分 机械测量技术基础知识

第二部分 机械测量技术技能训练项目

第三部分 精密测量设备应用技术基础

附 录

第一部分

机械测量技术基础知识

机械测量技术是一门具有自身专业体系、涵盖多种学科、理论性和实践性都非常强的前沿科学。熟悉机械测量技术方面的基础知识，则是掌握机械测量技能、独立完成对机械产品几何参数测量的基础。

本部分主要通过三个任务介绍机械测量技术的相关知识、机械测量的常用量具和仪器及其维护与保养知识、互换性与尺寸公差基础知识、极限配合与国家标准相关知识等有关内容。

任务一 了解机械测量技术的相关知识

学习目标

- 了解机械测量技术的相关知识，掌握机械测量的基本概念及其单位与换算关系。
- 理解测量基准和量值传递的基本知识。
- 了解测量方法的分类，理解测量误差分析与数据处理的基础常识。

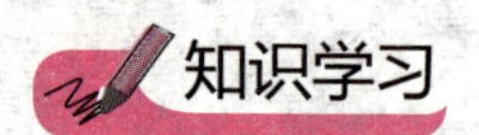

1：机械测量技术概述

一、机械测量技术的基本概念

(一)测量的定义

一件制造完成后的产品是否满足设计的几何精度要求，通常有以下几种判断方式。

1. 测量

测量就是为确定量值而进行的实验过程，是以确定被测对象的量值为目的的全部操作。在这一操作过程中，将被测对象与复现测量单位的标准量进行比较，并以被测量与单位量的比值及其准确度表达测量结果。例如，用游标卡尺对一轴径的测量，就是将被测量对象(轴的直径)用特定测量方法(游标卡尺)与长度单位(毫米)相比较。若其比值为30.62，准确度为±0.03 mm，则测量结果可表达为(30.62±0.03)mm。

显然，对任一被测对象进行测量，首先要建立计量单位，其次要选择与被测对象相适应的测量方法，并且要达到所要求的测量精度。这样，一个完整的几何量测量过程包括测量对象、计量单位、测量方法及测量精度等四个要素。本书只涉及机械制造中最普遍的测量对象，即几何量的测量。

(1)测量对象：这里主要指几何量，包括长度、角度、表面粗糙度以及形位误差等。由于几何量的特点是种类繁多，形状又各式各样，因此对于它们的特性、被测参数的定义，以及标准等都必须加以研究和熟悉，以便进行测量。

(2)计量单位：用以度量同类量值的标准量。我国国务院于1977年5月27日颁发的《中华人民共和国计量管理条例(试行)》第三条规定中重申：“我国的基本计量制度是米制(即公制)，逐步采用国际单位制。”1984年2月27日正式公布中华人民共和国法定计量单位，确定米制为我国的基本计量制度。在长度计量中单位为米(m)。在机械制造中常用单位为毫米(mm)。在精密测量中，常采用微米(μm)为单位。在角度测量中以度、分、秒为单位。

(3)测量方法：是指在进行测量时所采用的测量原理、测量器具和测量条件的总和。根据被测对象的特点，如精度、大小、轻重、材质、数量等来确定所用的计量器具；分析研究被测参数的特点及其与其他参数的关系，确定最合适的测量方法以及测量的主客观条件(如环境、温度)等。

(4)测量精度(即准确度)：是指测量结果与真值的一致程度。由于任何测量过程总不可避免地会出现测量误差，误差大说明测量结果离真值远，精确度低。

因此精确度和误差是两个相对的概念。由于存在测量误差，任何测量结果都是以一近似值来表示，或者说测量结果的可靠性有效值由测量误差确定。

2. 测试

测试是指具有试验性质的测量，也可理解为试验和测量的全过程。

3. 检验

检验是判断被测物理量在规定范围内是否合格的过程，一般来说就是确定产品是否满足设计要求的过程，即判断产品合格性的过程，通常不一定要求测出具体值。几何量检验即是确定零件的实际几何参数是否在规定的极限范围内，以作出合格与否的判断。因此，检验也可理解为不要求知道具体值的测量。

4. 计量

计量是为实现测量单位的统一和量值的准确可靠而进行的测量。

(二)机械产品的质量检验

机械产品是工业产品的基础，其产品的用途极为广泛，涉及钢铁、机电、交通、运输、电工、电子、轻工、食品、石化、能源、采矿、冶炼、建筑、环保、医药、卫生、航空、航天、海洋、军工和农业等各领域。

1. 机械产品质量检验的基本概念

机械产品无论其尺寸形状、结构如何变化，都是由若干分散的、不具有独立使用功能的制造单元(零件)组成，或具有某种或某项局部功能的组件(部件)，或具有综合性能的组装整体(整机)。由于机械产品用途千差万别，其结构性能就各不相同。因此，不但要对机械产品整机的综合性能进行评定，还必须对组成整机的每个零件的金属材料的化学成分(金属元素含量及非金属夹杂物含量)、金属材料的显微组织、材料(金属和非金属)的力学性能、尺寸几何参数、形状与位置公差、表面粗糙度等进行质量检验与测量。本书学习的是对尺寸几何参数、形状与位置误差及表面粗糙度的检验与测量。

2. 机械产品质量检验的主要内容

质量检验是生产过程中的特殊职能，它的任务是不但要挑出不良品，还应该对不良品产生的原因进行分析，寻找改进方案，采取预防措施，从根本上解决质量保证问题。根据质量要领的定义，质量检验包括：

(1)宣传产品的质量标准。

(2)产品制造质量的度量。

(3)比较度量结果与质量标准的符合程度。

(4)作出符合性的判断。

(5)合格品的安排(转工序、入库)。

(6)不良品的处理(返修、报废)。

(7)数据记录(为做好产品质量的统计分析提供依据)。

(8)数据整理和分析。

(9)提出预防不良品的方案，供决策者参考。

3. 机械产品质量检验的分类

产品的质量检验从原材料进厂制造过程中的各工序到出厂，整个过程都贯穿着质量检验工作。每个企业都根据本企业的具体情况设置检验机构，形成一个工作系统。采取各种方式和方法进行质量检验，不同的方法适用于不同的生产条件和检验目的，根据不同的方式分为以下各类。

(1)按检验工作性质分类：尺寸精度检验、外观质量检验、几何形状位置精度检验、性能检验、可靠性检验、重复性检验、分析性检验。

(2)按工艺过程分类：进厂检验、工序检验、入库检验。

(3)按检验地点分类：定点检验和流动检验。

(4)按产品检验后的性能分析分类：破坏性检验和非破坏性检验。

(5)按检验数量分类：全数检验和抽样检验。

(6)按预防性检验分类：首件检验、统计检验、频数检验。

(7)按人员分类：自检、互检、专检。

4. 机械产品质量检验的基本步骤

机械产品质量检验的基本步骤如图 1-0-1 所示。

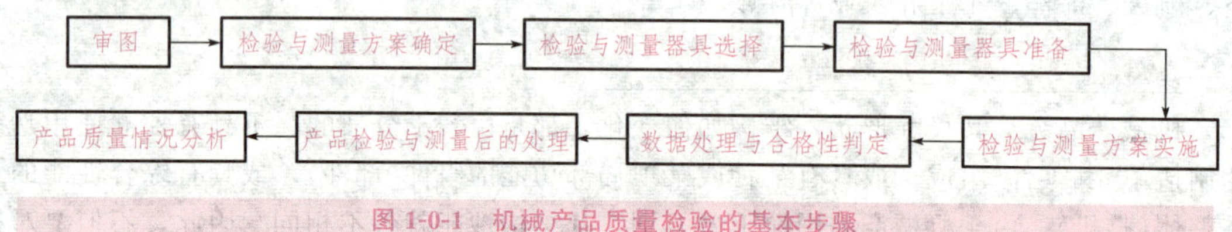

图 1-0-1　机械产品质量检验的基本步骤

5. 相关的制度

生产过程中的三检制度如下：

自检：由操作者自己对加工的产品按工艺文件要求进行检验并记录。

互检：由工序组长或班长、工段长等，对自己管辖的生产工人加工的产品，是否符合工艺文件要求进行的检验；也可由班组长，组织同工序人员检验对方加工的产品。

专检：由企业质检部门的检验员完成，凡自检或互检不合格的产品不得交验，经检验不合格的产品应标识或隔离。未经检验不合格的产品不得转工序或入库，凡转工序或入库的产品须有检验人员签章的合格证明，凡没有检验合格的产品下道工序或库房保管应拒绝接收。

二、常用测量单位及其换算

对几何量进行测量时，必须有统一的长度计量单位。测量单位是测量工作中的原始标准，各国都作了具体规定。例如，我国传统习惯沿用的长度单位为丈、尺、寸、分、厘，叫做“市制”。英联邦国家采用的长度单位为码、英尺、英寸、英分，叫做“英制”。目前，大多数国家(包括我国)使用“米制”，以米为基本长度单位，“米制”被国际公认，定为国际标准。

米的定义

• 1791 年法国国民议会决定通过巴黎的地球子午线的四千万分之一定义为 1 m，并用铂铱合金做成实物基准——米原器。

• 1889 年第一届国际计量大会批准米原器作为国际基准米尺。规定米的定义为：1 米是在标准大气压和 0℃时，国际基准米尺两端两刻线间的距离。为了保证国际间的互换性，并将复制品副尺分发签字国作为国家基准(主基准)，并定期与国际基准米尺校对。

• 由于米原器内部金属的不稳定性以及环境的影响，不能保证其不受损坏或长期不变，且复现的不确定度只能达 1.1×10^{-7}，因此，在 1960 年，第 11 届国际计量大会上修改了米的定义。“1 米为氪原子的 2P10 和 5d5 能级之间跃迁所对应的辐射在真空的 1650763.73 个波长的长度”，其复现不确定度为 4×10^{-9}。从实物基准转换为自然基准是测量技术的一大飞跃。

• 由于激光技术的发展，激光的稳定性和复现性比氪基准高 100 倍以上，1983 年第十七届国际计量大会根据国际计量委员会的报告，批准了米的新定义：“一米是光在真空中在 1/299 792 458秒(s)的时间间隔内所行进的路程的长度。”我国采用碘吸收稳定的 0.633 μm 氦氖激光辐射作为波长标准来复现“米”定义。

我国国务院于 1984 年发布了《关于在我国统一实行法定计量单位的命令》，决定在采用先进的国际单位制基础上，规定我国计量单位一律采用《中华人民共和国法定计量单位》，其中规定“米”(m)为长度的基本单位，同时使用米的十进制倍数和分数的单位。千米(km)、米(m)、毫米(mm)、微米(μm)间的换算关系如下：$1\ \text{mm}=10^{-3}\ \text{m}$；$1\ \mu\text{m}=10^{-3}\ \text{mm}$。在超精密测量中，长度计量单位采用纳米(nm)，$1\ \text{nm}=10^{-3}\ \mu\text{m}$。

机械制造中常用的角度单位是度(°)、分(′)、秒(″)和弧度(rad)、微弧度(μrad)。用度做单位来测量角的制度叫做角度制。若将整个圆周分为 360 等分，则每一等分弧所对的圆心角的角度即为 1 度(°)；圆周一周所对的圆心角＝360°(度)。度、分、秒的关系采用 60 进位制，即 $1°=60'$(分)，$1'=60''$(秒)。用弧度做单位来测量角的制度叫做弧度制。与半径等长的弧所对的圆心角的弧度即为 1 弧度。圆周所对的圆心角＝2π 弧度＝6.2832 弧度(rad)。1μrad(微弧度)$=10^{-6}$ rad(弧度)。角度和弧度的换算关系为:$1° = 0.017\ 453$rad,或 1rad = 57.295 764°。

在生产实际工作中,我们常会遇到英制长度单位的零件,例如管子直径以英寸作为基本单位,它与法定长度的换算关系是1英寸(in)=0.0 254米(m)=25.4毫米(mm)。

我国的市制长度单位是(市)里、丈、尺、分,如1里=150丈,1丈=10尺,1尺=10寸,1寸=10分。我国现行法定计量单位是国际制单位,市制单位已不使用。

⊛**趣味实践:**

1. 你的头发直径是多少?
2. 你正常情况下一步能跨多远?
3. 你的鞋子有多长?
4. 教室黑板有多长?

三、测量基准和量值的传递

1. 测量基准

测量基准是复现和保存计量单位并具有规定计量单位特性的计量器具。

在几何量计量领域内,测量基准可分为长度基准和角度基准两类。

(1)长度基准。要保证测量的统一性、权威性、准确性,必须建立国际长度基准。

复现及保存长度计量单位并通过它传递给其他计量器具的物质称为长度计量基准。长度计量基准分国家基准(主基准)、副基准和工作基准。

①国家基准(主基准)。国家基准是用来复现和保存计量单位,具有现代科学技术所能达到的最高准确度的计量器具,经国家鉴定并批准,作为统一全国计量单位量值的最高依据。如上述"米"的定义,推荐用激光辐射来复现它。

②副基准。副基准是通过直接或间接与国家基准对比来确定其量值并经国家鉴定批准的计量器具。它在全国作为复现计量单位的地位仅次于国家基准。

③工作基准。工作基准是经与国家基准或副基准校准或比对,并经国家鉴定,实际用以检定计量标准的计量器具。它在全国作为复现计量单位的地位仅在国家基准及副基准之下。设立工作基准的目的是不使国家基准和副基准由于使用频繁而丧失其应有的准确度或遭受损坏。

根据米的定义建立的国家基准、副基准和工作基准,一般都不能在生产中直接用于对零件进行测量。为了确保量值的合理和统一,必须按《国家计量检定系统》的规定,将具有最高计量特性的国家基准逐级进行传递,直至用于对产品进行测量的各种测量器具。

(2)角度基准。角度量与长度量不同。由于常用角度单位(度)是由圆周角定义的,即圆周角等于360°,而弧度与度、分、秒又有确定的换算关系,因此无需建立角度的自然基准。

2. 量值的传递

在机械制造中,自然基准普遍不便于直接应用。为了保证测量值的统一,必须把国家基准所复现的长度计量单位量值经计量标准逐级传递到生产中的计量器具和工件上去，以保证对被测对象所测得的量值的准确和一致，这就是量值的传递，如图 1-0-2 所示。为此，需要在全国范围内从技术上和组织上建立起严密的长度量值传递系统。目前，线纹尺和量块是实际工作中常用的两种实体基准。

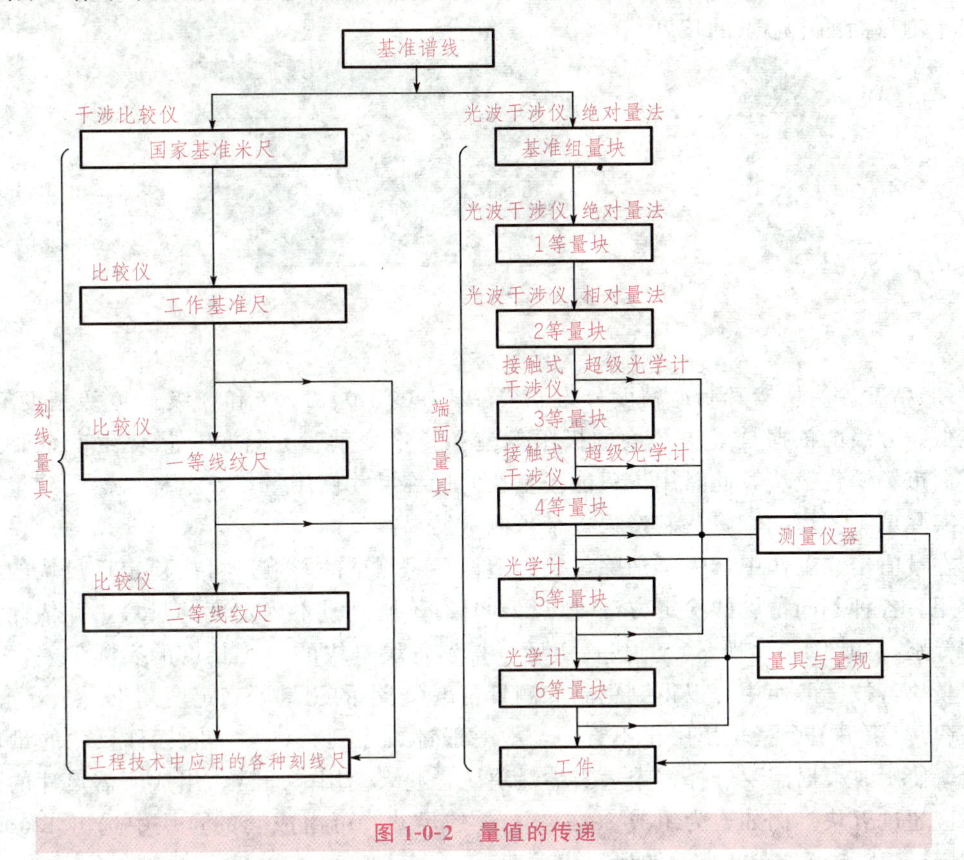

图 1-0-2　量值的传递

(1)在技术上，长度量值传递系统：一是由自然基准过渡到国家基准米尺、工作基准米尺再传递到工程技术中应用的各种刻线线纹尺至工件尺寸；二是由自然基准过渡到基准组量块，再传递到工作量块及各种计量器具至工件尺寸。

(2)在组织上，长度量值传递系统是由国家计量局、各地区计量中心，省、市计量机构一直到各企业的计量机构所组成的计量网，负责其管辖范围内的计量工作和量值传递工作。

3. 量块

量块是一种平行平面端度量具，又称块规。它是保证长度量值统一的重要常用实物量具。除了作为工作基准之外，量块还可以用来调整仪器、机床或直接测量零件。

(1)一般特性。量块是以其两端面之间的距离作为长度的实物基准(标准)，是一种单值量具，其材料与热处理工艺应满足量块的尺寸稳定、硬度高、耐磨性好的要求。通常都用铬锰钢、铬钢和轴承钢制成。

(2)结构。绝大多数量块制成直角平行六面体，如图 1-0-3 所示；也有制成 $\phi20$ 的圆柱体。每块量块都有两个表面非常光洁、平面度精度很高的平行平面，称为量块的测量面(或称工作面)。量块长度(尺寸)是指量块的一个测量面上的一点至与量块相研合的辅助体(材质与量块相同)表面(亦称辅助表面)之间的距离。为了消除量块测量面的平面度误差和两测量面间的平行度误差对量块长度的影响，将量块的工作尺寸定义为量块的中心长度，即两个测量面的中心点的长度。

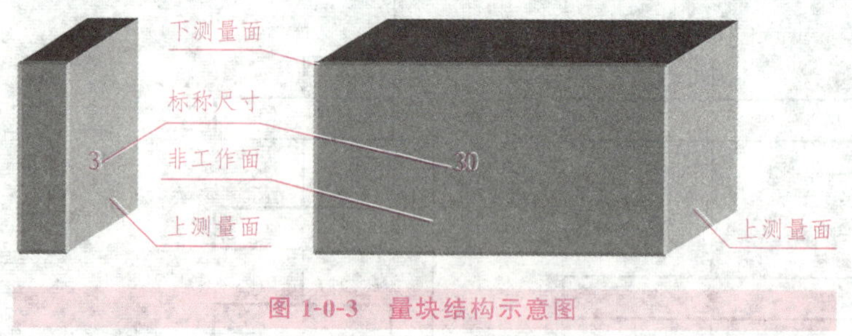

图 1-0-3 量块结构示意图

(3)精度。量块按其制造精度分为五个“级”：00、0、1、2 和 3 级。00 级精度最高，3 级最低。分级的依据是量块长度的极限偏差和长度变动量允许值。量块生产企业大都按“级”向市场销售量块，此时用户只能按量块的标称尺寸使用量块，这样必然受到量块中心长度实际偏差的影响，将其制造误差带入测量结果。

在量值传递工作中，为了消除量块制造误差对测量的影响，可按检定后量块的实际尺寸使用。各种不同精度的检定方法可以得到具有不同测量不确定度的量块，并依此划分量块的等别，如图 1-0-2 所示。量块检定后可得到每块量块的中心长度的实际偏差，显然同一套量块若按“等”使用可以得到更高的测量精度(较小的测量不确定度)。

(4)使用。单个量块使用很不方便，故一般都按序列将许多不同标称尺寸的量块成套配置，使用时根据需要选择多个适当的量块研合起来使用。通常，组成所需尺寸的量块总数不应超过五块。例如，为组成 89.765 mm 的尺寸，可由成套的量块中选出 1.005 mm、1.26 mm、7.5 mm、80 mm 四块组成，即

$$
\begin{array}{rl}
89.765 & \cdots\cdots\text{所需尺寸} \\
-)\ \ 1.005 & \cdots\cdots\text{第一块} \\
\hline
88.76 & \\
-)\ \ 1.26 & \cdots\cdots\text{第二块} \\
\hline
87.5 & \\
-)\ \ 7.5 & \cdots\cdots\text{第三块} \\
\hline
80 & \cdots\cdots\text{第四块}
\end{array}
$$

(5)注意事项。量块在使用过程中应注意以下几点：

①量块必须在使用有效期内，超出期限应及时送专业部门检定。

②所选量块应先放入航空汽油中清洗，并用洁净绸布将其擦干，待量块温度与环境湿度相同后方可使用。

③使用环境良好，防止各种腐蚀性物质对量块的损伤及因工作面上的灰尘而划伤工作面，影响其研合性。

④轻拿、轻放量块，杜绝磕碰、跌落等情况的发生。

⑤不得用手直接接触量块，以免造成汗液对量块的腐蚀及手温对测量精确度的影响。

⑥使用完毕，应先用航空汽油清洗所用量块，并擦干后涂上防锈脂放入专用盒内妥善保管。

2：测量方法的分类

在长度测量中，测量方法是根据被测对象的特点来选择和确定的。被测对象的特点主要是指它的精度要求、几何形状、尺寸大小、材料性质以及数量等，其常用的测量方法见表 1-0-1。

表 1-0-1　常用的测量方法

分类方法	测量方法	含　义	说　明
按实测量是否为被测量	直接测量	无需对被测量与其他实测量进行一定函数关系的辅助计算，直接得到被测量值的测量	测量精度只与测量过程有关，如用游标卡尺测量轴的直径、长度尺寸
	间接测量	通过直接测量与被测参数有已知关系的其他量而得到该被测参数量值的测量	测量的精度不仅取决于有关参数的测量精度，且与所依据的计算公式有关
按示值是否为被测几何量的整个量值	绝对测量	被测零件的数值大小可在量具或量仪上直接读出	如用游标卡尺、千分尺、测长仪等测量轴径
	相对测量（又称比较测量）	先用标准量将量具调好零位，然后从量具上读出被测零件对标准量的偏差值，此偏差值与标准量的代数和即为被测零件的尺寸	不能直接读出被测数值的大小，在实际测量工作中也称比较法或微差法，如用量块调整比较仪测量直径
按零件上同时被测参数的多少	单项测量	对被测零件的某个参数进行单独测量	分析加工过程中造成疵品的原因时采用，如单独测量螺纹中径、螺距和牙型半角
	综合测量	被测零件的实际外形轮廓与标准外形轮廓之间相比较时，同时对影响被测零件质量的几个参数进行测量	能全面地评定零件各个参数的综合误差。如用投影仪检验零件轮廓；用螺纹极限量规检验螺纹；用双啮仪来评定齿轮质量等
按被测工件表面与量仪之间是否有机械作用的测量力	接触测量	量具或量仪的触端直接与被测零件表面相接触得到测量结果	如用内径表测量孔径、外径千分尺测量圆柱体
	非接触测量	量具或量仪测头与被测零件表面不直接接触（表面无测力存在），而是通过其他介质（光、气流等）与零件接触得到测量结果	如光切显微镜测量表面粗糙度、在投影仪上将放大了的零件轮廓图像与标准的图形相比较的测量方法

续表

分类方法	测量方法	含义	说明
按被测量是否在加工过程中	在线测量	零件在加工过程中进行的测量	测量结果直接用来控制零件的加工过程，能及时防止和消灭废品。主要应用在自动生产线上
	离线测量	零件加工完后在检验站进行的测量	测量结果仅限于发现并剔出废品
按被测量或零件在测量过程中所处的状态	静态测量	测量时被测表面与测量头是相对静止的，没有相对运动	如用千分尺测量零件的直径
	动态测量	测量时被测表面与测量器具的测量头之间有相对运动，它能反映被测参数的变化过程	如用激光丝杠动态检查仪测量丝杠等、用激光比长仪测量精密线纹尺
按决定测量结果的全部因素或条件是否改变	等精度测量	指决定测量精度的全部因素或条件都不变的测量，如同测量者、同一计量器具、同一测量方法、同一被测几何量所进行的测量	一般情况下都采用等精度测量
	不等精度测量	指在测量过程中，有一部分或全部因素或条件发生改变	测量的数据处理比较麻烦，只运用于重要的科研实验中的高精度测量

3：测量误差分析与数据处理

一、测量误差分析

由于测量过程的不完善而产生的测量误差，将导致测得值的分散度不确定。因此，在测量过程中，正确分析测量误差的性质及其产生的原因，对测得值进行必要的数据处理，获得满足一定要求的置信水平的测量结果，是十分重要的。

1. 测量误差

测量误差是被测量的测得值 x 与其真值 x_0 之差，即 $\Delta=x-x_0$。

由于真值是不可能确切获得的，因而上述用于测量误差的定义也是理想概念。在实际工作中往往将比被测量值的可信度（精度）更高的值，作为其当前测量值的“真值”。

2. 误差来源

测量误差主要由测量器具、测量方法、测量环境和测量人员等方面因素产生。

(1)测量器具。测量器具设计中存在的原理误差，如杠杆机构、阿贝误差等。制造和装配过程中的误差也会引起其示值误差的产生，如刻线尺的制造误差、量块制造与检定误差、表盘的刻制与装配偏心、光学系统的放大倍数误差、齿轮分度误差等。其中最重要的是基准件的误差，如刻线尺和量块的误差，它是测量器具误差的主要来源。

(2)测量方法。间接测量法中因采用近似的函数关系原理而产生的误差或多个数据经过计算后的误差累积。

(3)测量环境。测量环境主要包括温度、气压、湿度、振动、空气质量等因素。在一般测量过程中，温度是最重要的因素。测量温度对标准温度(+20℃)的偏离、测量过程中温度的变化以及测量器具与被测件的温差等都将产生测量误差。

(4)测量人员。测量人员引起的误差主要有视差、估读误差、调整误差等，它的大小取决于测量人员的操作技术和其他主观因素。

3. 测量误差分类及减少其影响的方法

测量误差按其产生的原因、出现的规律及其对测量结果的影响，可以分为系统误差、随机误差和粗大误差。

(1)系统误差。在规定条件下，绝对值和符号保持不变或按某一确定规律变化的误差，称为系统误差。其中绝对值和符号不变的系统误差为定值系统误差，按一定规律变化的系统误差为变值系统误差。

系统误差大部分能通过修正值或找出其变化规律后加以消除，如经检定后得到的量块中心长度的修正值、测量角度的仪器中光学度盘安装偏心形成的按正弦曲线规律变化的角度示值误差等。有些系统误差无法修正，如温度有规律变化造成的测量误差。

(2)随机误差。在规定条件下，绝对值和符号以不可预知的方式变化的误差，称为随机误差。就某一次测量而言，随机误差的出现无规律可循，因而无法消除。但若进行多次等精度重复测量，则与其他随机事件一样具有统计规律的基本特性，可以通过分析，估算出随机误差值的范围。

随机误差主要由温度波动、测量力变化、测量器具传动机构不稳、视差等各种随机因素造成，虽然无法消除，但只要认真仔细地分析产生的原因，还是能减少其对测量结果的影响。

(3)粗大误差。明显超出规定条件下预期的误差，称为粗大误差。粗大误差是由某种非正常的原因造成的，如读数错误、温度的突然大幅度变动、记录错误等。该误差可根据误差理论，按一定规则予以剔除。

二、等精度直接测量的数据处理

等精度直接测量就是在同一条件下(即等精度条件)，对某一量值进行 n 次重复测量而获得一系列的测量值。在这些测量值中，可能同时含有系统误差、随机误差和粗大误差。为了获得正确的测量结果，应对各类误差分别进行处理。

数据处理的步骤如下：

(1)判断系统误差。首先查找并判断测得值中是否含有系统误差，如果存在系统误差，则应采取措施加以消除。关于系统误差的发现和消除方法可参考有关资料。

(2)求算术平均值。消除系统误差后，可求出测量列的算术平均值，即

$$\overline{L}=\frac{1}{n}\sum_{i=1}^{n}L_i \tag{1-0-1}$$

(3)计算残余误差 V_i。测得值 L_i 与算术平均值 $\overline{L}$ 之差即为残余误差 V_i，简称残差。可用下式表示：

$$V_i=L_i-\overline{L} \tag{1-0-2}$$

(4)计算单次测量的标准偏差 σ：

$$\sigma=\sqrt{\frac{1}{n-1}\sum_{i=1}^{n}V_i^2} \tag{1-0-3}$$

(5)判断有无粗大误差。如果存在粗大误差，应将含有粗大误差的测得值从测量列中剔除，然后重新计算算术平均值。重复以上各步骤。

粗大误差通常用拉依达准则来判断。拉依达准则又称 3σ 准则，主要适用于服从正态分布的误差，重复测量次数又比较多的情况。其具体做法是用系列测量的一组数据，按式(1-0-3)算出标准偏差 σ，然后用 3σ 作为准则来检查所有的残余误差 V_i，若某一个 $|V_i|>3\sigma$，则该残余误差判为粗大误差，应剔除。然后重新计算标准偏差 σ，再将新算出的残差进行判断，直到不再出现粗大误差为止。

(6)求算术平均值的标准偏差 $\sigma_{\overline{L}}$。根据误差理论，测量列算术平均值的标准偏差与单次测量值的标准偏差存在如下关系：

$$\sigma_{\overline{L}}=\frac{\sigma}{\sqrt{n}} \tag{1-0-4}$$

式中：n 为测量次数；σ 为单次测量的标准偏差。

由式(1-0-4)可知，在 n 次等精度测量中，算术平均值的标准偏差 $\sigma_{\overline{L}}$ 为单次测量的标准偏差的 $\frac{1}{\sqrt{n}}$ 倍。

算术平均值的标准偏差用残余误差表示为

$$\sigma_{\overline{L}}=\frac{\sigma}{\sqrt{n}}=\sqrt{\frac{1}{n(n-1)}\sum_{i=1}^{n}V_i^2} \tag{1-0-5}$$

(7)测量结果的表示方法。

单次测量：

$$L=l\pm3\sigma=l\pm\delta_{\lim} \tag{1-0-6}$$

多次测量：

$$L=\overline{L}\pm3\sigma\overline{L}=\overline{L}\pm\delta_{\lim\overline{L}} \tag{1-0-7}$$

式中：L 为测量结果；$\overline{L}$ 为测量列的算术平均值；l 为单次测量值；$\delta_{\lim}$ 为单次测量极限误差；$\delta_{\lim\overline{L}}$ 为算术平均值的测量极限误差。

任务二　了解机械测量的常用量具和仪器

学习目标

- 了解测量器具的分类，理解测量器具主要技术性能指标。
- 了解其他常用计量仪器及现代测量技术发展与趋势。
- 了解量具量仪选用的要求及方法，熟悉量具量仪的日常使用与维护技术。

1：测量器具的分类

测量器具是量具、量规、测量仪器（简称量仪）和其他用于测量目的的测量装置的总称。

测量器具按测量原理、结构特点及用途分为以下四类。

1. 量具

量具是指用来测量或检验零件尺寸的器具，结构比较简单。这种器具能直接指示出长度的单位或界限，如量块（图 1-0-4）、角尺、卡尺、千分尺等。

2. 量规

量规是没有刻度的专用测量器具，是一种检验工具，用来检验零件尺寸和几何误差的综合结果，从而判断工件被测的几何量是否合格。量规只能判断工件是否合格，不能获得被测量的具体数值，如光滑极限量规、螺纹量规（图 1-0-5）等。

图 1-0-4　量块

图 1-0-5　螺纹塞规和螺纹环规

3. 量仪

量仪是指用来测量零件或检定量具的仪器，结构比较复杂。它是利用机械、光学、气动、电动等原理，将长度单位放大或细分的测具，如立式光学计、水平仪、圆度仪、测长仪、偏摆检查仪(图 1-0-6(a))、工具显微镜和电动轮廓仪(图 1-0-6(b))等。

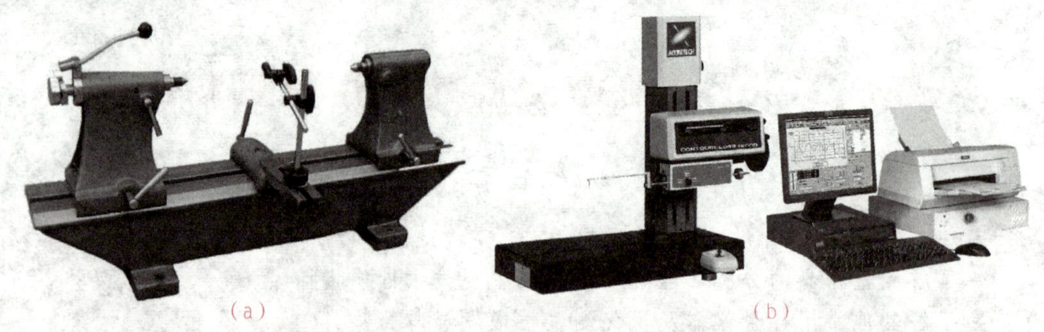

(a)　　　　(b)

图 1-0-6　偏摆检查仪及电动轮廓仪

4. 测量装置

测量装置是指为确定被测量所必需的测量器具和辅助设备的总体。它是量具、量仪和其他定位元件等的组合体，是一种专用的检验工具，用来提高测量或检验效率，提高测量精度，在大批量生产中应用较广，如检验夹具、主动测量装置和坐标测量机等。

2：测量器具的主要技术指标

以图 1-0-7 所示的普通游标卡尺为例介绍其主要技术指标。

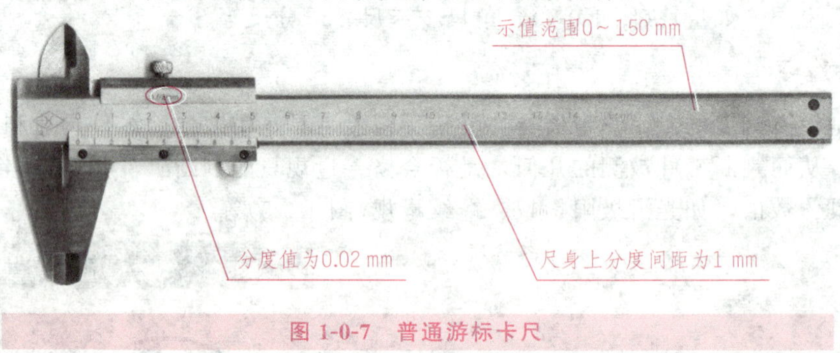

图 1-0-7　普通游标卡尺

1. 分度间距 α(刻度间距)

测量器具刻度标尺或圆刻度盘上两相邻刻线中心之间的距离或圆弧长度。刻度间距太小，会影响估读精度，太大则会加大读数装置的轮廓尺寸。为适于人眼观察，刻度间距一般为 1～2.5 mm。

2. 分度值 i

指刻度尺上两相邻刻线间的距离所代表的被测量的量值，或指量仪显示的最末一位数字所代表的量值。在长度测量中，如千分尺的分度值为 0.01 mm，游标卡尺的分度值为 0.02 mm，千分表的分度值为 0.001 mm，百分表的分度值为 0.01 mm。对于有些量仪(如数字式量仪)，由于非刻度盘指针显示，就不称为分度值，而称分辨率。一般说来，分度值越小，测量器具的精度越高。

3. 灵敏度 k

指测量器具的指针对被测量的变化的反应能力。对一般长度量仪，灵敏度又称放大比(放大倍数)，它等于分度间距 α 与分度值 i 之比，$k=\alpha/i$。一般地说，分度值越小，灵敏度就越高。

4. 标尺示值范围

指计量器具刻度标尺或刻度盘内全部刻度所代表的范围，如光学比较仪的标尺示值范围为±0.1 mm。

5. 测量范围

指测量器具的误差处于规定极限内，所能测量的被测量最小值到最大值的范围。

6. 示值误差

指计量器具上的示值与被测量真值的代数差。示值误差是代数值，有正、负之分。一般可用量块作为真值来检定出测量器具的示值误差，可以用修正值进行修正。示值误差越小，测量器具的精度就越高。

7. 示值变动性

指在相同测量条件下，对同一个被测量进行多次重复测量(一般 5～10 次)所得示值中的最大差值。

8. 回程误差

指在相同的条件下，测量器具对同一被测量进行往返两个方向测量时，计量器具示值的最大变动量。引起回程误差的主要原因是量仪传动元件之间存在间隙。

9. 测量力

指接触测量过程中测头与被测物体之间的接触压力。过大的测量力会引起测头和被测物体的弹性变形，从而引起较大的测量误差，较好的测量器具一般均设置有测量力控制装置。

10. 不确定度

指由于测量误差的存在而对被测量值不能肯定的程度。它是综合指标，包括示值误差、回程误差等，不能修正，只能用来估计测量误差的范围。例如，分度值为 0.01 mm 的千分尺在车间条件下，测量 0～50 mm 的尺寸时，其不确定度为±0.004 mm，说明测量结果与被测真值之间的差值最大不会大于+0.004 mm，最小不会小于−0.004 mm。

11. 允许误差

技术规范、规程等对给定测量器具所允许的误差极限值。

3：常用测量器具及现代测量技术发展

在老式的坐标测量机中，常用光学刻度尺作为检测元件。随着生产的发展，光学刻度尺的使用越来越少。数字显示越来越体现出它的优点，如数显式外径千分尺(图 1-0-8)、数显式游标卡尺(图 1-0-9)、数显式螺纹中径千分尺(图 1-0-10)、数显式公法线千分尺(图 1-0-11)、数显式深度千分尺(图 1-0-12)、数显式齿轮千分尺(图 1-0-13)、数显式万能量角仪(图 1-0-14)、数显式千分表(图 1-0-15)。

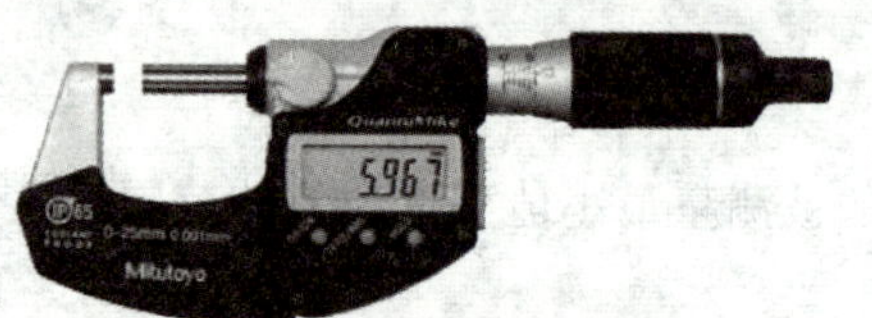

图 1-0-8 数显式外径千分尺

图 1-0-9 数显式游标卡尺

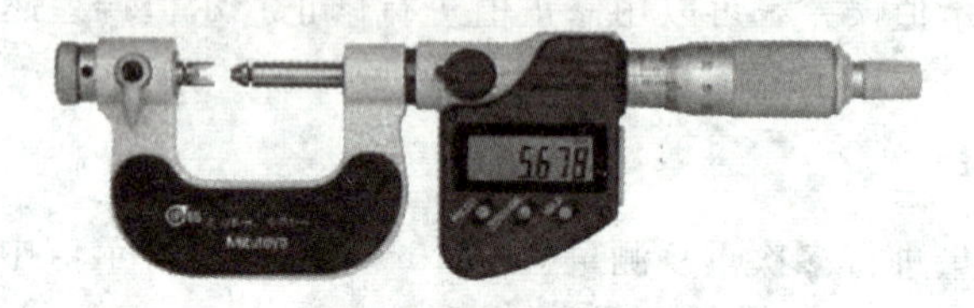

图 1-0-10 数显式螺纹中径千分尺

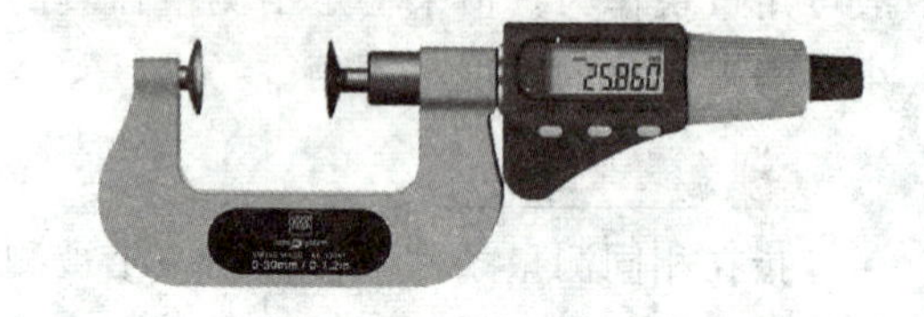

图 1-0-11 数显式公法线千分尺

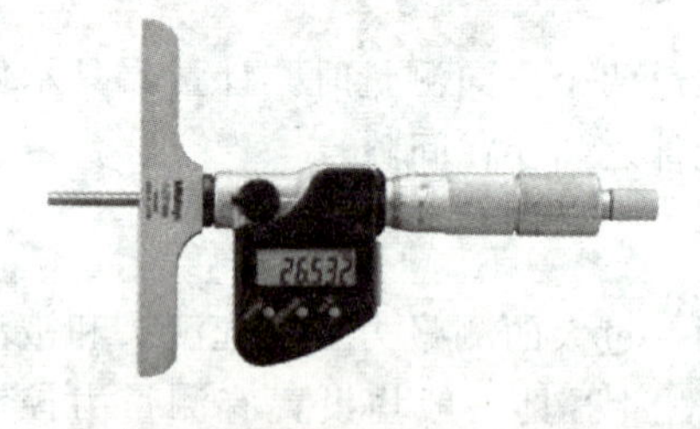

图 1-0-12 数显式深度千分尺

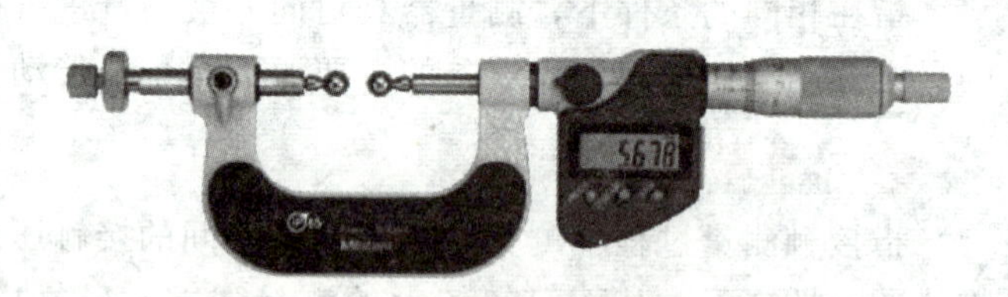

图 1-0-13 数显式齿轮千分尺

图 1-0-14 数显式万能量角仪

图 1-0-15 数显式千分表

随着计算机及激光技术的发展，光、机、电一体测量仪器设备不断涌现。激光在长度计量中的应用越来越广，不但可用干涉法测量线位移，还可用双频激光干涉法测量小角度，环形激光测量圆周分度，以及用激光束作基准测直线度误差等。

目前我国已生产出双频激光测长机，其测量长度达 12 m。

坐标测量机是一个不断发展的概念。比如测长机、测长仪可称为单坐标测量机；工具显微镜可称为两坐标测量机。随着生产的发展，要求测量机能测出工件的空间尺寸，这就发展成三坐标测量机。有的坐标测量机带有许多附件，其测量范围更广，又称万能测量机。

目前，坐标测量机和数控机床中广泛使用光栅、磁栅、感应同步器和激光作为检测元件，其优点是能采用脉冲计数，数字显示和便于实现自动测量等。

4：常用量具仪器的选用及维护

一、产品验收极限的确定

1. 安全裕度

安全裕度 A 是测量中总不确定度的允许值(u)，主要由测量器具的不确定度允许值 u_1 及测量条件引起的测量不确定度允许值 u_2 这两部分组成。安全裕度的确定，必须从技术和经济两个方面综合考虑。A 值较大时，可选用较低精度的测量器具进行检验，但减少了生产公差，因而加工经济性差；A 值较小时，要用较精密的测量器具，加工经济性好，但测量仪器费用高，增加了生产成本。因此，A 值应按被检验工件的公差大小来确定，一般为工件公差的 1/10。国家标准(GB/T 3177—2009)规定的 A 值及 u_1 值列于表 1-0-2 中。

表 1-0-2　安全裕度 A 及测量器具不确定允许值 u_1

零件公差	安全裕度 A	计量器具不确定允许值 $u_1=0.9A$
>0.009～0.018	0.001	0.0009
>0.018～0.032	0.002	0.0018
>0.032～0.058	0.003	0.0027
>0.058～0.100	0.006	0.0054
>0.100～0.180	0.010	0.009
>0.180～0.320	0.018	0.016
>0.320～0.580	0.032	0.029
>0.580～1.000	0.060	0.054
>1.000～1.800	0.100	0.090
>1.800～3.200	0.180	0.160

2. 验收极限

验收极限是检验工件尺寸时判断其合格与否的尺寸界限。确定验收极限的方式有内缩方式和不内缩方式。选择验收方式时应综合考虑被测尺寸的功能要求、重要程度、公差等级、测量不确定度和工艺能力等。

(1)内缩方式。为了保证被判断为合格的零件的真值不超出设计规定的极限尺寸，在《光滑工件尺寸的检验》国家标准(GB/T 3177—2009)中规定用普通测量器具(如游标卡尺、千分尺及生产车间使用的比较仪等)检验光滑工件(该工件的公差等级为IT6～IT18、基本尺寸至500 mm采用包容原则要求)的尺寸时，所用验收方法应只接收位于规定的尺寸极限之内的工件。因此，验收极限须从被检验零件的极限尺寸向公差带内移动一个安全裕度A(图1-0-16)。

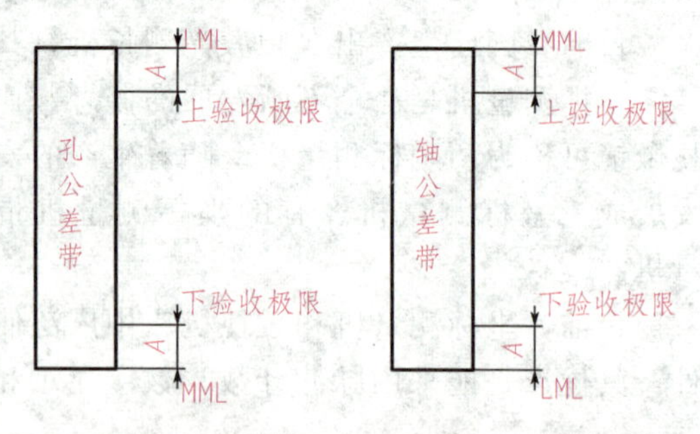

图1-0-16 孔和轴的验收极限

孔尺寸的验收极限：

上验收极限=最小实体尺寸(D_L)-安全裕度(A)

下验收极限=最大实体尺寸(D_M)+安全裕度(A)

轴尺寸的验收极限：

上验收极限=最大实体尺寸(d_M)-安全裕度(A)

下验收极限=最小实体尺寸(d_L)+安全裕度(A)

(2)不内缩方式。安全裕度(A)等于零，即验收极限等于工件的最大实体尺寸或最小实体尺寸。对于非配合尺寸和采用一般公差的尺寸，可以按不内缩方式确定验收极限。

二、测量器具的选择

1. 测量器具的选择原则

用于长度尺寸测量的仪器种类繁多，被测件的结构特点和精度要求也各不相同，因而要保证快捷地获得可靠的测量数据，必须合理地选择测量器具。测量器具的选择应综合考虑以下几方面的因素：

(1)测量精度。所选的测量器具的精度指标必须满足被测对象的精度要求，才能保证测量的准确度。被测对象的精度要求主要由其公差的大小来体现。公差值较大，对测量的精度要求就较低；公差较小，对测量的精度要求就较高。

(2)测量成本。在保证测量准确度的前提下，应考虑测量器具的价格、使用寿命、检定修理时间、对操作人员技术熟练程度的要求等，选用价格较低、操作方便、维护保养容易、操作培训费用少的测量器具，尽量降低测量成本。

(3)被测件的结构特点及检测数量。所选测量器具的测量范围必须大于被测尺寸。对硬度低、材质软、刚性差的零件，一般选取用非接触测量，如用光学投影放大、气动、光电等原理的测量器具进行测量。当测量件数较多(大批量)时，应选用专用测量器具或自动检验装置；对于单件或少量的测量，可选用万能测量器具。

2. 测量器具的选择方法

(1)在生产检验中测量器具的选择方法。检验公差等级为 6～18 级、基本尺寸至 500 mm 的光滑工件尺寸，应按 GB/T 3177—2009《光滑工件尺寸的检验》中的规定选择测量器具。测量器具的不确定度不大于表 1-0-2 的允许值 u_1。部分常用测量器具的不确定度 u 见表 1-0-3 和表 1-0-4。

目前，千分尺是一般工厂在生产车间使用非常普遍的测量器具，为了提高千分尺的测量精度，扩大其使用范围，可采用比较测量法。比较测量时，可用产品样件经高一精度等级的精密测量后作为比较标准，也可用量块作为标准器。

表 1-0-3　千分尺和游标卡尺的不确定度　(单位：mm)

<table>
<tr><th rowspan="3">尺寸范围</th><th colspan="4">测　量　器　具　类　型</th></tr>
<tr><th>分度值 0.01 mm 外径千分尺</th><th>分度值 0.01 mm 内径千分尺</th><th>分度值 0.02 mm 的游标卡尺</th><th>分度值 0.05 mm 游标卡尺</th></tr>
<tr><th colspan="4">不　确　定　度</th></tr>
<tr><td>0～50</td><td>0.004</td><td rowspan="3">0.008</td><td rowspan="6">0.020</td><td rowspan="4">0.050</td></tr>
<tr><td>50～100</td><td>0.005</td></tr>
<tr><td>100～150</td><td>0.006</td></tr>
<tr><td>150～200</td><td>0.007</td><td rowspan="3">0.013</td></tr>
<tr><td>200～250</td><td>0.008</td><td rowspan="8">0.100</td></tr>
<tr><td>250～300</td><td>0.009</td></tr>
<tr><td>300～350</td><td>0.010</td><td rowspan="3">0.020</td><td rowspan="7"></td></tr>
<tr><td>350～400</td><td>0.011</td></tr>
<tr><td>400～450</td><td>0.012</td></tr>
<tr><td>450～500</td><td>0.013</td><td>0.025</td></tr>
<tr><td>500～600</td><td rowspan="3"></td><td rowspan="3">0.030</td></tr>
<tr><td>600～700</td></tr>
<tr><td>700～800</td><td>0.150</td></tr>
</table>

表 1-0-4　比较仪和指示表的不确定度　(单位：mm)

<table>
<tr><th colspan="3">测　量　器　具</th><th colspan="9">尺　寸　范　围</th></tr>
<tr><th rowspan="2">名称</th><th rowspan="2">分度值</th><th rowspan="2">放大倍数或量程范围</th><th>≤25</th><th>>25～40</th><th>>40～65</th><th>>65～90</th><th>>90～115</th><th>>115～165</th><th>>165～215</th><th>>215～265</th><th>>265～315</th></tr>
<tr><th colspan="9">不　确　定　度</th></tr>
<tr><td rowspan="4">比较仪</td><td>0.005</td><td>2000 倍</td><td>0.0006</td><td>0.0007</td><td colspan="2">0.0008</td><td>0.0009</td><td>0.0010</td><td>0.0012</td><td>0.0014</td><td>0.0016</td></tr>
<tr><td>0.001</td><td>1000 倍</td><td colspan="2">0.0010</td><td colspan="2">0.0011</td><td>0.0012</td><td>0.0013</td><td>0.0014</td><td>0.0016</td><td>0.0017</td></tr>
<tr><td>0.002</td><td>400 倍</td><td>0.0017</td><td colspan="3">0.0018</td><td colspan="2">0.0019</td><td>0.0020</td><td>0.0021</td><td>0.0022</td></tr>
<tr><td>0.005</td><td>250 倍</td><td colspan="5">0.0030</td><td colspan="4">0.0035</td></tr>
</table>

续表

测量器具			尺寸范围	
千分表	0.001	0级全程内	0.005	0.006
		1级0.2 mm内		
	0.002	1转内		
	0.001	1级全程内	0.010	
	0.002			
	0.005			
	0.01	0级全程内	0.018	
		1级任1 mm内		
		1级全程内	0.030	

(2)在精密测量中测量器具的选择方法。在对某一精度要求较高的工件进行精密测量时，可按测量方法精度系数 K 来选择测量器具。

测量方法精度系数 K=测量方法极限误差 $\Delta\div$被测件的公差值 T，一般 K 值取1/3～1/10。对于公差值较小的工件，K 值可等于或接近1/3；对于公差值较大的工件，K 值最小可取为1/10，在一般情况下 K 值可取为1/5。也可根据被测工件的公差等级，按测量方法精度系数 K 的选择表(表1-0-5)来确定。

表1-0-5　测量方法精度系数K选择表

工件精度等级	IT5	IT6	IT7	IT8	IT9	IT10	IT11～IT16
K/%	32.5	30	27.5	25	20	15	10

选择测量器具时，先根据被测工件的公差确定 K 值，然后计算出允许的测量方法极限误差 Δ，则所选测量器具的测量方法的极限误差应小于或等于该值。从经济角度考虑，计算值与实际选择值越接近越好。

三、量具和量仪的使用、维护和保养常识

正确地使用和维护量具、量仪是保持量具、量仪精度，延长其使用寿命的重要条件，是每一个检测者所必须知道的常识。要保持量具、量仪的精度和它工作的可靠性，除了在使用中要按照合理的使用方法进行操作以外，还必须做好量具、量仪的维护和保养工作。

(1)使用仪器必须按操作规程办事，不可为图省事而违章作业。

(2)量具、量仪的管理和使用，一定要落实到人，并制定维护保养制度，认真执行。仪器除规定专人使用外，其他人如要动用，须经负责人和使用者同意。

(3)掌握量具、量仪的正确使用方法及读数原理，避免测错、读错现象。对于不熟悉的量具、量仪，不要随便动用。测量时，应多测几次，取其平均值，并要练习用一只眼读数，视线应垂直对准所读刻度，以减少视差。在估读不足一格的数值时，最好使用放大镜。

(4)仪器各运动部分，要按时加油润滑，但加油不宜过多。油流如果进入光学系统，会使分划板产生畸变，镜片模糊不清。

(5)各种光学元件不要用手去摸，因为手指上有汗、有油、有灰尘。镜头脏了，应使用镜头纸、干净的绸布或麂皮擦拭。如果沾了油斑，可用脱脂棉蘸少许酒精(或酒精和乙醚混合液)，把油斑轻轻擦去。如果蒙上了灰尘，则用软毛刷刷去就行。

(6)仪器必须严格调好水平，使仪器各部分在工作时，不受重力的影响。

(7)仪器的某些运动部分，在停机时(非工作状态)，应使其处于自由状态或正常位置，以免长期受力变形。

(8)仪器的运动部分发生故障时，在未查明原因之前，不可强行使其转动或移动产生人为损伤。

(9)仪器上经常旋动的螺钉，不可转得太紧。

(10)仪器检测的零件，必须清除掉尘屑、毛刺和磁性，非加工面要涂漆。

(11)以顶尖孔为基准的被测件，要预先检查顶尖孔是否符合要求。

(12)插接电源时，应弄清电压高低，避免因插错而烧坏仪器。千万不要用导线直接接电源。仪器不工作时，应断开电源。

(13)电子仪器要注意防潮，避免因电子元件线路等受潮而失灵。在机床上测量零件时，要等零件完全停稳后进行，否则不但使量具的测量面过早磨损而失去精度，且会造成事故。尤其是车工使用外卡钳时，不要以为卡钳简单，磨一点无所谓，要注意铸件内常有气孔和缩孔，一旦钳脚落入气孔内，可把操作者的手也拉进去，造成严重事故。

(14)测量前应把量具的测量面和零件的被测量表面都擦干净，以免因有脏物存在而影响测量精度。用精密量具如游标卡尺、百分尺和百分表等，去测量锻铸件毛坯，或带有研磨剂(如金刚砂等)的表面是错误的，这样易使测量面很快磨损而失去精度。

(15)量具在使用过程中，不要和工具、刀具如锉刀、榔头、车刀和钻头等堆放在一起，以免碰伤量具。也不要随便放在机床上，以免因机床振动而使量具掉下来损坏。尤其是游标卡尺等，应平放在专用盒子里，以免使尺身变形。

(16)量具是测量工具，绝对不能作为其他工具的代用品。例如拿游标卡尺划线，拿百分尺当小榔头，拿钢直尺当起子旋螺钉，以及用钢直尺清理切屑等都是错误的。把量具当玩具，如把百分尺等拿在手中任意挥动或摇转等也是错误的，都是易使量具失去精度的。

(17)温度对测量结果影响很大，零件的精密测量一定要使零件和量具都在20℃的情况下进行测量。一般可在室温下进行测量，但必须使工件与量具的温度一致，否则，由于金属材料的热胀冷缩的特性，使测量结果不准确。

温度对量具精度的影响亦很大，量具不应放在阳光下或床头箱上，因为量具温度升高后，也量不出正确尺寸。更不要把精密量具放在热源(如电炉、热交换器等)附近，以免使量具受热变形而失去精度。

(18)不要把精密量具放在磁场附近，例如磨床的磁性工作台上，以免使量具感磁。

(19)发现精密量具有不正常现象时，如量具表面不平、有毛刺、有锈斑以及刻度不准、尺身弯曲变形、活动不灵活等，使用者不应当自行拆修，更不允许自行用榔头敲、锉刀锉、砂布打光等粗糙办法修理，以免增大量具误差。发现上述情况，使用者应当主动送计量站检修，并经检定量具精度后再继续使用。

(20)量具使用后，应及时擦干净，除不锈钢量具或有保护镀层者外，金属表面应涂上一层防锈油，放在专用的盒子里，保存在干燥的地方，以免生锈。

(21)精密量具应实行定期检定和保养，长期使用的精密量具，要定期送计量站进行保养和检定精度，以免因量具的示值误差超差而造成产品质量事故。

任务三 识读尺寸公差

学习目标

知识目标

- 熟悉互换性概念与标准化内容。
- 掌握尺寸、偏差及公差和配合的术语、定义。
- 认识尺寸公差的国家标准。
- 了解孔轴配合的类型和特点。

技能目标

- 能识读图样上的尺寸公差和配合。
- 能计算极限盈隙和配合公差。
- 能准确查找公差和极限偏差表。

任务分析

图 1-0-17 是轴和孔及其装配图。$\phi50g6$ 和 $\phi50H7$ 体现了轴孔的尺寸精度；$\phi50\ \frac{H8}{f7}$ 体现了配合状态。掌握极限配合的专业基础知识和相关国家标准是本部分的主要任务。

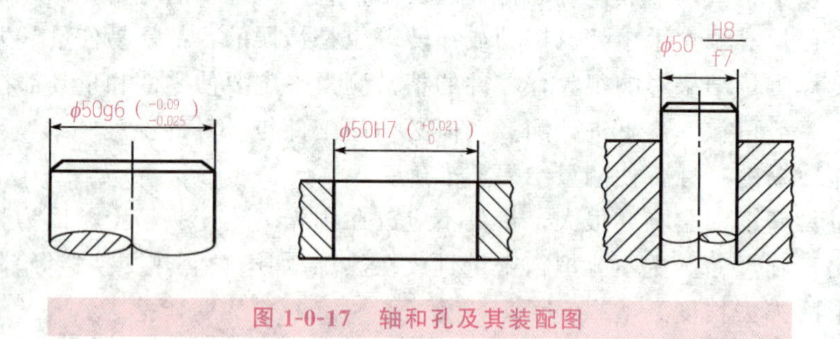

图 1-0-17 轴和孔及其装配图

知识学习

光滑圆柱形结合是众多机械连接形式中最简单、最基本的一种，实际应用也最为广泛。光滑圆柱体的公差为尺寸公差，尺寸公差与配合标准不仅用于圆柱形内、外表面的结合，还适用于零件上其他各种由单一尺寸确定的包容面与被包容面的结合，因而是一项应用广泛的重要基础标准。

在机器制造业中，“公差”是用于协调机器零件的使用要求与制造经济性之间的矛盾；“配合”是反映机器零件之间有关功能要求的相互关系。“公差与配合”的标准化有利于机器的设计、制造、使用和维修，直接影响产品的精度、性能和使用寿命，是评定产品质量的重要技术指标。“公差与配合”标准不仅是机械工业各部门进行产品设计、工艺设计和制订其他标准的基础，而且是广泛组织协作和专业化生产的重要依据。“公差与配合”标准几乎涉及国民经济的各个部门，在机械工业中具有重要的作用。

1959 年我国颁布了“公差与配合”国家标准(GB 159～174—1959)。由于科学技术飞跃发展，产品的精度不断提高，国际技术交流日益扩大，旧国标存在精度等级偏低、配合种类较少、大尺寸标准不符合生产实际以及规律性差等缺点，已不适应生产技术发展的要求。根据原国家标准总局的安排，对该标准进行了修订，并于 1979 年批准颁布了 GB 1800—1979，1997 年至 1998 年对其进行了修订，修订后的 GB/T 1800 由 3 部分组成，2009 年第三次对 GB/T 1800 修改，包括以下 2 部分。

GB/T 1800.1—2009 《产品几何技术规范(GPS)极限与配合 第一部分：公差、偏差和配合基础》

GB/T 1800.2—2009 《产品几何技术规范(GPS)极限与配合 第二部分：标准公差等级和孔、轴极限偏差表》

同时，对 GB 1801—1999 进行修订，颁布了 GB 1801—2009。

2000 年对 GB/T 1804—1992 《一般公差 线性尺寸的未注公差》和 GB/T 11335—1989《未注公差角度的极限偏差》进行了修订，修订后的结果为 GB/T 1804—2000《一般公差 未注公差的线性尺寸和角度尺寸的公差》，至今仍然使用。

本任务将主要介绍修订后的国家标准，以说明公差与配合国家标准构成的基本原理和使用原则。

1：互换性和标准化

一、互换性

1. 互换性的概念

所谓互换性是指同规格的一批产品在尺寸、功能上能够具有彼此相互替换的功能。机械制造业中的互换性是指对同一规格的一批零件或部件任取其一，不需作任何挑选、调整或附加修配(如钳工修配)就能进行装配，并且具有满足机械产品使用性能要求的一种特性。这样的一批零件或部件，称为具有互换性的零件或部件。互换性原则是产品设计的最基本原则。

零件或部件的互换性，既包括几何参数(如零件的尺寸、形状、位置参数)和表面粗糙度等的互换性，又包括物理、力学性能参数(如强度、硬度和刚度等)的互换性。本书仅对几何参数的互换性加以论述。

2. 互换性的分类

在生产中，互换性按其互换的程度、范围的不同可分为完全互换性(也称绝对互换)和不完全互换性(也称有限互换)。

(1)完全互换。指一批零件在装配或更换时，不需选择，不需调整与修理，装配后即可达到使用要求的方法。如螺栓、螺母等标准件的装配大都属于此类情况。

(2)不完全互换。当装配精度要求非常高时，采用完全互换将使零件制造公差很小、加工困难、成本很高、甚至无法加工，则可采用不完全互换法进行生产。将有关零件的尺寸公差(尺寸允许变动范围)放宽，在装配前进行测量，按量得尺寸大小分组进行装配，以保证使用要求。此法亦称分组互换法。

在装配时允许用补充机械加工或钳工修刮方法来获得所需的精度，称为修配法。用移动或更换某些零件以改变其位置和尺寸的方法来达到所需的精度，称为调整法。究竟采用何种方式生产为宜，要由产品精度、产品的复杂程度、生产规模、设备条件以及技术水平等一系列因素决定。一般大量和批量生产采用完全互换法生产。精度要求很高，常采用分组装配，即不完全互换法生产。而小批量和单件生产，常采用修配法或调整法生产。

3. 互换性生产在机械制造业中的作用

互换性是现代机械制造业进行专业化生产的前提条件。只有机械零件具有了互换性，才可能将一台机器中的成千上万个零部件进行高效率的、分散的专业化生产，然后集中起来进行装配。它不仅能显著地提高生产效率，而且也能有效地保证产品质量，降低生产成本。

互换性原则广泛用于机械制造中的产品设计、生产制造、装配过程和使用过程等各个方面。

(1)产品设计。由于标准零部件采用互换性原则设计和生产，因而可以简化绘图、计算等工作，缩短设计周期，加速产品的更新换代，且便于计算机辅助设计(CAD)。

(2)生产制造。按照互换性原则组织加工，实现专业化协调生产，便于计算机辅助制造(CAM)，以提高产品质量和生产效率，同时降低生产成本。

(3)装配过程。零部件具有互换性，可以提高装配质量，缩短装配时间，便于实现现代化的大工业自动化，提高装配效率。

(4)使用过程。由于工件具有互换性，则在它磨损到极限或损坏后，很方便地用备件来替换。可以缩短维修时间和节约费用，提高修理质量，延长产品的使用寿命，从而提高机器的使用价值。

综上所述，在机械制造业中，遵循互换性原则，不仅能保证又多又快地进行生产，而且能保证产品质量和降低生产成本。因此，互换性是在机械制造中贯彻“多快好省”方针的技术措施。

互换性的含义

· 互换性是现代化生产的一个重要技术经济原则，它普遍应用于机械设备和各种家用机电产品的生产中。随着现代化生产的发展，专业化、协作化生产模式的不断扩大，互换性原则的应用范围也越来越大。

· 互换性在广义上的定义是“一种产品、过程或服务代替另一产品、过程或服务能满足同样要求的能力”。在机械工业中，互换性是指制成的同一规格的一批零件或部件，不需作任何挑选、调整或辅助加工(如钳工修配)，就能进行装配，并能满足机械产品的使用性能要求的一种特性。具有这种特性的零(部)件称为具有互换性的零(部)件。能够保证零(部)件具有互换性的生产，称为遵循互换性原则的生产。例如，一批螺纹标记为M10-6H的螺母，如果都能与M10-6g的螺栓自由旋合，并且满足设计的连接强度要求，则这批螺母就具有互换性。又如车床上的主轴轴承，磨损到一定程度后会影响车床的使用，在这种情况下，换上代号相同的另一个轴承，主轴就能恢复到原来的精度而达到满足使用性能的要求，这里轴承作为一个部件而具有互换性。

· 在日常生活中，互换性的例子也是很多的。如自行车的前轴或辐条坏了，可以迅速换上一个新的，更换后仍能满足使用要求。

· 广义地说，零(部)件的互换性应包括其几何参数、力学性能、物理化学性能等方面的互换性。

二、标准化

要实现互换性，就要严格按照统一的标准进行设计、制造、装配、检验等，而标准化正是实现这一要求的一项重要技术手段。因此，在现代工业中，标准化是广泛实现互换性生产的前提和基础。

1. 标准化的意义

标准化是组织现代化大生产的重要手段，是实现专业化协调生产的必要前提，是实行科学管理的基础，也是对产品设计的基本要求之一。通过对标准化的实施，以获得最佳的社会经济成效。标准化是个总称，它包括系列化和通用化的内容。

所谓标准，是指根据科学技术和生产经验的综合成果，在充分协商的基础上，对技术、经济和相关特征的重复之物，由主管机构批准，并以特定形式颁布统一的规定，作为共同遵守的准则和依据。简言之，即技术法规。本课程涉及的技术标准多为强制性标准，必须贯彻执行。

标准化就是指在经济、技术、科学以及管理等社会实践中，对重复性的事物(如产品、零件、部件)和概念(如术语、规则、方法、代号、量值)在一定范围内通过简化、优选和协调，做出统一的规定，经审批后颁布、实施以获得最佳秩序和社会成效。即是以制定标准和贯彻标准为主要内容的全部活动过程，标准化程度的高低是评定产品的指标之一，是我国很重要的一项技术政策。

2. 标准化的分类

技术标准是对产品和工程建设质量、规格及检验等方面所作的技术规定，按不同的级别颁布。根据标准法的规定，我国的技术标准分为国家标准、行业标准、地方标准和企业标准四级。

按照适用领域、有效作用范围和发布权力不同，标准分为国际标准、国家标准、地方标准、行业标准和企业标准五个级别。在国际范围内制定的标准称为国际标准，用“ISO”“IEC”等表示，分别为国际标准化组织和国际电工委员会制定的标准；在全国范围内统一制定的标准称为国家标准，用“GB”表示；在全国同一行业内制定的标准称为行业标准，各行业都有自己的行业标准代号，如机械标准(JB)等；在企业内部制定的标准称为企业标准，用“QB”表示。

拓展知识

标准的历史

• 公差标准在工业革命中起过非常重要的作用，随着机械制造业的不断发展，要求企业内部有统一的技术标准，以扩大互换性生产规模和控制机器备件的供应。早在20世纪初，英国一家生产剪羊毛机器的公司——纽瓦乐(Newall)于1902年颁布了全世界第一个公差与配合标准(极限表)，从而使生产成本大幅度下降，另外，产品质量不断提高，在市场上挤垮了其他同类公司。

• 1924年，英国在全世界颁布了最早的国家标准B. S 164—1924，紧随其后的是美国、德国、法国等，都颁布了各自国家的国家标准，指导着各国制造业的发展。1929年苏联也颁布了“公差与配合”标准，在此阶段西方国家的工业化不断进步，生产也快速发展，同时国际间的交流也日益广泛。1926年成立了国际标准化协会(ISA)，1940年正式颁布了国际“公差与配合”标准，第二次世界大战后的1947年将ISA更名为ISO(国际标准化组织)。

• 1959年，我国正式颁布了第一个《公差与配合》国家标准(GB 159～174—1959)，此国家标准完全依赖1929年苏联的国家标准，这个标准指导了我国20年的工业生产。

• 1979年，随着我国经济建设的快速发展，旧国家标准已不能适应现代大工业互换性生产的要求。因此，在原国家标准局的统一领导下，有计划、有步骤地对旧的基础标准进行了三次修订，第一次是20世纪80年代初期，公差与配合(GB 1800～1804—1979)，几何公差(GB 1182～1184—1980)，表面粗糙度(GB 1031—1983)；第二次是20世纪90年代中期，极限与配合(GB/T 1800. 1—1997、GB/T 1800. 4—1999等)，几何公差(GB/T 1182—1996等)，表面粗糙度(GB/T 1031—1995等)；第三次是21世纪初期，极限与配合(GB/T 1800. 1—2009、GB/T 1800. 2—2009等)，几何公差(GB/T 1182—2008)等多项国家标准。这些新国家标准的修订，正在对我国的机械制造业产生着越来越大的作用。

2：极限与配合

一、极限与配合的基本术语及定义

(一)尺寸的术语及其定义

1. 尺寸

用特定单位表示线性尺寸值的数值称为尺寸。在机械零件中，线性尺寸值包括直径、半径、宽度、深度、高度和中心距。由尺寸的定义可知，尺寸由数值和特定单位两部分组成，如 30 mm(毫米)、60μm(微米)等。在机械制图中，图样上的尺寸通常以 mm 为单位，如以此为单位时，可省略单位的标注，仅标注数值。采用其他单位时，则必须在数值后注写单位。

2. 公称尺寸(D，d)

标准规定：通过它应用上、下偏差可算出极限尺寸的尺寸称为公称尺寸。孔的公称尺寸用“D”表示；轴的公称尺寸用“d”表示(标准规定：大写字母表示孔的有关代号，小写字母表示轴的有关代号，后同)。公称尺寸由设计给定，是在设计时考虑零件的强度、刚度、工艺及结构等方面的因素，通过试验、计算或依据经验确定。

为了减少定值刀具(如钻头、铰刀等)、量具(如量规等)、型材和零件尺寸的规格，国家标准 GB/T 已将尺寸标准化。因而公称尺寸应当选取标准尺寸，即通过计算或试验的方法，得到尺寸的数值，在保证使用要求的前提下，此数值接近哪个标准尺寸(一般为大于此数值的标准尺寸)，则取这个标准尺寸作为公称尺寸。

3. 实际尺寸(D_a，d_a)

实际尺寸是指通过测量获得的某一孔、轴的尺寸，孔和轴的实际尺寸分别用 D_a 和 d_a 表示。由于测量过程中，不可避免地存在测量误差，因此所得的实际尺寸并非尺寸的真值。又由于加工误差的存在，同一零件同一几何元素不同部位的实际尺寸也各不相同，如图 1-0-18 所示，由于形状误差，沿轴向不同部位的实际尺寸不相等，不同方向的直径尺寸也不相等。

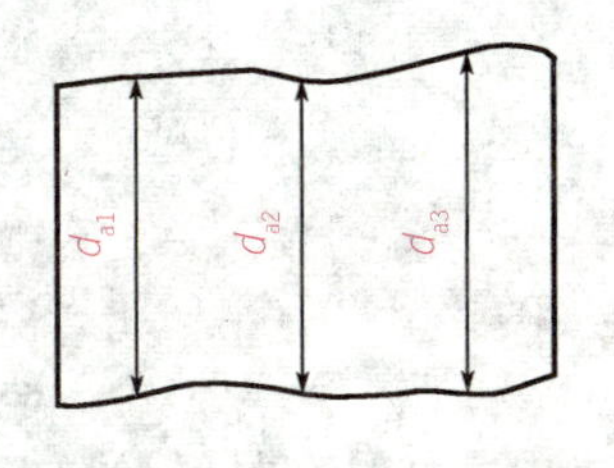

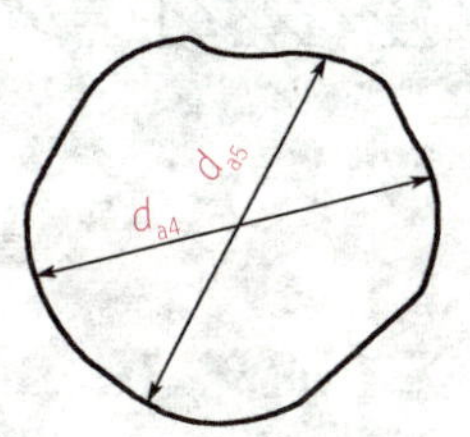

图 1-0-18 实际尺寸

4. 极限尺寸

极限尺寸是指一个孔或轴允许的尺寸的两个极限，实际尺寸应位于极限尺寸之中，也可达到极限尺寸。孔或轴允许的最大尺寸称为最大极限尺寸；孔或轴允许的最小尺寸称为最小极限尺寸。孔的最大和最小极限尺寸分别以 D_{max} 和 D_{min} 表示，轴的最大和最小极限尺寸分别以 d_{max} 和 d_{min} 表示(图 1-0-19)。

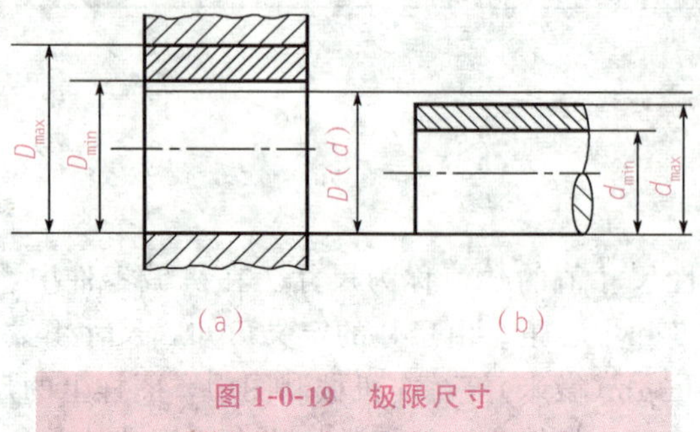

图 1-0-19　极限尺寸

(a)孔的极限尺寸；(b)轴的极限尺寸

极限尺寸是以公称尺寸为基数来确定的，它用于控制实际尺寸。在机械加工中，由于机床、刀具、量具等各种因素而形成的加工误差的存在，要把同一规格的零件加工成同一尺寸是不可能的。从使用的角度来讲，也没有必要将同一规格的零件都加工成同一尺寸，只需将零件的实际尺寸控制在一个范围内，就能满足使用要求。这个范围由上述两个极限尺寸确定，即尺寸合格条件为：$D_{min} \leqslant D_a \leqslant D_{max}$；$d_{min} \leqslant d_a \leqslant d_{max}$。

5. 实体尺寸

实际要素在给定长度上处处位于极限尺寸之内，并具有材料量最多时的状态，称为最大实体状态。实际要素在最大实体状态下的极限尺寸，称为最大实体尺寸。孔和轴的最大实体尺寸分别用 D_M、d_M 表示。对于孔，$D_M = D_{min}$；对于轴，$d_M = d_{max}$(图 1-0-20)。

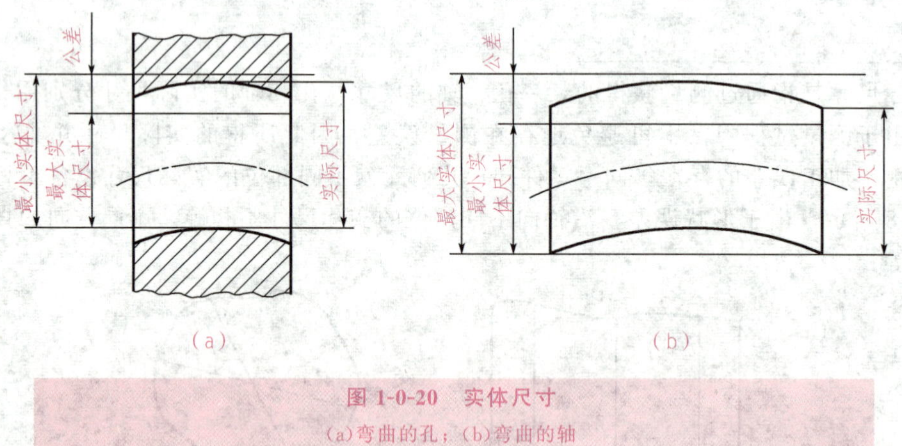

图 1-0-20　实体尺寸

(a)弯曲的孔；(b)弯曲的轴

实际要素在给定长度上处处位于极限尺寸之内，并具有材料量最少时的状态，称为最小实体状态。实际要素在最小实体状态下的极限尺寸，称为最小实体尺寸。孔和轴的最大实体尺寸分别用 D_L、d_L 表示。对于孔，$D_L = D_{max}$；对于轴，$d_L = d_{min}$(图 1-0-20)。

(二)孔和轴的定义

广义的孔与轴：孔为包容面(尺寸之间无材料)，在加工过程中，尺寸越加工越大；轴是被包容面(尺寸之间有材料)，尺寸越加工越小。

1. 孔

主要指工件圆柱形的内表面，也包括其他由单一尺寸确定的非圆柱形的内表面部分(由二平行平面或切面形成的包容面)。

2. 轴

主要指工件的圆柱形外表面，也包括其他由单一尺寸确定的非圆柱形外表面部分(由二平行平面或切面形成的被包容面)。

在公差与配合标准中，孔是包容面，轴是被包容面，孔与轴都是由单一的主要尺寸构成，如圆柱形的直径、轴的键槽宽和键的键宽等。孔和轴不仅表示通常的概念，即圆柱体的内、外表面，而且也表示由二平行平面或切面形成的包容面、被包容面。由此可见，除孔、轴以外，类似键连接的公差与配合也可直接应用公差与配合国家标准。如图 1-0-21 所示的各表面，如 ϕD、B、B_1、L、L_1 所形成的包容面都称为孔；如 ϕd、l、l_1 所形成的被包容面都称为轴。因而孔、轴分别具有包容和被包容的功能。

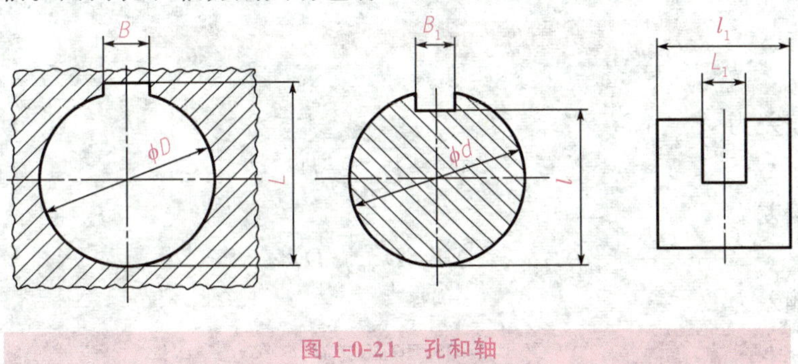

图 1-0-21　孔和轴

对于形状复杂的孔和轴可以按照以下的方法进行判断。从装配关系上看：零件装配后形成包容与被包容的关系，凡包容面统称为孔，被包容面统称为轴。从加工过程看：在切削过程中尺寸由小变大的为孔，而尺寸由大变小的为轴。

(三)偏差、公差的术语及其定义

1. 尺寸偏差(简称偏差)

某一尺寸减去其公称尺寸所得的代数差称为尺寸偏差，简称偏差。偏差包括实际偏差和极限偏差，而极限偏差又包括上偏差和下偏差。

(1)实际偏差。实际尺寸减去其公称尺寸所得的代数差称为实际偏差。实际偏差可以为正值、负值或零。合格零件的实际偏差应在上、下偏差之间。

孔的实际偏差为

$$E_a = D_a - D \qquad (1\text{-}0\text{-}8)$$

轴的实际偏差为

$$e_a = d_a - d \tag{1-0-9}$$

(2)极限偏差。极限尺寸减去其公称尺寸所得的代数差称为极限偏差。最大极限尺寸减去其公称尺寸所得的代数差称为上偏差。孔的上偏差用 ES 表示，轴的上偏差用 es 表示。最小极限尺寸减去其公称尺寸所得的代数差称为下偏差。孔的下偏差用 EI 表示，轴的下偏差用 ei 表示，如图 1-0-22 所示。极限偏差可由下列公式表示：

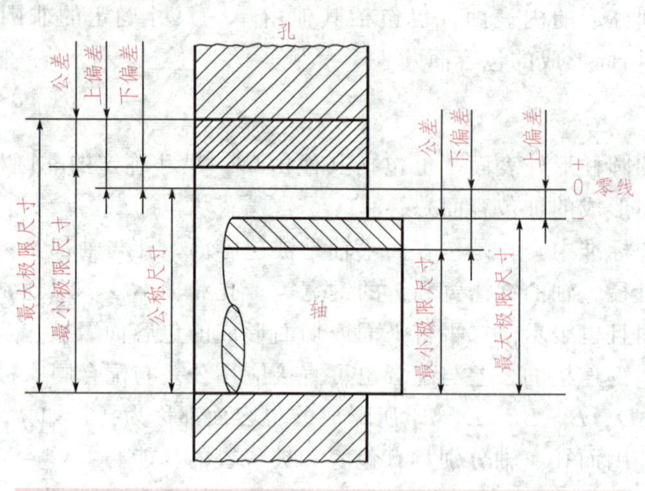

图 1-0-22　极限与配合示意图

孔的上偏差为

$$\mathrm{ES} = D_{\max} - D \tag{1-0-10}$$

孔的下偏差为

$$\mathrm{EI} = D_{\min} - D \tag{1-0-11}$$

轴的上偏差为

$$\mathrm{es} = d_{\max} - d \tag{1-0-12}$$

轴的下偏差为

$$\mathrm{ei} = d_{\min} - d \tag{1-0-13}$$

注意： 标注和计算偏差时前面必须加注“+”或“−”号(零除外)；当偏差为零时必须在相应位置标注“0”，不能省略；当偏差数值相同，符号相反时，可简化标注，如 $\phi30\pm0.01$ mm。

偏差是代数差，由于实际尺寸和极限尺寸可能大于、小于或等于公称尺寸，所以偏差可能是正值、负值或零。合格的孔和轴，其实际偏差应位于极限偏差范围之内。

孔的合格条件：

$$\mathrm{EI} \leqslant E_a \leqslant \mathrm{ES} \tag{1-0-14}$$

轴的合格条件：

$$\mathrm{ei} \leqslant e_a \leqslant \mathrm{es} \tag{1-0-15}$$

2. 尺寸公差(简称公差)

尺寸公差是最大极限尺寸减最小极限尺寸之差，或上偏差减下偏差。由定义可以看出，尺寸公差是允许尺寸的变动量。尺寸公差简称公差。

公差是设计时根据零件要求的精度并考虑加工时的经济性能，对尺寸的变动范围给定的允许值。由于合格零件的实际尺寸只能在最大极限尺寸与最小极限尺寸之间的范围变动，而变动只涉及大小，因此用绝对值定义，所以公差等于最大极限尺寸与最小极限尺寸之代数差的绝对值。孔和轴的公差分别以 T_h 和 T_s 表示，则其表达式为

$$T_h = |D_{max} - D_{min}| \tag{1-0-16}$$

$$T_s = |d_{max} - d_{min}| \tag{1-0-17}$$

由式(1-0-10)、式(1-0-11)可得

$$D_{max} = D + ES \qquad D_{min} = D + EI$$

代入式(1-0-16)中可得

$$T_h = |D_{max} - D_{min}| = |(D + ES) - (D + EI)|$$

所以

$$T_h = |ES - EI| \tag{1-0-18}$$

同理可推导出：

$$T_s = |es - ei| \tag{1-0-19}$$

以上两式说明：公差又等于上偏差与下偏差的代数差的绝对值。

由此可以看出，尺寸公差是用绝对值定义的，没有正负之分，因此在公差值的前面不能标出“+”号或“−”号；同时因加工误差不可避免，即零件的实际尺寸总是变动的，故公差不能取零值。这两点与偏差是不同的。

从加工的角度看，公称尺寸相同的零件，公差值越大表示精度越低，加工就越容易。反之，公差值越小表示精度越高，加工就越困难。

例 2-1　孔的公称尺寸 $D = 50$ mm，极限尺寸 $D_{max} = 50.025$ mm，$D_{min} = 50$ mm；轴的公称尺寸 $d = 50$ mm，极限尺寸 $d_{max} = 49.950$ mm，$d_{min} = 49.934$ mm。现测得孔、轴的实际尺寸分别为 $D_a = 50.010$ mm，$d_a = 49.946$ mm，求孔、轴的极限偏差和实际偏差，判断零件是否合格，并求孔和轴的尺寸公差。

解： 孔的极限偏差为

$$ES = D_{max} - D = 50.025 - 50 = +0.025(\text{mm})$$

$$EI = D_{min} - D = 50 - 50 = 0(\text{mm})$$

轴的极限偏差为

$$es = d_{max} - d = 49.950 - 50 = -0.050(\text{mm})$$

$$ei = d_{min} - d = 49.934 - 50 = -0.066(\text{mm})$$

孔的实际偏差为

$$E_a = D_a - D = 50.010 - 50 = +0.010(\text{mm})$$

轴的实际偏差为

$$e_a = d_a - d = 49.946 - 50 = -0.054(\text{mm})$$

因为 $0 \leqslant +0.010 \leqslant +0.025$，$-0.066 \leqslant -0.054 \leqslant -0.050$，即 $EI \leqslant E_a \leqslant ES$，$ei \leqslant e_a \leqslant es$，所以孔和轴都是合格的。

孔的尺寸公差为

$$T_h = |D_{max} - D_{min}| = |50.025 - 50| = 0.025(\text{mm})$$

轴的尺寸公差为

$$T_s = |d_{max} - d_{min}| = |49.950 - 49.934| = 0.016(mm)$$

练一练：

根据表 1-0-6 给定的尺寸进行计算，并填写相应的数值。

表 1-0-6 练习表

零件图样上的要求						测量的结果		结论
序号	公称尺寸	极限尺寸	极限偏差	公差	尺寸标注	实际尺寸	实际偏差	是否合格
1	轴 $\phi30$	29.960	es=−0.040			29.935		
			ei=−0.092					
2	轴 $\phi40$		es=		$\phi40_{-0.034}^{-0.009}$		0	
			ei=					
3	孔 $\phi90$		ES=	0.035			+0.072	
			EI=+0.036					
4	孔 $\phi125$		ES=+0.148	0.063		125.080		
			EI=					

(四)公差带与公差带图

尺寸 $\phi40_{0}^{+0.025}$ 的公差为 0.025，即实际尺寸相对公称尺寸允许有 0～0.025 mm 的变动范围。这种表示零件的尺寸相对其公称尺寸所允许的变动范围称为公差带。为了能更直观地反映尺寸、偏差和公差之间的关系，常用图 1-0-23 所示的表达形式，这种图称为公差带图。图中用尺寸公差带的高度和相互位置表示公差大小和配合性质，它由零线和公差带组成。

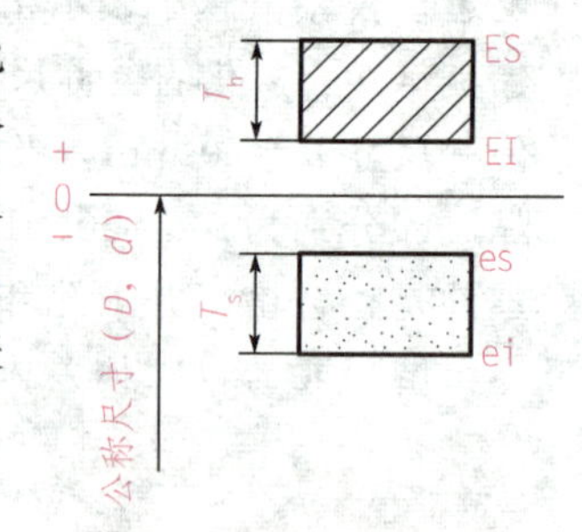

图 1-0-23 公差带图

1. 零线

零线是确定偏差的基准线。它所指的尺寸为公称尺寸，是极限偏差的起始线。零线上方表示正偏差，零线下方表示负偏差，画图时一定要标注相应的符号"0""+""−"。零线下方的单箭头必须与零线靠紧（"紧贴"），并注出公称尺寸的数值，如 $\phi40$、55 等。

2. 公差带

公差带是指由代表上偏差和下偏差或最大极限尺寸与最小极限尺寸的两条直线所限定的区域。沿零线垂直方向的宽度表示公差值，代表公差带的大小。沿零线长度方向可适当选取。

3. 公差带图

公差带有两个要素：一是公差带的大小，它取决于公差数值的大小；二是公差带的位置，它取决于极限偏差的大小。为了区别，一般在同一图中，孔和轴的公差带剖面线的方向应该相反，且疏密程度不同(或孔的公差带用剖面线，而轴的公差带用网点或空白表示)。

小提示

由于公称尺寸与公差值的大小悬殊，不便于用同一比例在图上表示，为了使用方便，在实际应用中一般不画出孔和轴的全形，而是将截面图中有关公差部分按适当比例(一般选取 500∶1，偏差值较小时可选取 1 000∶1)放大画出，如图 1-0-23 所示。该图称为极限与配合示意图，简称公差带图。

练一练：

作出被测零件图中 $\phi 40^{+0.025}_{0}$ 的公差带图。

(五)配合的术语及其定义

1. 配合

机器装配时，为了满足各种使用要求，零件装配后必须达到设计给定的松紧程度。把公称尺寸相同、相互结合的孔和轴公差带之间的位置关系，称为配合。

上述定义说明，相互配合的孔和轴的公称尺寸应该是相同的。孔、轴装配后的松紧程度即装配的性质，取决于相互配合的孔和轴公差带之间的关系。

2. 间隙与过盈

孔的尺寸减去相配合的轴的尺寸为正时是间隙，一般用 X 表示；孔的尺寸减去相配合的轴的尺寸为负时是过盈，一般用 Y 表示。间隙数值前应标“+”号；过盈数值前应标“−”号。在孔和轴的配合中，间隙的存在是配合后能产生相对运动的基本条件，而过盈的存在是使配合零件位置固定或传递载荷。

3. 配合的种类

(1)间隙配合。间隙配合是指具有间隙(包括最小间隙为零)的配合。孔的公差带位于轴的公差带之上，如图 1-0-24 所示。由于孔和轴的实际尺寸在各自的公差带内变动，因此装配后每对孔、轴间的间隙量也是变动的。

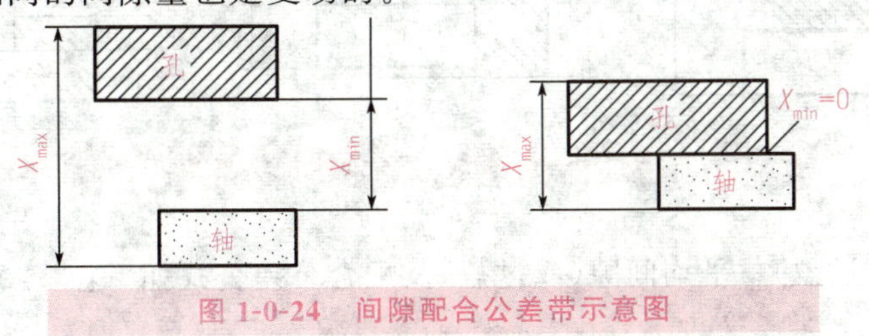

图 1-0-24 间隙配合公差带示意图

极限间隙、平均间隙及配合公差公式如下：

最大间隙

$$X_{max}=D_{max}-d_{min}=ES-ei \tag{1-0-20}$$

最小间隙

$$X_{min}=D_{min}-d_{max}=EI-es \tag{1-0-21}$$

平均间隙

$$X_{av}=(X_{max}+X_{min})/2 \tag{1-0-22}$$

配合公差

$$T_f=|X_{max}-X_{min}|=T_h+T_s \tag{1-0-23}$$

式(1-0-23)表明配合精度(配合公差)取决于相互配合的孔与轴的尺寸精度(尺寸公差)，设计时，可根据配合公差来确定孔与轴的公差。

(2)过盈配合。过盈配合是指具有过盈(包括最小过盈为零)的配合。孔的公差带位于轴的公差带之下，如图 1-0-25 所示。由于孔和轴的实际尺寸在各自的公差带内变动，因此装配后每对孔、轴间的过盈量也是变动的。

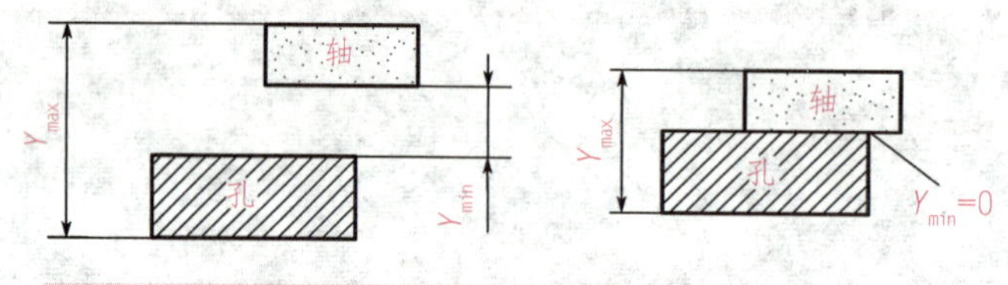

图 1-0-25　过盈配合公差带示意图

极限过盈、平均过盈及配合公差公式如下：

最大过盈

$$Y_{max}=D_{min}-d_{max}=EI-es \tag{1-0-24}$$

最小过盈

$$Y_{min}=D_{max}-d_{min}=ES-ei \tag{1-0-25}$$

平均过盈

$$Y_{av}=(Y_{max}+Y_{min})/2 \tag{1-0-26}$$

配合公差

$$T_f=|Y_{max}-Y_{min}|=T_h+T_s \tag{1-0-27}$$

(3)过渡配合。过渡配合是指可能产生间隙或过盈的配合。孔的公差带与轴的公差带相互交叠，如图 1-0-26 所示。过渡配合中，每对孔、轴的间隙或过盈也是变化的。

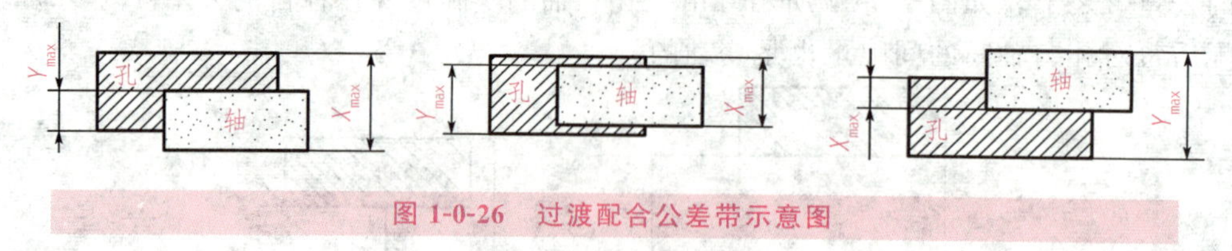

图 1-0-26　过渡配合公差带示意图

极限间隙(或过盈)、平均间隙(或过盈)及配合公差公式如下：

最大间隙

$$X_{max}=D_{max}-d_{min}=ES-ei \tag{1-0-28}$$

最大过盈

$$Y_{max}=D_{min}-d_{max}=EI-es \tag{1-0-29}$$

平均间隙(过盈)

$$X_{av}(Y_{av})=(X_{max}+Y_{max})/2 \tag{1-0-30}$$

配合公差

$$T_f=|X_{max}-Y_{max}|=T_h+T_s \tag{1-0-31}$$

练一练：

1. 孔 $\phi50^{+0.039}_{0}$ mm，轴 $\phi50^{-0.025}_{-0.050}$ mm，求 X_{max}、X_{min}、X_{av}、T_f，并画出公差带图。

2. 孔 $\phi50^{+0.039}_{0}$ mm，轴 $\phi50^{+0.079}_{+0.054}$ mm，求 Y_{max}、Y_{min}、Y_{av}、T_f，并画出公差带图。

3. 孔 $\phi50^{+0.039}_{0}$ mm，轴 $\phi50^{+0.034}_{+0.009}$ mm，求 X_{max}、Y_{max}、(X_{av})、Y_{av}及 T_f，并画出公差带图。

二、极限与配合的国家标准

在机械制造业中，为有利于实现互换性生产和一般的使用要求，在考虑满足生产实际需要和发展的前提下，为了尽可能减少零件、定值刀具、量具以及其他工艺装备的品种和规格，对尺寸公差的大小作了必要的限制，即采取了国家标准。极限与配合的国家标准由标准公差系列和基本偏差系列两部分构成。标准公差用于确定公差带的大小，基本偏差用于确定公差带的位置。本书仅对常用尺寸为小于或等于 500 mm 的尺寸段进行介绍。

1. 公差带代号

我们经常看到图样中“ϕ48H7、ϕ48h7”的标注形式，其中 H7、h7 就是公差带代号。孔、轴的公差带代号由基本偏差代号和公差等级数字组成，具体含义如图 1-0-27、图 1-0-28 所示。

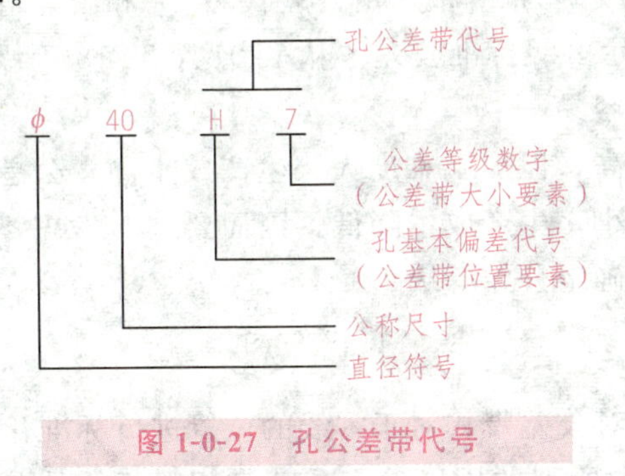

图 1-0-27　孔公差带代号

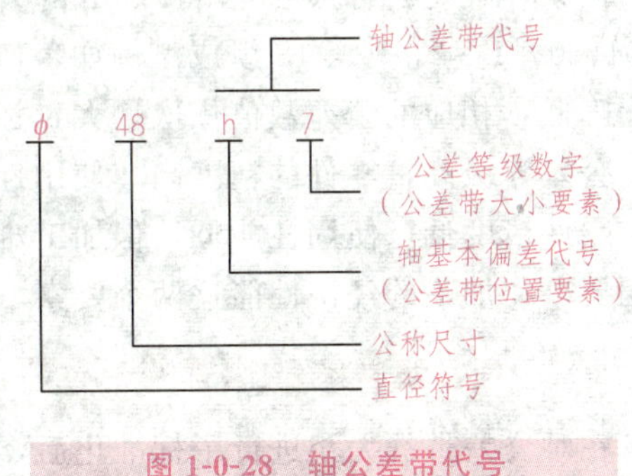

图 1-0-28　轴公差带代号

2. 标准公差系列(公差带的大小)

公差值的大小确定了尺寸允许变化的变动量即公差带的宽窄，它反映了尺寸的精度和加工难易程度。《极限与配合》标准已对公差值进行标准化，标准中所规定的任一公差称为标准公差。由若干标准公差所组成的系列称为标准公差系列，它以表格形式列出，称为标准公差数值表，标准公差的数值与两个因素有关：标准公差等级和公称尺寸分段。公称尺寸至 500 mm 的标准公差数值见表 1-0-7。

表 1-0-7 标准公差数值(GB/T 1800.3—2009)

公称尺寸/mm		公差等级																			
		IT01	IT0	IT1	IT2	IT3	IT4	IT5	IT6	IT7	IT8	IT9	IT10	IT11	IT12	IT13	IT14	IT15	IT16	IT17	IT18
大于	至	μm													mm						
—	3	0.3	0.5	0.8	1.2	2	3	4	6	10	14	25	40	60	0.10	0.14	0.25	0.40	0.60	1.0	1.4
3	6	0.4	0.6	1	1.5	2.5	4	5	8	12	18	30	48	75	0.12	0.18	0.30	0.48	0.75	1.2	1.8
6	10	0.4	0.6	1	1.5	2.5	4	6	9	15	22	36	58	90	0.15	0.22	0.36	0.58	0.90	1.5	2.2
10	18	0.5	0.8	1.2	2	3	5	8	11	18	27	43	70	110	0.18	0.27	0.43	0.70	1.10	1.8	2.7
18	30	0.6	1	1.5	2.5	4	6	9	13	21	33	52	84	130	0.21	0.33	0.52	0.84	1.30	2.1	3.3
30	50	0.6	1	1.5	2.5	4	7	11	16	25	39	62	100	160	0.25	0.39	0.62	1.00	1.60	2.5	3.9
50	80	0.8	1.2	2	3	5	8	13	19	30	46	74	120	190	0.30	0.46	0.74	1.20	1.90	3.0	4.6
80	120	1	1.5	2.5	4	6	10	15	22	35	54	87	140	220	0.35	0.54	0.87	1.40	2.20	3.5	5.4
120	180	1.2	2	3.5	5	8	12	18	25	40	63	100	160	250	0.40	0.63	1.00	1.60	2.50	4.0	6.3
180	250	2	3	4.5	7	10	14	20	29	46	72	115	185	290	0.46	0.72	1.15	1.85	2.90	4.6	7.2
250	315	2.5	4	6	8	12	16	23	32	52	81	130	210	320	0.52	0.81	1.30	2.10	3.20	5.2	8.1
315	400	3	5	7	9	13	18	25	36	57	89	140	230	360	0.57	0.89	1.40	2.30	3.60	5.7	8.9
400	500	4	6	8	10	15	20	27	40	63	97	155	250	400	0.63	0.97	1.55	2.50	4.00	6.3	9.7

注：尺寸 1 mm 以下无 IT14～IT18。尺寸大于 500 mm 的 IT1 至 IT5 的标准公差值为试行。

国家标准将公称尺寸至 500 mm 的公差等级分为 20 级，由公差代号 IT 和公差等级数字 01，0，1，2，…，18 组成。例如，IT8 表示 8 级标准公差。从 IT01 至 IT18 等级精度依次降低，相应的公差数值依次增大，加工越容易。

公差等级高，零件的精度高，使用性能提高，但加工难度大，生产成本高；公差等级低，零件精度低，使用性能低，但加工难度减小，生产成本降低。因而要同时考虑零件的使用要求和加工的经济性能这两个要素，合理确定公差等级。

3. 基本偏差系列(公差带的位置)

在对公差带的大小进行了标准化后，还需对公差带相对于零线的位置进行标准化。

(1)基本偏差。基本偏差是国家标准表格中所列的用以确定公差带相对于零线位置的上偏差或下偏差，一般是指靠零线最近的那个偏差。也就是说，当公差带在零线以上时，规定下偏差(EI 或 ei)为基本偏差；当公差带在零线以下时，规定上偏差(ES 或 es)为基本偏差。为了满足各种不同配合的需要，满足生产标准化的要求，必须设置若干基本偏差并将其标准化，标准化的基本偏差组成基本偏差系列。

(2)基本偏差的代号。GB/T 1800.1—2009 对孔和轴分别规定了 28 种基本偏差，其代号用拉丁字母表示。大写代表孔，小写代表轴。在 26 个字母中，除去易混淆的 I、L、O、Q、W(i、1、o、q、w)等 5 个字母，国家标准规定采用 21 个，再加上 7 个双写字母 CD、EF、FG、JS、ZA、ZB、ZC(cd、ef、fg、js、za、zb、zc)，共有 28 个基本偏差代号。构成孔(或轴)的基本偏差系列，反映 28 种公差带相对于零线的位置，如图 1-0-29 所示。

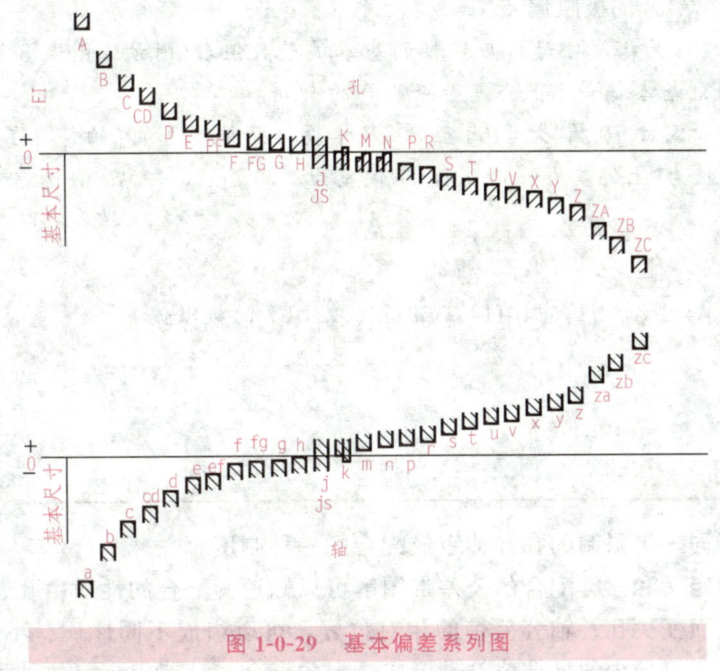

图 1-0-29　基本偏差系列图

在基本偏差系列图中，公差带一端是封闭的，它表示基本偏差，可通过查阅附录三附表 3-1 或附表 3-2 来确定其数值；而另一端是开口的，其封闭开口公差带的长度取决于公差等级的高低(或公差值的大小)。当基本偏差确定后，按公差等级确定标准公差 IT，另一极限偏差即可按下列关系式计算：

$$\text{轴}\quad es=ei+IT \quad \text{或} \quad ei=es-IT \qquad (1\text{-}0\text{-}32)$$

$$\text{孔}\quad ES=EI+IT \quad \text{或} \quad EI=ES-IT \qquad (1\text{-}0\text{-}33)$$

这是极限偏差和标准公差的关系式。

例 2-2　确定 $\phi35H7$ 的极限偏差。

解： 由表 1-0-7 查得标准公差 IT7=25 μm，因为孔 H 的基本偏差 EI=0，则另一偏差 ES=EI+IT=0+25=+25(μm)，故可表达为 $\phi35H7(^{+0.025}_{0})$。

(3)基本偏差的数值。

①公称尺寸≤500 mm 轴的基本偏差数值，如附录三附表 3-1 所列。

②公称尺寸≤500 mm 孔的基本偏差数值，如附录三附表 3-2 所列。

拓展知识

查极限偏差数值的步骤和方法

①根据基本偏差的代号确定是查孔(或轴)的基本偏差数值表。

②在基本偏差数值表中找到基本偏差代号，再从基本偏差代号下找到公差等级数字所在的列。

③根据公称尺寸段所在的行，则行与列的相交处，就是所要查的极限偏差数值。

例 2-3 查 ϕ70f8 的极限偏差。

解： 第一步：f 为小写字母，应查轴的基本偏差数值表(附录三附表 3-1)。

第二步：找到基本偏差 f 下公差等级为 8 的一列。

第三步：公称尺寸 70 属“大于 65 至 80”尺寸段，找到此段所在的行，在行和列的相交处得到极限偏差数值为“上偏差为－30 μm，下偏差为－76 μm”，即 ϕ70f8 为 $\phi70_{-0.076}^{-0.030}$ mm。

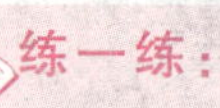

练一练：

试查表确定 ϕ40h8、ϕ40H8、ϕ40g6、ϕ40F7 的极限偏差。

三、配合制

配合制是指同一极限制的孔和轴组成配合的一种制度。

根据配合的定义和三类配合的公差带图解可以知道，配合的性质由孔、轴公差带的相对位置决定，因而变更孔、轴公差带的相对位置，可以组成不同性质、不同松紧的配合，但为了简化起见，以最少的标准公差带形成最多的配合，且获得良好的技术经济效益，标准规定了两种基准制，即基孔制与基轴制。

1. 基孔制

基孔制是指基本偏差为一定的孔的公差带，与不同的基本偏差的轴的公差带所形成的各种配合的一种制度，如图 1-0-30(a)所示。

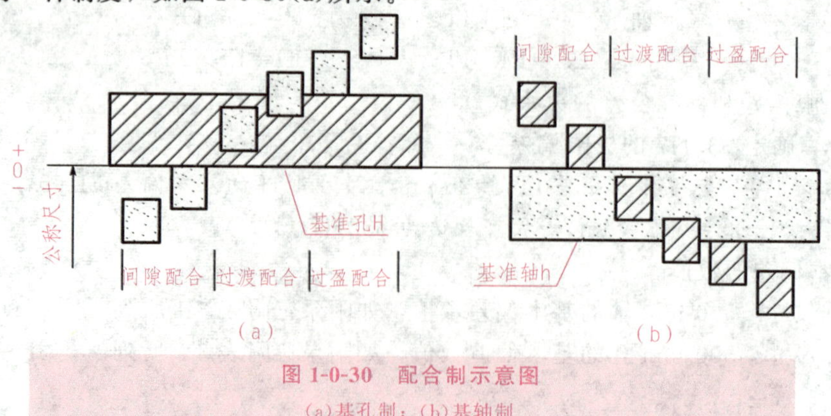

图 1-0-30 配合制示意图

(a)基孔制；(b)基轴制

基孔制中的孔称为基准孔，也称为配合中的基准件，用 H 表示。基准孔的基本偏差为下偏差 EI，且数值为零，即 EI=0。上偏差为正值，其公差带偏置在零线上侧。

2. 基轴制

基轴制是指基本偏差为一定的轴的公差带，与不同基本偏差的孔的公差带形成的各种配合的一种制度，如图 1-0-30(b)所示。

基轴制中的轴称为基准轴，也称为配合中的基准件，用 h 表示。基准轴的基本偏差为上偏差 es，且数值为零，即 es=0。下偏差为负值，其公差带偏置在零线的下侧。

四、极限与配合在图样上的标注

1. 公差带与配合代号

孔、轴的公差带代号由基本偏差代号和公差等级数字组成。例如，H8、F7、K7、P7 等为孔的公差带代号；h7、f6、r6、p6 等为轴的公差带代号。

配合代号用孔、轴公差带的组合表示，写成分数形式，分子为孔的公差带代号，分母为轴的公差带代号，如 $\frac{H7}{f6}$ 或 H7/f6。若指某一确定尺寸的配合，则公称尺寸标在配合代号之前，如 $\phi 25\frac{H7}{f6}$ 或 ϕ25H7/f6。

2. 极限与配合在图样上的标注

(1)孔、轴公差在零件图上主要标注公称尺寸和极限偏差数值，零件图上尺寸公差的标注方法有三种，如图 1-0-31 所示。

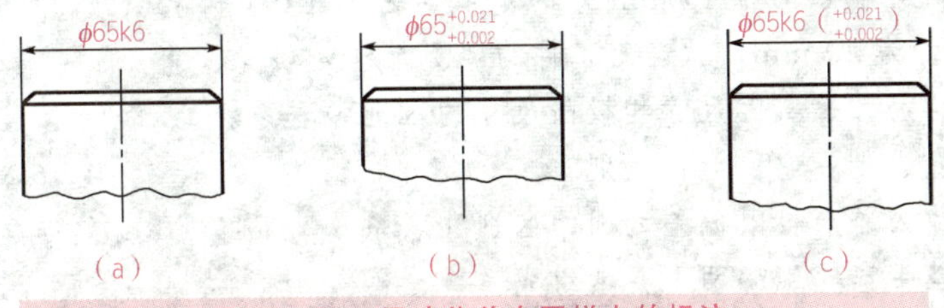

图 1-0-31　尺寸公差在图样上的标注

(2)装配图上，主要标注公称尺寸和配合代号，配合代号即标注孔、轴的基本偏差代号及公差等级，如图 1-0-32 所示。

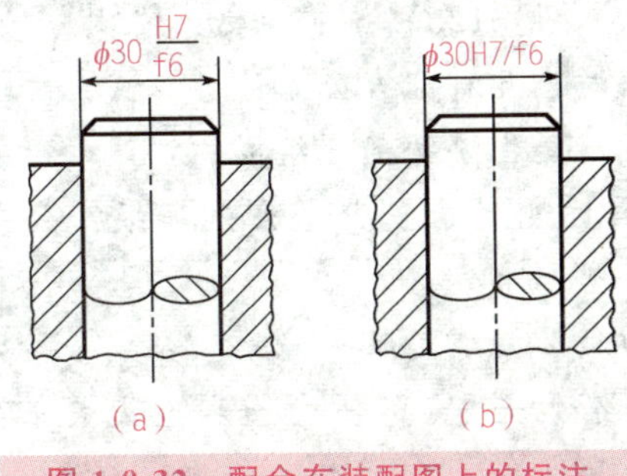

图 1-0-32　配合在装配图上的标注

思考与练习

1. 测量的实质是什么？一个完整的测量过程应包含哪些要素？
2. 什么叫检验？测量和检验有何不同特点？
3. 什么是机械产品质量检验？其主要包含哪些内容？
4. 试叙述机械产品质量检验的基本步骤。
5. 单位换算：(1)20cm＝(　　)mm＝(　　)μm。

　　(2)$2\frac{1}{2}$in＝(　　)mm。

　　(3)120°＝(　　)rad。

6. 什么叫长度单位和长度基准？长度单位有哪些？有什么换算关系？
7. 常用的测量方法具体有哪些？
8. 什么是绝对测量和相对测量？各自有何特点？试举例说明。
9. 根据误差出现的规律，测量误差分为哪几类？造成各类测量误差的原因有哪些？
10. 什么是系统误差？试举例说明。
11. 什么是粗大误差？如何判断？
12. 测量器具按测量原理、结构特点及用途分为哪几类？试举例说明。
13. 说明分度值、刻度间距、灵敏度三者有何区别。
14. 某计量器具在示值为40 mm处的示值误差为±0.004 mm。若用该计量器具测量工件时，读数正好为40 mm，试确定工件的实际尺寸是多少？
15. 简述公称尺寸、实际尺寸和极限尺寸的区别和联系。
16. 什么是孔、轴？它们有何区别？
17. 简述尺寸公差与极限偏差之间的区别和联系。
18. 何谓公差带？它由哪两个要素组成？
19. 什么叫配合？配合分哪几类，各是如何定义的？各类配合中其孔、轴的公差带相互位置怎么样？
20. 计算下列孔和轴的尺寸公差，并分别绘出尺寸公差带图解。

孔 $\phi50^{+0.025}_{0}$；轴 $\phi45^{-0.050}_{-0.089}$；孔 $\phi125^{+0.041}_{-0.022}$；轴 $\phi80^{+0.041}_{+0.059}$。

21. 什么叫配合公差？试写出几种配合公差的计算式。
22. 极限与配合的国家标准是由哪两部分组成的？
23. 什么是标准公差？国标规定了多少个公差等级？公差等级是如何划分的？如何表示？
24. 什么是基本偏差？为什么要规定基本偏差？
25. 基本偏差和标准公差有无关系？与尺寸分段有无关系？与公差等级有无关系？
26. 简述配合制的概念。

27. 什么是基孔制配合与基轴制配合？为什么要规定基准制？

28. 查表计算下列配合的极限间隙或极限过盈，并画出孔、轴的公差带图，说明各属于哪种配合？

ϕ20H8/f7；ϕ18H7/r6；ϕ50H7/js6；ϕ25H7/h6；ϕ20H7/p6。

29. 如表 1-0-8 所列，用已知数值，确定表中各项未确定的数值。

表 1-0-8　题 29 表

序号	配合件	公称尺寸/mm	极限尺寸/mm		极限偏差/mm		公差 T/mm	间隙 X(过盈 Y)/mm		配合公差 T_f/mm
			max	min	ES (es)	EI (ei)		X_{max} (Y_{min})	X_{min} (Y_{max})	
1	孔	20	20.033	20						
	轴		19.980	19.959						
2	孔	40	40.025	40						
	轴		40.033	40.017						
3	孔	60	59.979	59.949						
	轴		60	59.981						

第二部分

机械测量技术技能训练项目

机械测量技术是综合运用相关知识和技能，对机械产品的合格性作出判断的全过程。因此，本部分主要通过一系列项目的训练，使学生了解并掌握机械测量的一般步骤：①确定被检测项目。认真审阅被测件图纸及有关的技术资料，了解被测件的用途，熟悉产品相关质量标准与技术规范资料，明确需要检测的项目。②设计检测方案。根据检测项目的性质、具体要求、结构特点、批量大小、检测设备状况、检测环境及检测人员的能力等多种因素，设计一个能满足检测精度要求，且具有低成本、高效率的检测方案。③选择检测器具。按照规范要求选择适当的检测器具，设计、制作专用的检测器具和辅助工具，并进行必要的误差分析。④检测前准备。清理检测环境并检查是否满足检查要求，清洗标准器具、被测件及辅助工具，对检测器具进行调整使之处于正常的工作状态。⑤采集数据。安装被测件，按照设计预案采集测量数据并规范地做好原始记录。⑥进行数据处理。对检测数据进行计算和处理，获得检测结果。⑦填写检测结果。将检测结果填写在测量报告单及有关的原始记录中，并根据技术要求做出合格性判定。⑧对不合格品进行处理(返修或报废)，对合格品作出安排(转下道工序或入库)。

项目一

轴类零件的测量

项目导读

本项目主要介绍了轴类零件的技术工艺要求基础知识，以通用量具和量仪的应用来学习轴类零件尺寸和形位公差的一般测量方法、步骤及与测量相关的基础知识内容。本项目根据轴类零件的结构特点和技术要求，分别采用不同的量具量仪，通过下面五个测量任务实施。

项目目标

本项目的训练目标如下：

知识目标

- 熟悉轴类零件的测量技术要求和相关内容。
- 熟悉轴类零件常用测量工具(如千分尺、游标卡尺、万能角度尺、百分表等)的结构及工作原理，了解其适用范围，掌握其使用方法与测量步骤。
- 了解轴类零件常用计量仪器(如光学计、正弦规、跳动检测仪等)的测量原理、适用范围及使用方法与测量步骤。
- 理解轴类零件常用位置公差(如同轴度、径向跳动、端面跳动等)的定义及测量方案的拟定。
- 了解偏心轴的技术工艺要求及偏心距的测量方法。

技能目标

- 学会正确、规范地使用游标卡尺和外径千分尺进行轴类零件尺寸的测量。
- 学会使用万能角度尺测量轴类零件的锥度。
- 学会使用百分表测量轴类零件的同轴度、径向跳动、端面跳动。
- 掌握正确处理测量数据的方法及对零件合格性的评定。

项目知识

轴类零件是机械加工中经常遇到的典型零件之一，它是一种非常重要的非标准零件，通常用于支承旋转的传动零件(齿轮、链轮、凸轮和带轮等)、传递转矩、承受载荷，以及保证装在轴上的零件(或刀具)具有一定的回转精度。

【知识链接 1】 轴的基础知识

1. 轴类零件的结构特点

轴类零件根据结构形状可分为光轴、空心轴、半轴、阶梯轴、花键轴、十字轴、偏心轴、曲轴及凸轮轴等，如图 2-1-1 所示。

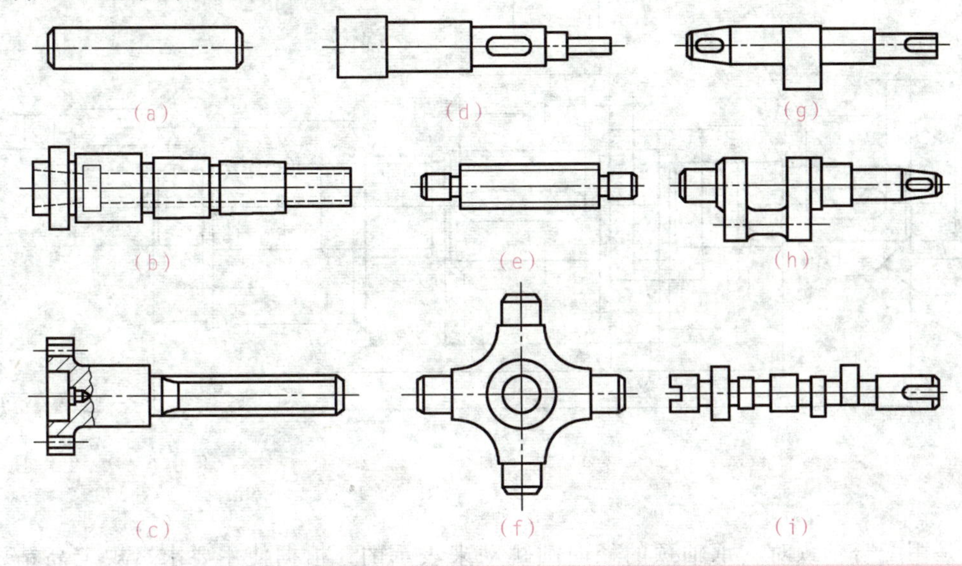

图 2-1-1　轴的种类

(a)光轴；(b)空心轴；(c)半轴；(d)阶梯轴；(e)花键轴；
(f)十字轴；(g)偏心轴；(h)曲轴；(i)凸轮轴

根据轴的长度 L 与直径 d 之比，轴类零件又可分为刚性轴($L/d\leqslant12$)和挠性轴($L/d>12$)两类。由上述各种轴的结构形状可以看到，轴类零件一般为回转体零件，其长度大于直径，加工表面通常由内外圆柱面、圆锥面、端面、台阶、沟槽、键槽、螺纹、倒角、横向孔和圆弧等部分组成，如图 2-1-2 所示。

(1)圆柱表面：一般用于支承轴上传动零件。

(2)端面和台阶：常用来确定安装零件的轴向位置。

(3)沟槽：使磨削或车螺纹时退刀方便，并使零件装配时有一个正确的轴向位置。

(4)键槽：主要是周向固定轴上传动零件和传递扭矩。

(5)螺纹：固定轴上零件的相对位置。

(6)倒角：去除锐边，防止伤人，便于轴上零件的安装。

(7)圆弧：提高强度和减少应力集中，有效防止热处理中裂纹的产生。

2. 轴类零件的技术要求

(1)尺寸精度。轴颈是轴类零件的主要表面，它影响轴的回转精度及工作状态。轴颈的直径精度根据其使用要求通常为 IT6～IT9，精密轴颈可达 IT5。

(2)几何形状精度。轴颈的几何形状精度(圆度、圆柱度)，一般应限制在直径公差范围内。对几何形状精度要求较高时，可在零件图上另行规定其允许的公差。

(3)位置精度。主要是指装配传动件的配合轴颈相对于装配轴承的支承轴颈的同轴度，

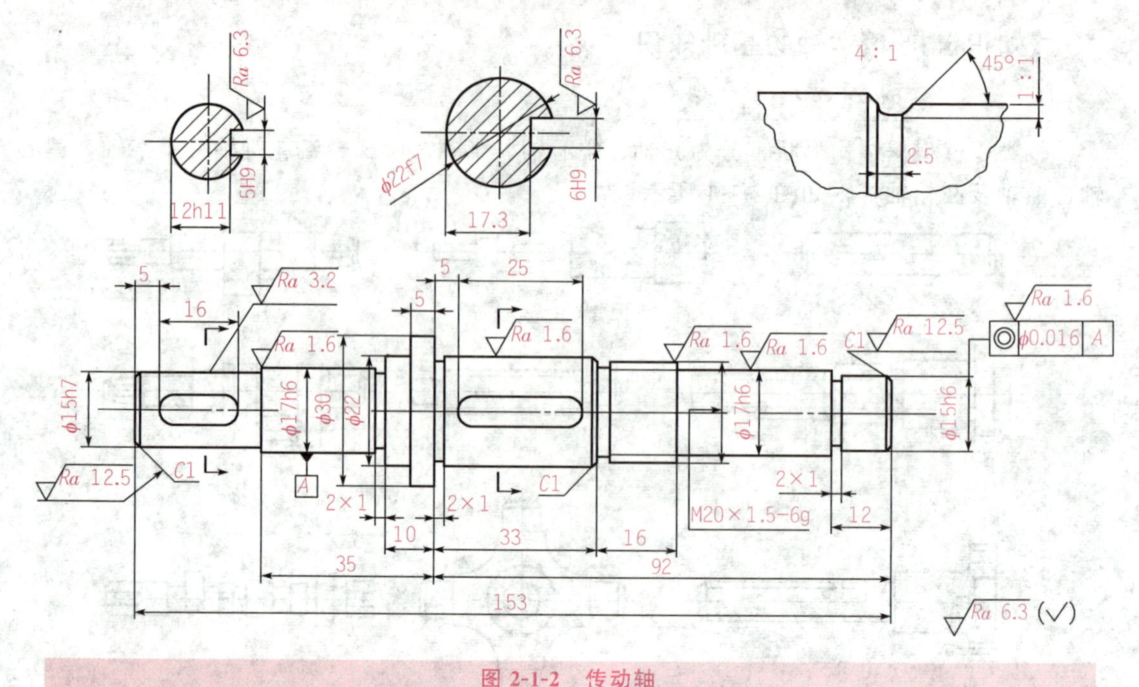

图 2-1-2 传动轴

通常是用配合轴颈对支承轴颈的径向圆跳动来表示的；根据使用要求，规定高精度轴为0.005～0.001 mm，而一般精度轴为0.03～0.01 mm。

此外，还有内外圆柱面的同轴度和轴向定位端面与轴心线的垂直度要求等。

(4)表面粗糙度。根据零件的表面工作部位的不同，可有不同的表面粗糙度值，例如普通机床主轴支承轴颈的表面粗糙度为Ra0.63～0.16 μm，配合轴颈的表面粗糙度为Ra2.5～0.63 μm。随着机器运转速度的增大和精密程度的提高，轴类零件表面粗糙度值要求也将越来越小。

(5)热处理要求。根据需要，加工前常进行退火和正火等热处理，精加工前常进行调质、淬火、渗碳等热处理。

【知识链接2】 轴类零件的测量项目、测量方法及器具的选用

1. 轴类零件的测量项目

(1)长度尺寸的测量。

(2)直径的测量。

(3)位置误差(同轴度、径向圆跳动、端面圆跳动)的测量。

(4)锥度及倾斜度的测量。

(5)偏心轴的测量。

2. 轴类零件的测量方法及器具的选用

(1)用通用量具法进行测量。通用量具可选用游标卡尺、外径千分尺、万能角度尺、游标深度尺、杠杆千分尺等。

(2)用机械式测微仪法进行测量。机械式测微仪可选用百分表、千分表、正弦规、量

块组等。

(3)用精密测微仪法进行测量。精密测微仪可选用立式光学计、卧式万能测长仪、万能工具显微镜、表面粗糙度检查仪、偏摆检查仪等。

项目任务

任务一 用游标卡尺测量轴的尺寸

训练目标

知识目标	技能目标
• 熟悉游标卡尺的基本结构特点、工作原理和作用，了解其适用范围。 • 掌握游标卡尺的读数方法和使用方法。 • 了解游标类量具的类型和特点。	• 能根据被测零件尺寸大小和精度要求选用合适的游标卡尺。 • 学会正确、规范地使用游标卡尺进行轴零件外径、内径及长度尺寸的测量，并判定被测件是否合格。

任务分析

图 2-1-3 为短轴零件及其图样简图。36±0.1、18±0.1、12、$\phi60$、$\phi36_{-0.02}^{\ 0}$、$\phi51_{-0.03}^{\ 0}$ 和 $\phi78_{-0.02}^{\ 0}$ 等是短轴零件的相关长度尺寸；选用合适的游标卡尺，正确规范地测量相关长度尺寸，并判定短轴零件是否合格，是本部分要完成的主要任务。

(a)

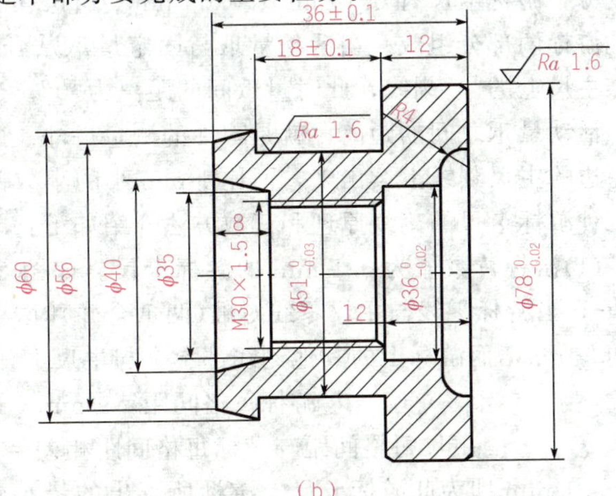

(b)

图 2-1-3 短轴零件及其图样简图

一、游标卡尺

1. 游标卡尺的结构形式和特点

游标卡尺是一种常用的量具，具有结构简单、使用方便、精度中等和测量尺寸范围大等特点，可以用它来测量零件的外径、内径、长度、宽度、厚度、深度和孔距等，应用范围很广。图 2-1-4 所示为一种常用的普通游标卡尺。测量范围为 0～150 mm 的游标卡尺，制成带有刀口形的上下量爪和带有深度尺的形式。上端两爪可测量孔径、孔距和槽宽等；下端两爪可测量外圆、外径和外形长度等；卡尺的背面有一根细长的深度尺，用来测量孔和沟槽的深度。

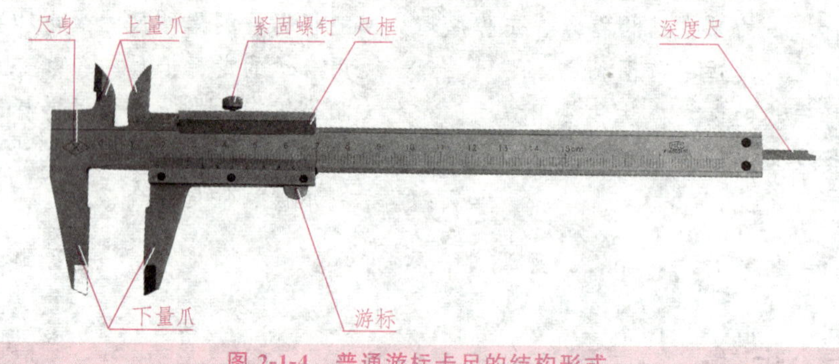

图 2-1-4 普通游标卡尺的结构形式

2. 游标卡尺的刻线原理和读数方法

游标卡尺的读数值(测量精度)是指尺身(主尺)与游标(副尺)每格宽度之差。按其测量精度分，游标卡尺有 0.10 mm、0.05 mm、0.02 mm 这 3 种。游标卡尺的读数机构，由主尺和游标两部分组成。当活动量爪与固定量爪贴合时，游标上的“0”刻线(简称游标零线)对准主尺上的“0”刻线，此时量爪间的距离为“0”。当尺框向右移动到某一位置时，固定量爪与活动量爪之间的距离，就是零件的测量尺寸。此时零件尺寸的整数部分，可在游标零线左边的主尺刻线上读出来，而比 1 mm 小的小数部分，可借助游标读数机构来读出。现把三种游标卡尺的刻线原理和读数方法介绍如下：

(1)游标读数值为 0.1 mm 的游标卡尺。如图 2-1-5(a)所示，主尺刻线间距(每格)为 1 mm，当游标零线与主尺零线对准(两爪合并)时，游标上的第 10 刻线正好指向等于主尺上的 9 mm，而游标上的其他刻线都不会与主尺上任何一条刻线对准。

游标每格间距＝9 mm÷10＝0.9 mm

主尺每格间距与游标每格间距相差＝1mm－0.9mm＝0.1 mm

0.1 mm 即为此游标卡尺上游标所读出的最小数值，再也不能读出比 0.1mm 小的数值。当游标向右移动 0.1 mm 时，则游标零线后的第 1 根刻线与主尺刻线对准。当游标向右移动 0.2 mm 时，则游标零线后的第 2 根刻线与主尺刻线对准，依次类推。若游标向右移动 0.5 mm，如图 2-1-5(b)所示，则游标上的第 5 根刻线与主尺刻线对准。由此可知，游标向右移动不足 1 mm 的距离，虽不能直接从主尺读出，但可以由游标的某一根刻线与主尺刻线对准时，该游标刻线的次序数乘其读数值而读出其小数值。因此，图 2-1-5(b)所示尺寸为：5×0.1＝0.5(mm)。

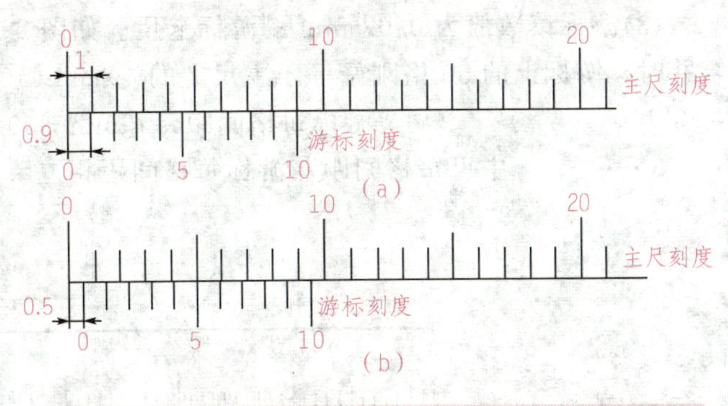

图 2-1-5　游标读数原理

另有 1 种读数值为 0.1 mm 的游标卡尺，如图 2-1-6(a)所示，是将游标上的 10 格对准主尺的 19 mm，则游标每格＝19 mm÷10＝1.9 mm，使主尺 2 格与游标 1 格相差＝2－1.9＝0.1 mm。这种增大游标间距的方法，其读数原理并未改变，但使游标线条清晰，更容易看准读数。

在游标卡尺上读数时，首先要看游标零线的左边，读出主尺上尺寸的整数是多少毫米，其次是找出游标上第几根刻线与主尺刻线对准，该游标刻线的次序数乘其游标读数值，读出尺寸的小数，整数和小数相加的总值，就是被测零件尺寸的数值。

在图 2-1-6(b)中，游标零线在 2 mm 与 3 mm 之间，其左边的主尺刻线是 2 mm，所以被测尺寸的整数部分是 2 mm，再观察游标刻线，这时游标上的第 3 根刻线与主尺刻线对准。所以，被测尺寸的小数部分为 3×0.1＝0.3(mm)，被测尺寸即为 2＋0.3＝2.3(mm)。

(2)游标读数值为 0.05 mm 的游标卡尺。如图 2-1-6(c)所示，主尺每小格 1 mm，当两爪合并时，游标上的 20 格刚好等于主尺的 39 mm，则

游标每格间距＝39 mm÷20＝1.95 mm

主尺 2 格间距与游标 1 格间距相差＝2－1.95＝0.05(mm)

0.05 mm 即为此种游标卡尺的最小读数值。同理，也有用游标上的 20 格刚好等于主尺上的 19 mm，其读数原理不变。

在图 2-1-6(d)中，游标零线在 32 mm 与 33 mm 之间，游标上的第 11 格刻线与主尺刻线对准。所以，被测尺寸的整数部分为 32 mm，小数部分为 11×0.05＝0.55(mm)，被测尺寸为 32＋0.55＝32.55(mm)。

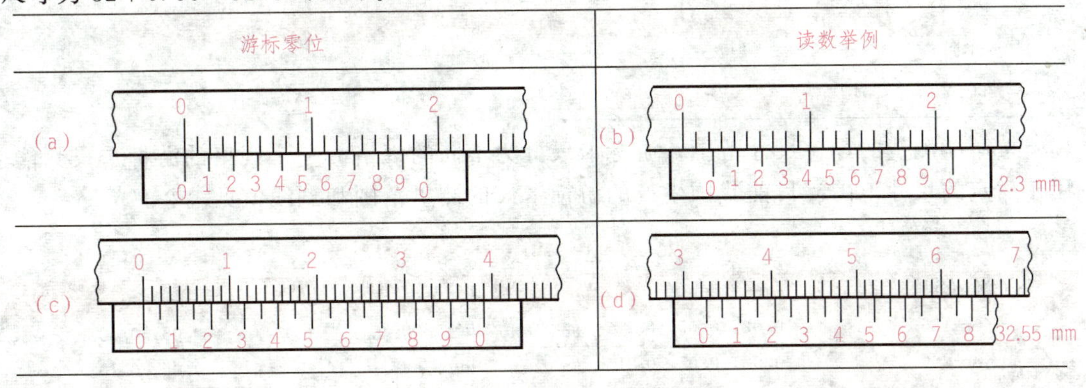

图 2-1-6　游标零位和读数举例

(3)游标读数值为 0.02 mm 的游标卡尺。如图 2-1-7 所示，主尺每小格 1 mm，当两爪合并时，游标上的 50 格刚好等于主尺上的 49 mm(49 格)，则

$$游标每格间距=49mm\div 50=0.98\ mm$$

$$主尺每格间距与游标每格间距相差=1-0.98=0.02(mm)$$

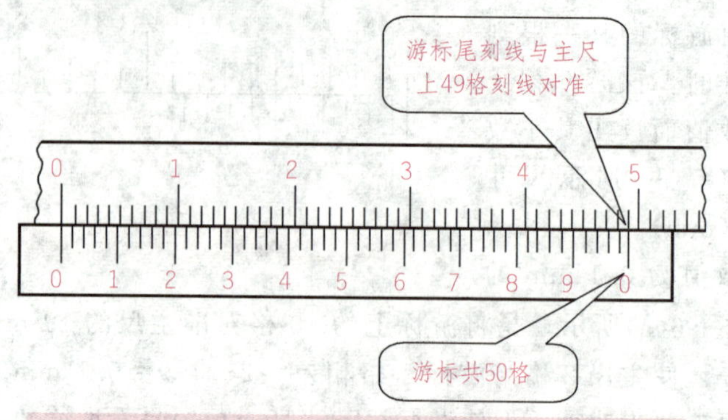

图 2-1-7 精度为 0.02 mm 游标卡尺的刻线

0.02 mm 即为此种游标卡尺的最小读数值。

如图 2-1-8 所示的读数方法：

①读出游标零线左边尺身上的最近刻线的毫米数，即测量结果的整数部分，游标零线在 123 mm 与 124 mm 之间，所以，被测尺寸的整数部分为 123 mm。

②读出游标上与尺身对齐的那一条刻线数，再乘以分度值，即测量结果的小数部分，游标上的 11 格刻线与主尺刻线对准，所以，小数部分为 11×0.02 mm=0.22 mm。

③把读出的尺身上的整数部分和游标上的小数部分加起来，即为测量尺寸。所以，被测尺寸为 123+0.22=123.22 mm。

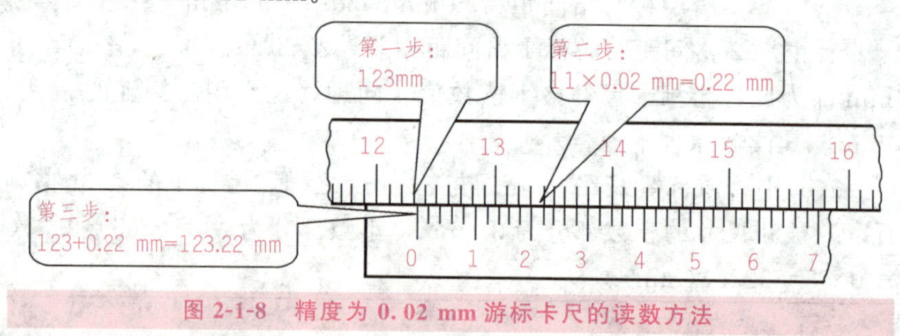

图 2-1-8 精度为 0.02 mm 游标卡尺的读数方法

3. 游标卡尺的测量范围和精度

按所能测量的零件尺寸范围，游标卡尺分为不同的规格。一个规格的游标卡尺只能适用于一定的尺寸范围。目前我国生产的游标卡尺的测量范围和刻线值见表 2-1-1。

表 2-1-1 游标卡尺的测量范围和刻线值

测量范围	刻线值	测量范围	刻线值
0～125	0.02，0.05，0.10	300～800	0.05，0.10
0～200	0.02，0.05，0.10	400～1000	0.05，0.10
0～300	0.02，0.05，0.10	600～1500	0.10
0～500	0.05，0.10	800～2000	0.10

测量或检验零件尺寸时，要按照零件尺寸的精度要求，选用相适应的量具。游标卡尺是一种中等精度的量具，不能用来测量和检验精度要求高的零件，只能用于中等精度的尺寸。游标卡尺不能用来测量毛坯件，否则容易损坏。游标卡尺的示值误差和尺寸公差等级见表 2-1-2。

表 2-1-2　游标卡尺的示值误差和尺寸公差等级

游标读数值	示值误差	尺寸公差等级
0.02	±0.02	12～16
0.05	±0.05	13～16

二、游标卡尺的使用方法

1. 测量前

(1)先把游标卡尺擦拭干净；检验卡脚紧密贴合时是否有明显缝隙；检查尺身和游标零位是否对准；最后检查被测量面是否平直无损，如图 2-1-9 所示。

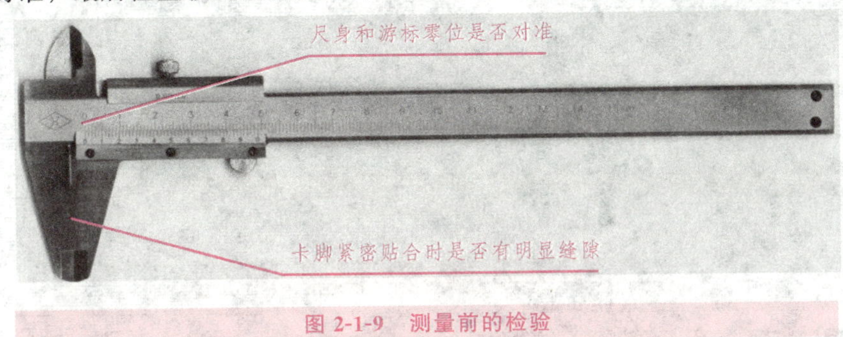

图 2-1-9　测量前的检验

(2)移动尺框时，活动要自如，不应过松或过紧，更不能有晃动现象。用固定螺钉固定尺框时，卡尺的读数不应有所改变。在移动尺框时，不要忘记松开固定螺钉，亦不宜过松，以免掉了。

2. 测量时

(1)测量工件的外表面尺寸时，卡脚的张开尺寸应大于工件的尺寸，以便卡脚两侧自由进入工件。测量时，可以轻轻摇动卡尺，放正垂直位置，如图 2-1-10、图 2-1-11 所示。

图 2-1-10　测量外圆直径方法

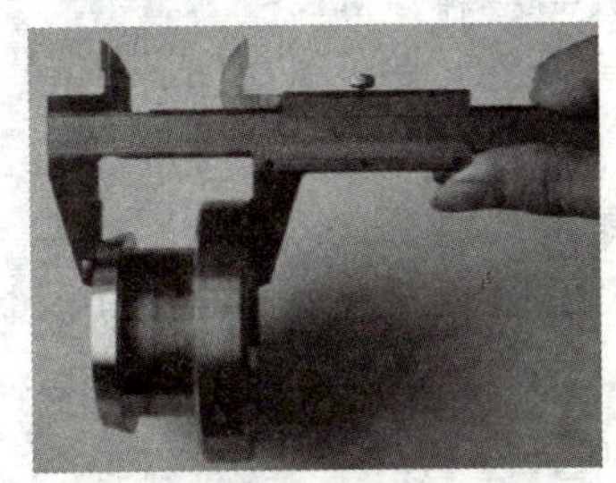

图 2-1-11　测量长度方法

(2)测量工件内表面尺寸时，卡脚的张开尺寸应小于工件的尺寸，如图 2-1-12 所示。

(3)利用深度尺测量工件深度时，尺身端部平面靠在基准面上，尺身与零件中心线平行，如图 2-1-13 所示。

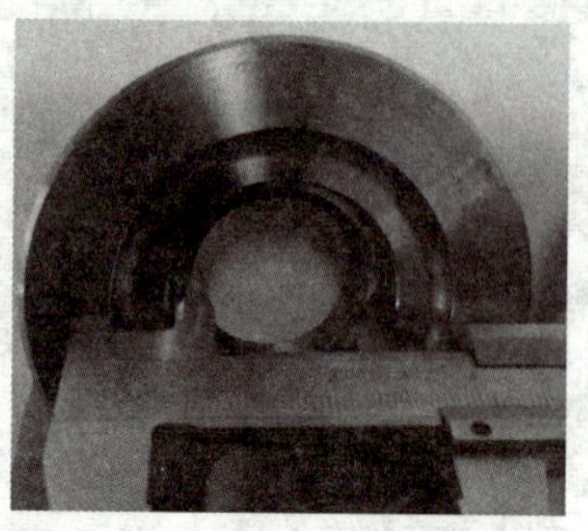

图 2-1-12 测量内尺寸方法

图 2-1-13 测量深度方法

(4)读数时，应尽可能使人的视线与卡尺刻线表面保持垂直，以免造成读数误差，如图 2-1-14 所示。

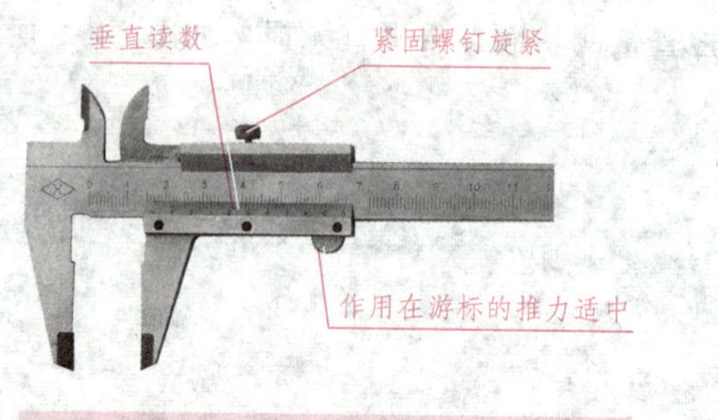

图 2-1-14 测量时的读数示意图

3. 测量后

将游标卡尺擦净后放置在专用盒内。若长时间不用，应涂防锈油后保存。

注意：使用游标卡尺时，不允许过分施加压力，以免卡尺弯曲或磨损。

拓展知识

1. 各类卡尺

卡尺是一种常用的量具，具有结构简单、使用方便、精度中等和测量的尺寸范围大等特点，可以用它来测量零件的外径、内径、长度、宽度、厚度、深度和孔距等，应用范围很广。

各类卡尺按其结构和用途的不同，可以分为普通游标卡尺、双面游标卡尺、单面游标卡尺。按读数方式的不同，又可以分为普通游标卡尺、带表卡尺、电子数显卡尺等。还有一些特殊结构的卡尺，如无视差游标卡尺、大尺寸游标卡尺等。各类卡尺的结构和特点见表 2-1-3。

表 2-1-3　各类卡尺的结构和特点

类　型	结　构	特　点
普通游标卡尺	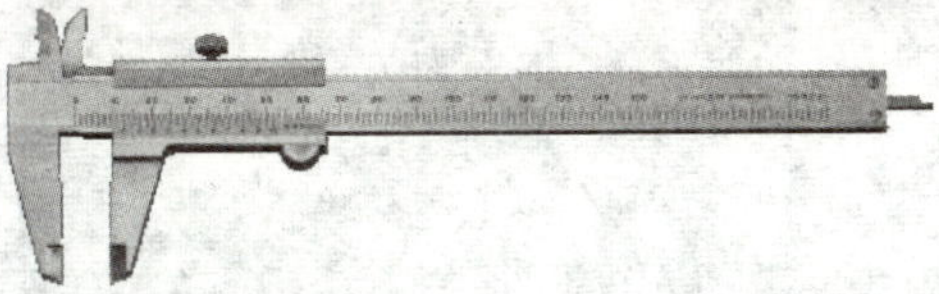	由尺身、尺框、上下量爪、深度尺等部分组成，可测量内外尺寸、孔距和槽的深度
带表卡尺	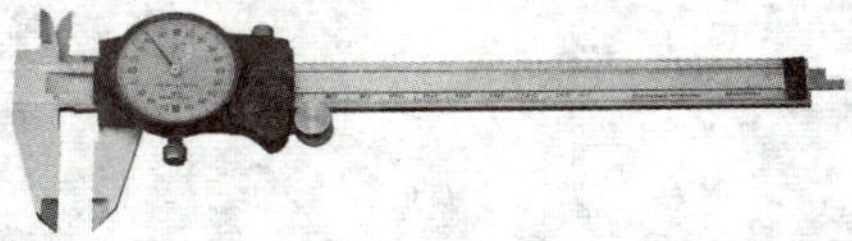	指示表数字刻线代替游标读数，读数直观、使用方便
电子数显卡尺	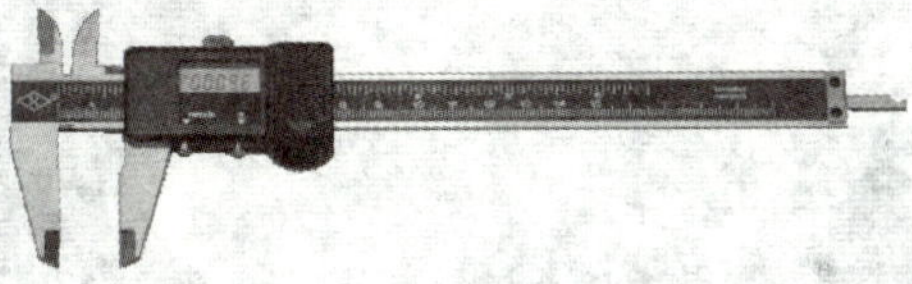	测量尺寸数字直接由显示器显示出来
双面游标卡尺	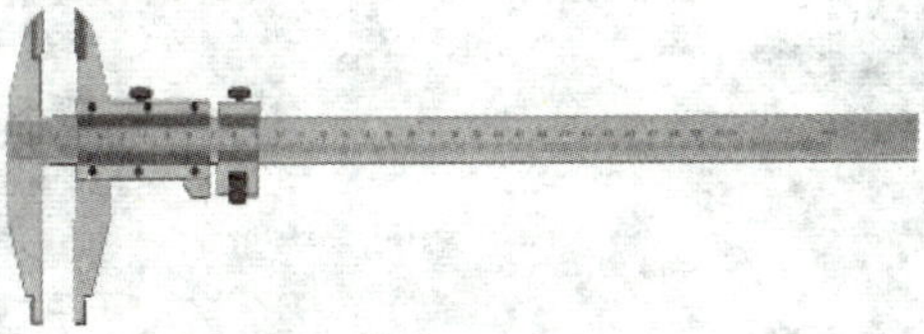	无深度尺，有上下量爪，有微动装置。下量爪上附加内测量爪，可测内孔尺寸
单面游标卡尺	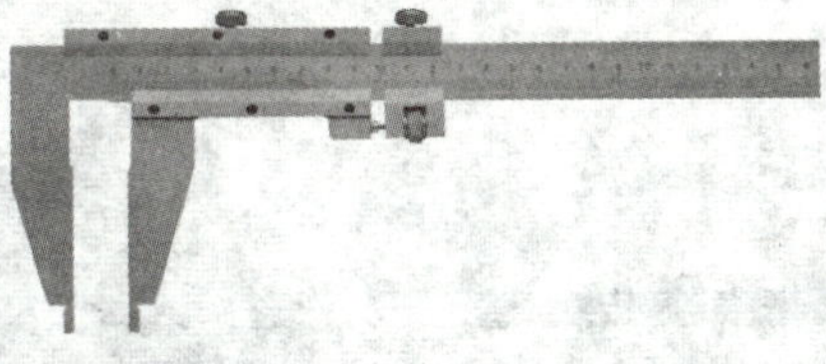	无深度尺，无上量爪，但有微动装置。下量爪上附加内测量爪，可测内孔尺寸
无视差游标卡尺		尺身两侧的黑色直线凹槽使尺身刻线笔直，且使游标刻线与尺身刻线齐平，消除视差
大尺寸游标卡尺	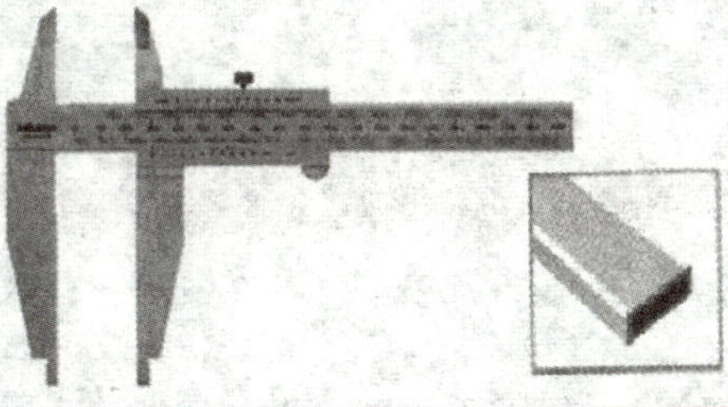	尺身采用截面为矩形的无缝钢管。测量范围有 0～1000、0～2000、0～3000。下量爪上附加内测量爪，可测内孔尺寸

2. 游标类量具

利用游标尺和主尺相互配合进行测量、读数的量具，称为游标类量具。它的结构简单，使用方便，测量范围大，维护保养容易，在机械加工中应用广泛。

根据用途的不同，游标类量具可分为齿轮游标卡尺、高度游标卡尺、深度游标卡尺和游标量角尺(如万能量角尺)等。游标类量具可用以测量零件的外径、内径、长度、宽度、厚度、高度、深度、角度以及齿轮的齿厚等，如图 2-1-15 所示。

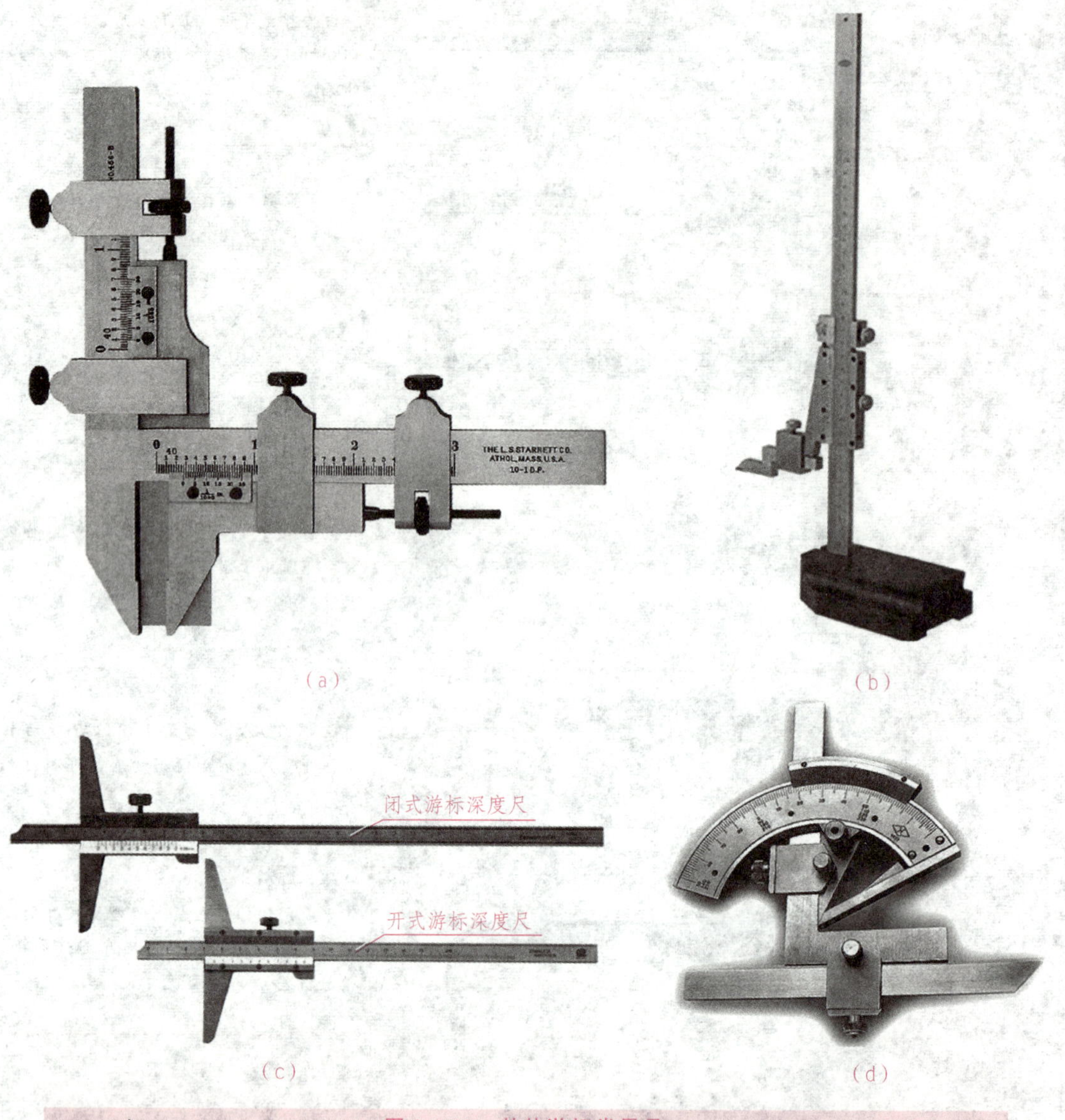

图 2-1-15 其他游标类量具

(a)齿轮游标卡尺；(b)高度游标卡尺；(c)深度游标卡尺；(d)万能量角尺

任务实施

一、测量器具准备

测量器具如图 2-1-16 所示。

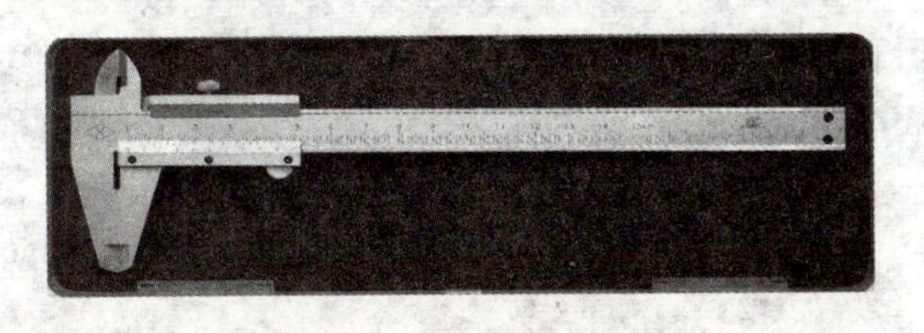

图 2-1-16　普通游标卡尺

二、测量训练内容、步骤和要求

1. 游标卡尺的读数练习

(1)练习要求。快速准确完成游标卡尺的读数。每次读数时间不得超过 10 s；游标卡尺的读数误差不得超过 0.02 mm。

(2)游标卡尺的读数练习。用游标卡尺快速准确完成以下三组读数：

①"0""18.12""22.28""36.34"。

②"41.46""53.58""64.66""79.72"。

③"81.84""93.98""101.10""110.38"。

(3)练习检查。

①自查：分别用游标卡尺进行 10 次读数，达到练习要求，且无一次差错。

②互查：请同组同学分别检查自己用游标卡尺进行的 5 次读数，达到练习要求，且无一次差错。

③老师检查：老师抽查学生游标卡尺读数练习情况，并计入实训平时成绩。

2. 游标卡尺测量各种长度尺寸的练习

(1)练习方法。选用游标卡尺对图 2-1-17 和图 2-1-18 所示的两个轴套类零件的尺寸进行测量，并在图中标出相应的实际尺寸。

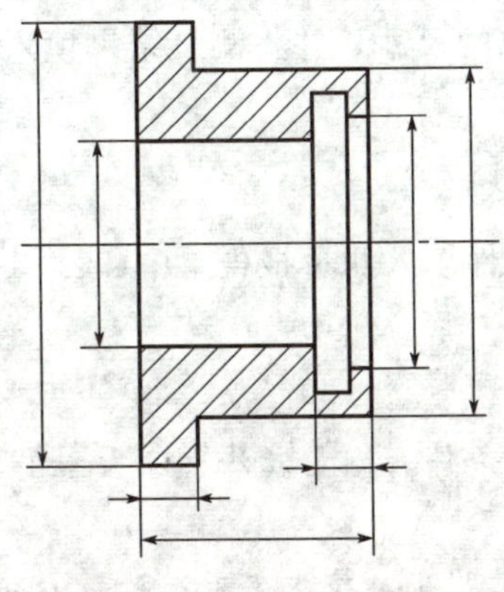

图 2-1-17　套筒零件简图

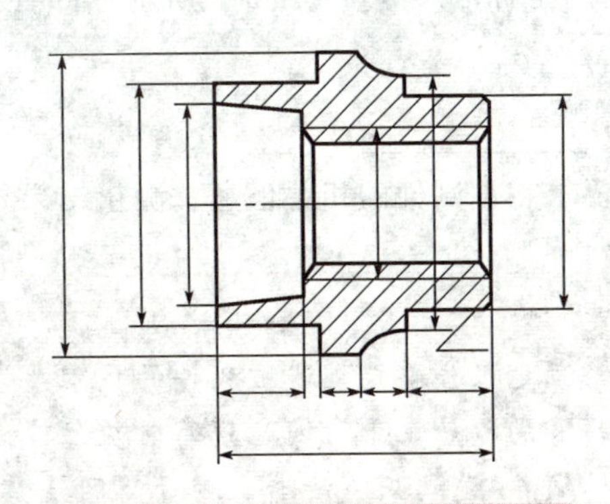

图 2-1-18　阶梯短轴零件简图

(2)要求。游标卡尺使用方法正确，内、外各尺寸的测量误差不得大于±0.02 mm。

3. 游标卡尺使用熟练程度的练习

(1)用游标卡尺测量图 2-1-19 所示轴零件的同一部位 5 次(等精度测量)，将测量值记入表 2-1-4 中，并完成后面的计算。

表 2-1-4 记录表

测量部位	测量值/mm					平均值/mm	变化量/mm
	1	2	3	4	5		
$\phi32$							
$\phi46_{-0.2}^{-0.1}$							
$\phi36$							
$98_{-0.1}^{0}$							

①平均值：将 5 次测量值相加后除以 5，作为该测量点的实际值。

②变化量：测量值中的最大值与最小值之差。

③测量结果：按规范的测量结果表达式写出测量结果。

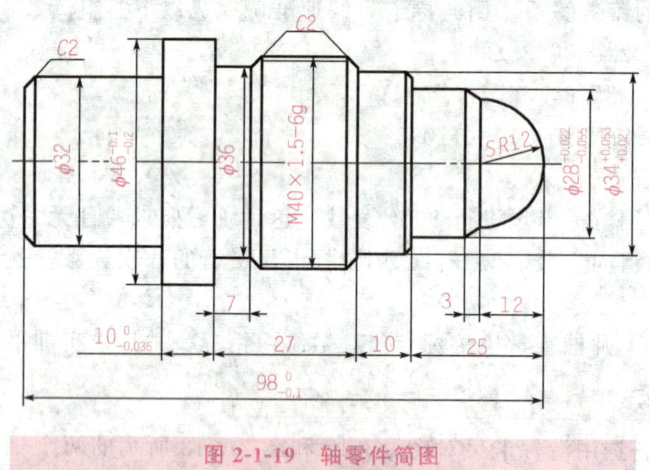

图 2-1-19 轴零件简图

(2)用游标卡尺测量图 2-1-3 所示零件有公差要求的尺寸，并将测量结果填入测量报告单中。

4. 填写测量报告单

按要求将被测件的相关信息、测量结果及测量条件填入测量报告单中(表 2-1-5)。

小提示

测量报告单是描述被测件的技术要求、测量条件、测量方法、测量过程及测量结果的原始记录，因此填写时应注意以下几点：

(1)字迹端正、清晰，测量简图清楚，被测量明确，技术要求准确。

(2)每一个项目都应填写明确，不得空缺。

(3)不得用铅笔填写。

表 2-1-5 测量报告单

测量器具	游标卡尺：测量范围________mm 分度值________mm					
被测件名称						
被测零件简图	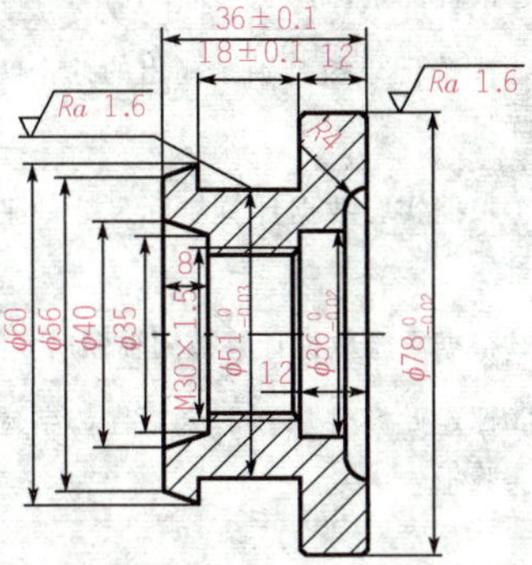					
测量数据处理						
测量部位	测量的实际数值				测量结论	
	1	2	3	4	平均值	合格性判断
38±0.1						
8±0.1						
$\phi 36_{-0.02}^{0}$						
$\phi 51_{-0.03}^{0}$						
$\phi 78_{-0.02}^{0}$						
测量日期	201 年 月 日				测量者	

三、测量训练评价

学生应能够按照训练步骤和测量训练评估表 2-1-6 中的评估要求，进行独立计划和实训。评估不合格者，学生提交申请，允许重新评估。

表 2-1-6 测量训练评估表

学生姓名		班级		学号			
测量项目		课程		专业			
评价方面	测量评价内容			权重	自评	组评	师评	得分
基础知识	轴类零件表面技术要求、尺寸公差知识			20				
	游标卡尺的类型、结构特点和主要度量指标							
	游标卡尺的刻线原理和读数方法							

续表

<table>
<tr><th>评价方面</th><th colspan="2">测 量 评 价 内 容</th><th>权重</th><th>自评</th><th>组评</th><th>师评</th><th>得分</th></tr>
<tr><td rowspan="7">操作训练</td><td rowspan="2">第一阶段：调节仪器</td><td>①选用与被测轴基本尺寸相应的游标卡尺</td><td rowspan="2">10</td><td rowspan="2"></td><td rowspan="2"></td><td rowspan="2"></td><td rowspan="2"></td></tr>
<tr><td>②检验尺身和游标的零位是否对准</td></tr>
<tr><td rowspan="2">第二阶段：测量并记录数据</td><td>①准确测量，并按游标卡尺的最小示值读数</td><td rowspan="2">20</td><td rowspan="2"></td><td rowspan="2"></td><td rowspan="2"></td><td rowspan="2"></td></tr>
<tr><td>②准确记录被测轴颈测出的 5 个实验偏差及实际尺寸</td></tr>
<tr><td rowspan="3">第三阶段：测量数据分析、处理</td><td>①根据实验数据计算实际尺寸的平均值和变化量</td><td rowspan="3">30</td><td rowspan="3"></td><td rowspan="3"></td><td rowspan="3"></td><td rowspan="3"></td></tr>
<tr><td>②根据实验数据计算被测轴颈尺寸实际偏差</td></tr>
<tr><td>③评定此零件尺寸的合格性，字迹清晰，完成实验报告</td></tr>
<tr><td rowspan="4">学习态度</td><td colspan="2">①出勤</td><td rowspan="4">20</td><td rowspan="4"></td><td rowspan="4"></td><td rowspan="4"></td><td rowspan="4"></td></tr>
<tr><td colspan="2">②纪律</td></tr>
<tr><td colspan="2">③团队协作精神</td></tr>
<tr><td colspan="2">④爱护实训设施</td></tr>
<tr><td>规章制度</td><td colspan="2">遵守操作规范，正确使用工具，保持实训场地清洁卫生，安全操作，无事故</td><td>不符合要求，每次扣 5 分</td><td></td><td></td><td></td><td></td></tr>
<tr><td colspan="8">测量技能训练评估记录：

指导教师签字：　　　　　　　　日期：</td></tr>
<tr><td colspan="8">技能训练评估等级：优秀(85 分以上)；良好(75 分以上)；合格(60 分以上)；不合格(60 分以下)</td></tr>
</table>

任务二　用外径千分尺测量轴的外径

训练目标

知识目标	技能目标
• 了解千分尺的类型、结构、工作原理及其适用范围。 • 熟悉千分尺的读数原理、读数方法，掌握其使用方法与测量步骤。	• 能正确、规范地使用外径千分尺进行轴零件尺寸的测量。 • 学会正确处理测量数据的方法及对零件合格性的评定。

任务分析

图 2-1-20 所示为阶梯短轴零件及其图样简图。$\phi48_{-0.025}^{\ 0}$、$\phi38_{-0.025}^{\ 0}$、$\phi34_{-0.025}^{\ 0}$和 45±0.04 等是阶梯短轴零件的相关长度尺寸；选用合适的外径千分尺，正确规范地测量相关长度尺寸，并判定阶梯短轴零件是否合格，是本部分要完成的主要任务。

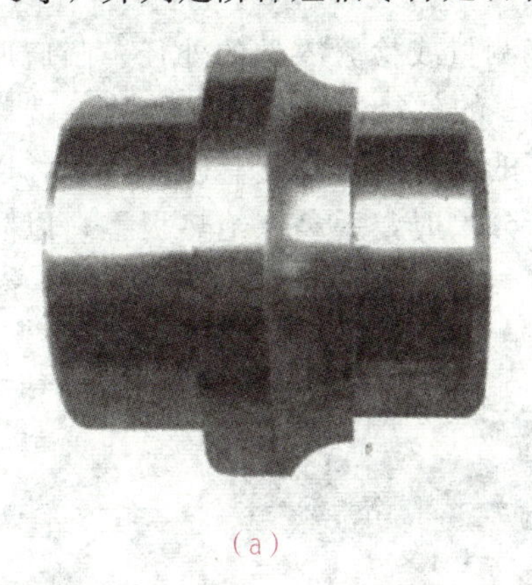
(a)

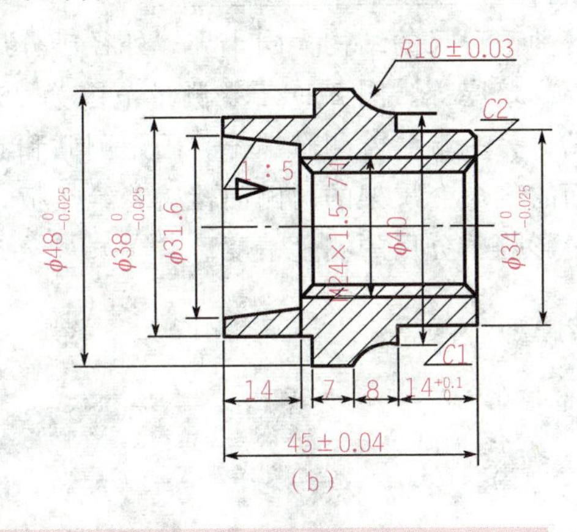

(b)

图 2-1-20　阶梯短轴零件及其图样简图

知识学习

一、轴径测量的方法

轴的结构主要由轴颈和连接各轴颈的轴身组成。被轴承支承的部位称为支承轴颈，支承回转零件的部位称为配合轴颈(也称工作轴颈)。轴的各部位直径应符合标准尺寸系列，支承轴颈的直径还必须符合轴承内孔的直径系列。因而，在加工轴的过程中，对于各轴颈不同的精度要求，应采取相应的测量方法进行准确的测量。

就结构特征而言，轴径测量属外尺寸测量，而孔径测量属内尺寸测量。在机械零件几何尺寸的测量中，轴径和孔径的测量占有很大的比例，其测量方法和器具较多。根据生产批量多少、被测尺寸的大小、精度高低等因素，可选择不同的测量器具和方法。

一般精度的孔、轴，生产数量较少时，可用杠杆千分尺、外径千分尺、内径千分尺、游标卡尺等进行绝对测量，也可用千分表、百分表、内径百分表等进行相对测量。

对于较高精度的孔、轴，应采用机械式比较仪、光学计、万能测长仪、电动测微仪、气动量仪、接触式干涉仪等精密仪器进行测量。

生产批量较大的产品，一般用光滑极限量规对外圆和内孔进行测量。光滑极限量规是一种无刻度的专用测量工具，用它测量零件时，只能确定零件是否在允许的极限尺寸范围内，不能测量出零件的实际尺寸。

测量轴径常使用外径千分尺、立式光学计等。

二、外径千分尺

千分尺的种类很多，其中外径千分尺应用最广，下面重点介绍外径千分尺。

1. 外径千分尺的结构

各种千分尺的结构大同小异，外径千分尺常用于测量或检验零件的外径、凸肩厚度以及板厚或壁厚等。图 2-1-21 是测量范围为 25～50 mm 的外径千分尺。尺架的一端装着固定测砧，另一端装着测微螺杆。固定测砧和测微螺杆的测量面上都镶有硬质合金，以延长测量面的寿命。尺架的两侧面覆盖着绝热板，使用千分尺时，手拿在绝热板上，以防人体的热量影响千分尺的测量精度。

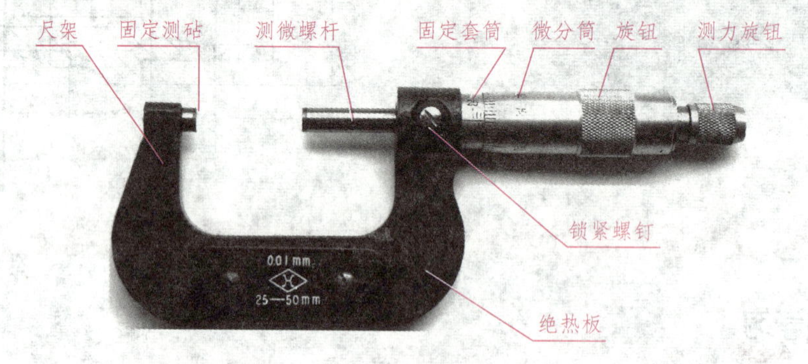

图 2-1-21　25～50 mm 外径千分尺的结构

2. 千分尺的工作原理

外径千分尺的工作原理就是应用螺旋读数机构，它包括一对精密的螺纹(测微螺杆与螺纹轴套)和一对读数套筒(固定套筒与微分筒)。

用千分尺测量零件的尺寸，就是把被测零件置于千分尺的两个测量面之间。所以两测砧面之间的距离，就是零件的测量尺寸。当测微螺杆在螺纹轴套中旋转时，由于螺旋线的作用，测微螺杆就会轴向移动，使两测砧面之间的距离发生变化。如测微螺杆按顺时针方向转一周，两测砧面之间的距离就缩小一个螺距。同理，若按逆时针方向旋转一周，则两测砧面的距离就增大一个螺距。常用千分尺测微螺杆的螺距为 0.5 mm。因此，当测微螺杆顺时针旋转一周时，两测砧面之间的距离就缩小 0.5 mm，当测微螺杆顺时针旋转不到一周时，缩小的距离就小于一个螺距，它的具体数值可从与测微螺杆结成一体的微分筒的圆周刻度上读出。

3. 千分尺的读数方法

(1)刻线原理。如图 2-1-22 所示，在千分尺的固定套筒上刻有轴向中线，作为微分筒读数的基准线。在轴向中线的两侧，刻有两排刻线，每排刻线间距为 1 mm，上下刻线相互错开 0.5 mm。微分筒的圆周上刻有 50 个等分线，当微分筒转一周时，测微螺杆就推进或后退 0.5 mm。微分筒转过它本身圆周刻度的一小格时，两测砧面之间移动的距离为 0.5÷50=0.01 mm。

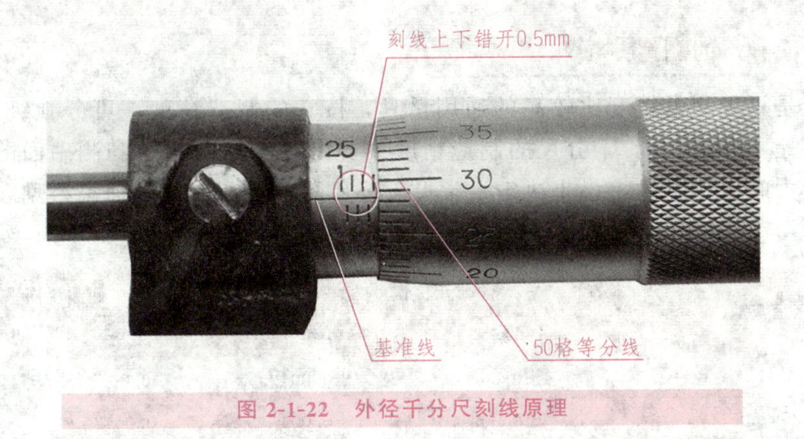

图 2-1-22　外径千分尺刻线原理

由此可知：千分尺上的螺旋读数机构，可以正确地读出 0.01 mm，也就是千分尺的读数值为 0.01 mm。

(2)读数步骤。外径千分尺具体读数方法可分三步：

①读出微分筒边缘在固定套筒上刻线所显示的最大数值，即被测尺寸的毫米数和半毫米数。

②在微分筒上找到与固定套筒中线对齐的刻线，再乘以分度值。当微分筒上没有任何一根刻线与固定套筒中线对齐时，应估读到小数点第三位数。

③把两个读数相加即得到千分尺实测尺寸。

千分尺读数示例如图 2-1-23 所示。在图 2-1-23(a)中，在固定套筒上读出的尺寸为 8 mm，在微分筒上读出的尺寸为 27(格)×0.01 mm＝0.270 mm，以上两数相加即得被测零件的尺寸为 8.270 mm；在图 2-1-23(b)中，在固定套筒上读出的尺寸为 8.5 mm，在微分筒上读出的尺寸为 27(格)×0.01 mm＝0.270 mm，以上两数相加即得被测零件的尺寸为 8.770 mm。

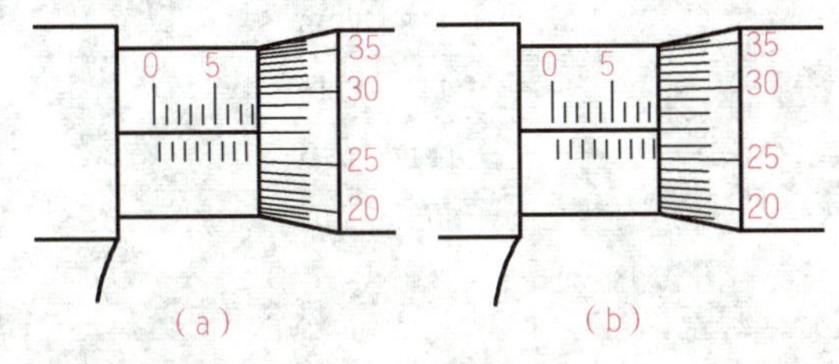

图 2-1-23　千分尺读数示例

小提示

(1)读数时，要防止多读或少读 0.5 mm。

(2)读数时，一般应估读到最小刻度的 1/10，即 0.001 mm。

4. 千分尺的测量范围和精度

千分尺是一种测量精度比较高的通用量具，按它的制造精度，可分 0 级和 1 级两种，0 级精度较高，1 级次之。千分尺的制造精度主要由它的示值误差和测砧面的平行度公差以及尺架受力时变形量的大小来决定。常见千分尺的测量范围与示值误差见表 2-1-7。

表 2-1-7 常见千分尺的测量范围与示值误差

测量范围	示值误差		两测量面平行度	
	0 级	1 级	0 级	1 级
0～25	±0.002	±0.004	0.001	0.002
25～50	±0.002	±0.004	0.0012	0.0025
50～75、75～100	±0.002	±0.004	0.0015	0.003
100～125、125～150		±0.005		
150～175、175～200		±0.006		
200～225、225～250		±0.007		
250～275、275～300		±0.007		

测量不同公差等级工件时，应首先检验标准规定，合理选用千分尺。不同精度千分尺的适用范围见表 2-1-8。

千分尺在使用过程中，由于磨损，特别是使用不妥当时，会使千分尺的示值误差超差，所以应定期进行检查，进行必要的拆洗或调整，以保持千分尺的测量精度。

表 2-1-8 不同精度千分尺的适用范围

千分尺的精度等级	被测件的公差等级	
	适用范围	合理使用范围
0 级	IT8～IT16	IT8～IT9
1 级	IT9～IT16	IT9～IT10
2 级	IT10～IT16	IT10～IT11

各类的千分尺

应用螺旋测微原理制成的量具，称为螺旋测微量具。它们的测量精度比游标卡尺高，并且测量比较灵活，因此，当加工精度要求较高时多被应用。常用的螺旋读数量具为千分尺。

千分尺是一种中等精度量具，其测量精度比游标卡尺高，可达到 0.01mm。工厂中习惯上把千分尺称为分厘卡。千分尺的种类很多，机械加工车间常用的有：外径千分尺、内测千分尺、深度千分尺、壁厚千分尺以及螺纹千分尺、杠杆千分尺和公法线千分尺等，如图 2-1-24 所示，并分别用于测量或检验零件的外径、内径、深度、厚度以及螺纹的中径和齿轮的公法线长度等。

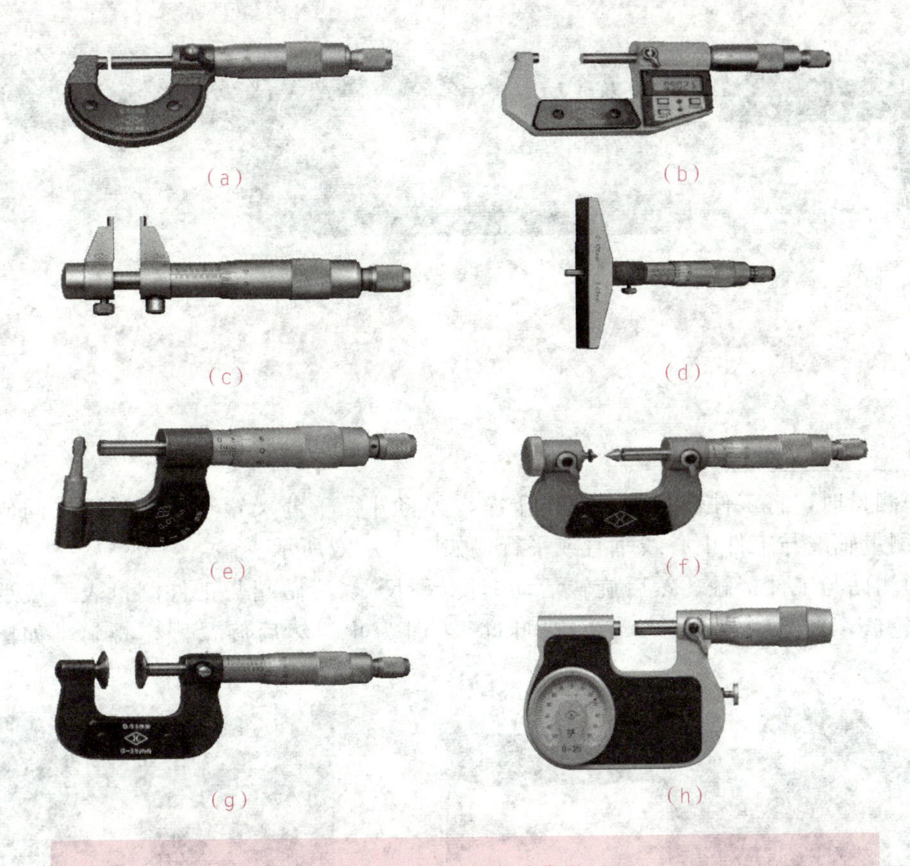

图 2-1-24　各类千分尺

(a)外径千分尺；(b)电子数显外径千分尺；(c)内测千分尺；
(d)深度千分尺；(e)壁厚千分尺；(f)螺纹千分尺；(g)公法线千分尺；(h)杠杆千分尺

三、外径千分尺的使用方法

千分尺使用得是否正确，对保持精密量具的精度和保证产品质量的影响很大，指导人员和实习的学生必须重视量具的正确使用，使测量技术精益求精，务必获得正确的测量结果，确保产品质量。

1. 测量前

(1)千分尺常用测量范围分 0～25 mm、25～50 mm、50～75 mm、75～100 mm 等，间隔 25 mm。因此，在使用时应根据被测工件的尺寸选择相应的千分尺。

(2)使用前把千分尺测砧端面擦拭干净，校准零线，如图 2-1-25 所示。对 0～25 mm 千分尺应将两测量面接触，此时活动套筒上零线上应与固定套管上基准线对齐；对其他范围的千分尺则用标准样棒来校准。如果零线不对准，则可松开罩壳，略转套管，使其零线对齐。

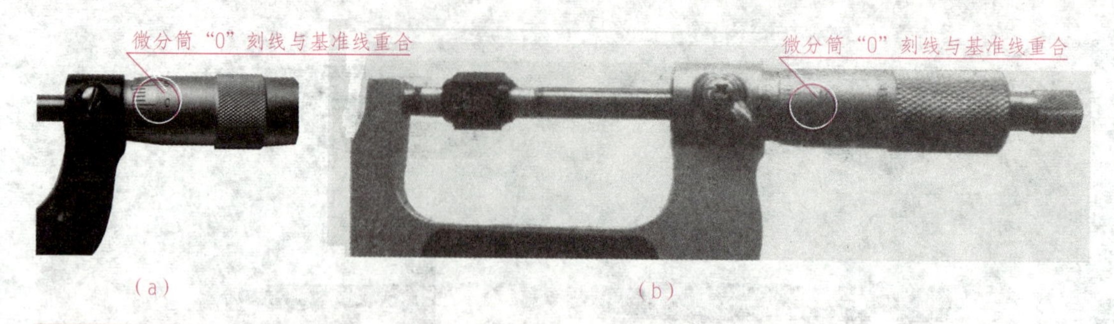

图 2-1-25 千分尺的校准

(a)0～25 mm 千分尺；(b)25～50 mm 千分尺

2. 测量时

(1)测量时，将工件被测表面擦拭干净，并将外径千分尺置于两测量面之间，使外径千分尺测量轴线与工件中心线垂直或平行，如图 2-1-26 所示。

(2)测砧与工件接触，然后旋转活动套筒(副尺)，使砧端与工件测量表面接近，这时旋转棘轮盘，直到棘轮发出 2～3 响“咔咔”声时为止，然后旋紧固定螺钉，如图 2-1-27 所示。

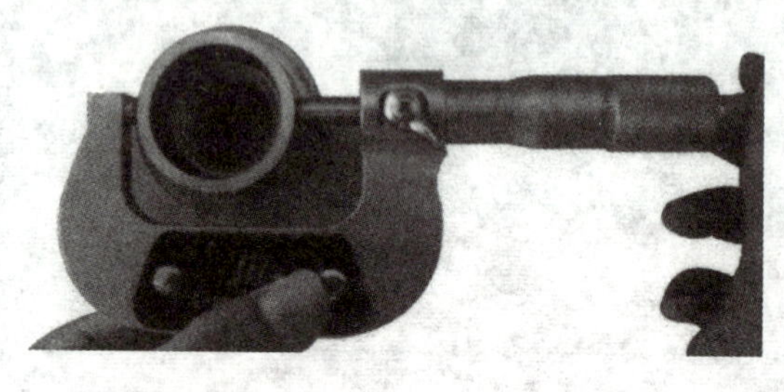

图 2-1-26 使用千分尺测量工件

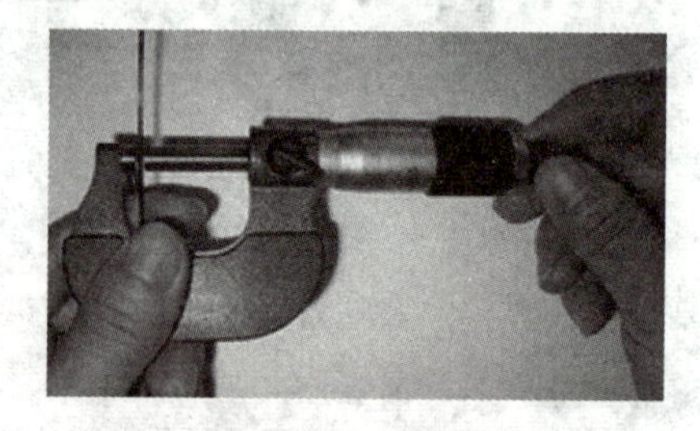

图 2-1-27 千分尺的使用

(3)轻轻取下千分尺，尽可能使视线与刻线表面保持垂直，以免造成读数误差，如图 2-1-28 所示。这时，外径千分尺指示数值就是所测量工件的尺寸。

(4)测量较小的尺寸工件时，可采用单手测量法，如图 2-1-29 所示。

(5)每个测量尺寸取两个截面，每个截面取相互垂直的两个方向进行测量。

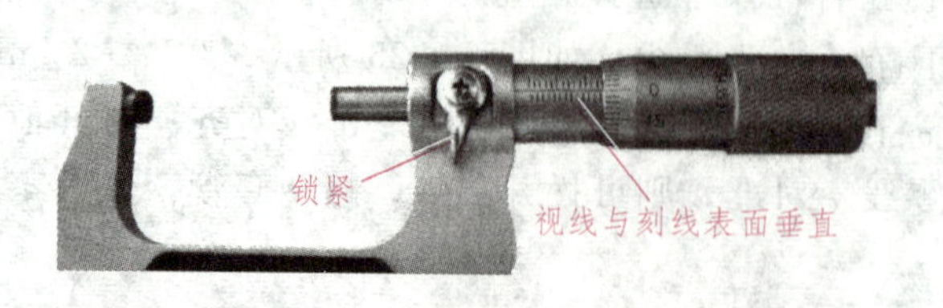

图 2-1-28 读数时的要求

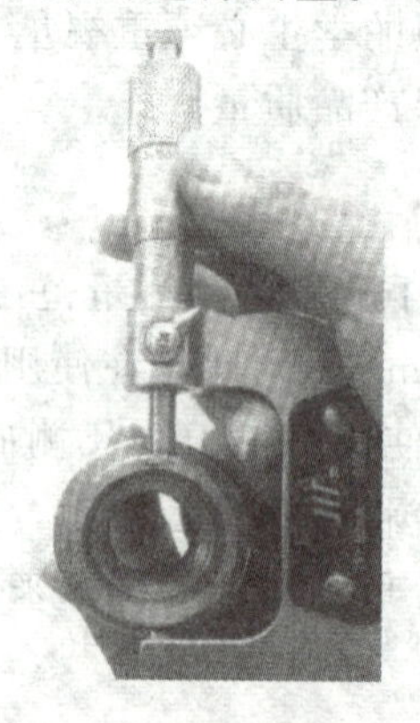

图 2-1-29 单手测量法

3. 测量后

使用完毕，应将外径千分尺擦拭干净，并涂上一层工业凡士林，存放在专用盒内。

注意：

- 使用前必须校对零位。
- 测量时，千分尺要放正，不得歪斜。
- 测量读数时要特别注意半毫米刻度的读取。
- 禁止重压或弯曲千分尺，且两测量端面不得接触，以免影响千分尺的精度。
- 不得用它测量毛坯；不得在工件转动时测量工件尺寸；不得把它当作手锤敲物。

测量训练

一、测量器具准备

测量训练器具准备：外径千分尺(规格：0～25，25～50，50～75)，如图 2-1-30 所示。

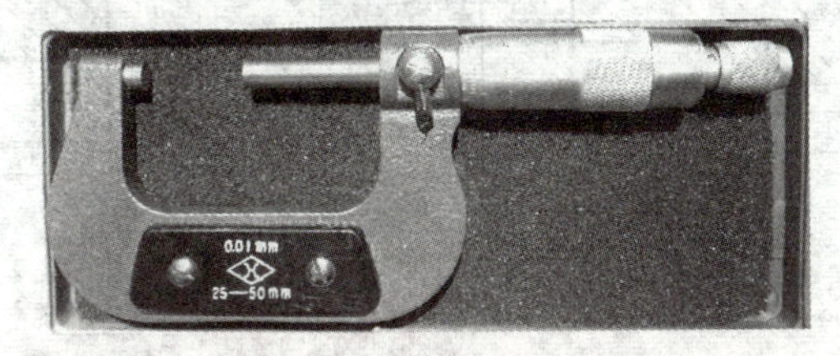

图 2-1-30 外径千分尺

二、测量训练内容、步骤和要求

1. 读数练习

(1)要求。快速准确完成外径千分尺的读数。每次读数时间不得超过 10 s；外径千分尺的读数误差不得超过 0.01 mm。

(2)用外径千分尺完成以下读数：“0”“5.010”“9.125”“12.233”“19.452”“25.568”“29.676”“32.784”“38.891”“45.347”。

(3)写出图 2-1-31 所示千分尺表示的尺寸。

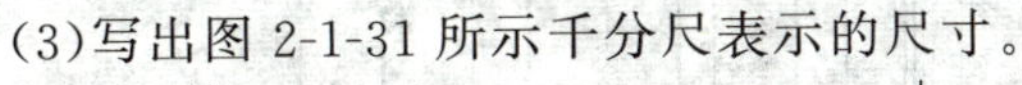

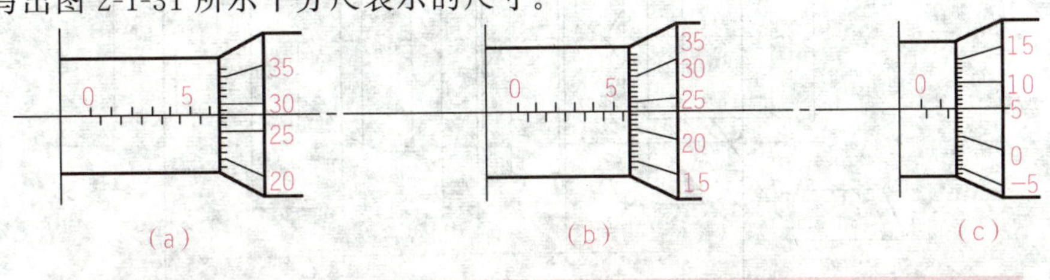

图 2-1-31 读数训练

(a)________mm；(b)________mm；(c)________mm

(4)练习检查。

①自查：用外径千分尺进行 10 次读数，达到练习要求，且无一次差错。

②互查：请同组同学分别检查自己用外径千分尺进行的 5 次读数，达到练习要求，且无一次差错。

③老师检查：老师抽查学生外径千分尺读数练习情况，并计入实训平时成绩。

2. 外径千分尺测量外尺寸的练习

(1)练习方法。选用适当测量范围的外径千分尺对图 2-1-32(a)、(b)所示轴套零件的外尺寸进行测量，将实测值标注在相应尺寸线上，并注明所用外径千分尺的主要度量指标。

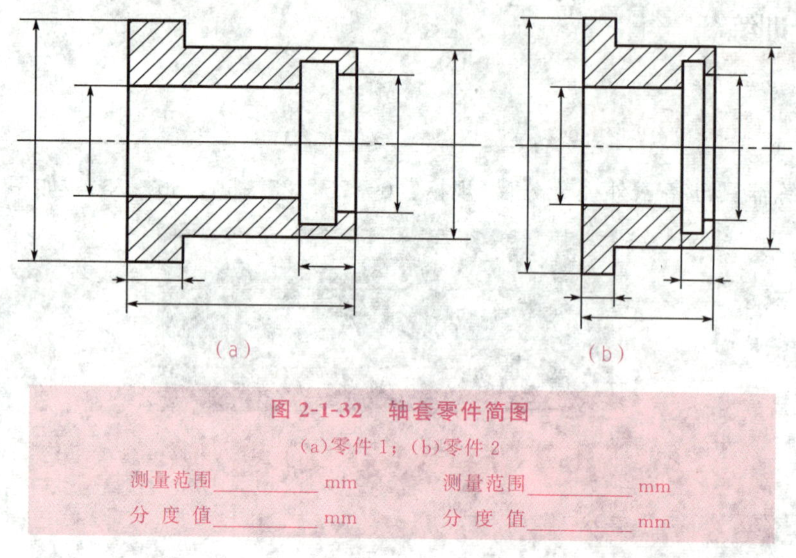

图 2-1-32 轴套零件简图

(a)零件 1；(b)零件 2

测量范围________mm　　测量范围________mm

分 度 值________mm　　分 度 值________mm

(2)要求。外径千分尺使用方法正确，各外尺寸的测量误差不得大于±0.01 mm。

3. 外径千分尺使用熟练程度的练习

(1)用外径千分尺测量图 2-1-33 所示零件外径的同一部位 5 次(等精度测量)，将测量值记入表 2-1-9 中，并完成后面的计算。

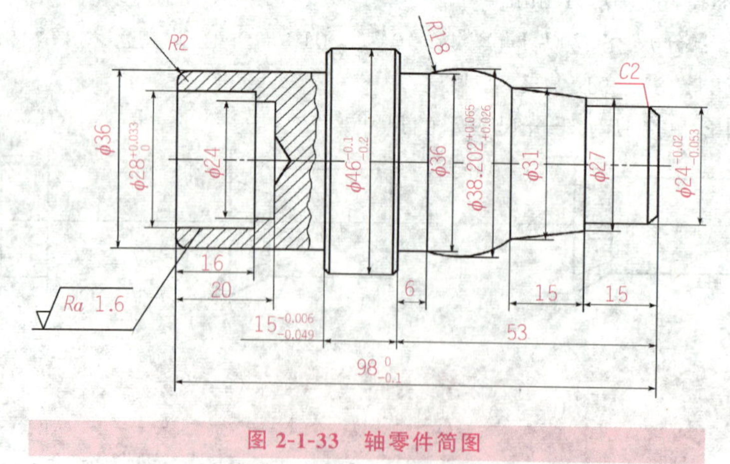

图 2-1-33 轴零件简图

表 2-1-9　记录表

测量部位	测　量　值/mm					平均值/mm	变化量/mm
	1	2	3	4	5		
$\phi46_{-0.2}^{-0.1}$							
$\phi38.202_{+0.026}^{+0.065}$							
$\phi24_{-0.053}^{-0.02}$							

①平均值：将 5 次测量值相加后除以 5，作为该测量点的实际值。

②变化量：测量值中的最大值与最小值之差。

③测量结果：按规范的测量结果表达式写出测量结果。

(2)用外径千分尺测量图 2-1-20 所示轴零件有公差要求的外径尺寸，测量时应在轴向两个截面(1、2)上相互垂直的两个方向(Ⅰ、Ⅱ)进行，测量完成后将测量结果填入测量报告单中。

测量报告单是描述被测件的技术要求、测量条件、测量方法、测量过程及测量结果的原始记录，因此填写时应注意以下几点：

①字迹端正、清晰，测量简图清楚，被测量明确，技术要求准确。

②每一个项目都应填写明确，不得空缺。

③不得用铅笔填写。

4. 测量数据处理及零件合格性的评定

考虑到测量误差的存在，为保证不误收废品，应先根据被测轴径公差的大小，查表得到相应的安全裕度 A，然后确定其验收极限。若全部实际尺寸都在验收极限范围内，则可判此轴径合格，即

$$\mathrm{es}-A \geqslant \mathrm{ea} \geqslant \mathrm{ei}+A$$

式中：es 为零件的上偏差；ei 为零件的下偏差；ea 为局部实际尺寸；A 为安全裕度。

5. 填写测量报告单

按要求将被测件的相关信息、测量结果及测量条件填入测量报告单中(表 2-1-10)。

表 2-1-10　测量报告单

测量器具	游标卡尺：测量范围________ mm　　分度值________ mm
被测件名称	
被测零件简图	

续表

测量数据处理							
测量部位	次数	截面1		截面2		测量结论	
		Ⅰ方向	Ⅱ方向	Ⅰ方向	Ⅱ方向	平均值	合格性判断
$\phi48_{-0.025}^{0}$	1						
	2						
	3						
	4						
$\phi34_{-0.025}^{0}$	1						
	2						
	3						
	4						
$\phi38_{-0.025}^{0}$	1						
	2						
	3						
	4						
测量日期	201　年　月　日					测量者	

二、测量训练评价

学生应能够按照训练步骤和测量训练评估表2-1-11中的评估要求，进行独立计划和实训。评估不合格者，学生提交申请，允许重新评估。

表2-1-11　测量训练评估表

学生姓名			班级		学号			
测量项目			课程		专业			
评价方面	测量评价内容				权重	自评	组评	师评	得分
基础知识	轴类零件表面技术要求、尺寸公差知识				20				
	千分尺的类型、结构特点和主要度量指标								
	千分尺的刻线原理和读数方法								
操作训练	第一阶段：调节仪器	①选用与被测轴基本尺寸相应的外径千分尺			10				
		②校准外径千分尺的零位							
	第二阶段：测量并记录数据	①准确测量，并按千分尺的最小示值读数			20				
		②准确记录被测轴颈测出的5个实验偏差及实际尺寸							
	第三阶段：测量数据分析、处理	①根据实验数据计算实际尺寸的平均值和变化量			30				
		②根据实验数据计算被测轴颈尺寸实际偏差							
		③评定此零件尺寸的合格性，字迹清晰，完成实验报告							

续表

<table>
<tr><th>评价方面</th><th colspan="2">测 量 评 价 内 容</th><th>权重</th><th>自评</th><th>组评</th><th>师评</th><th>得分</th></tr>
<tr><td rowspan="4">学习态度</td><td colspan="2">①出勤</td><td rowspan="4">20</td><td rowspan="4"></td><td rowspan="4"></td><td rowspan="4"></td><td rowspan="4"></td></tr>
<tr><td colspan="2">②纪律</td></tr>
<tr><td colspan="2">③团队协作精神</td></tr>
<tr><td colspan="2">④爱护实训设施</td></tr>
<tr><td>规章制度</td><td>遵守操作规范，正确使用工具，保持实训场地清洁卫生，安全操作，无事故</td><td colspan="2">不符合要求，每次扣5分</td><td></td><td></td><td></td><td></td></tr>
<tr><td colspan="8">测量技能训练评估记录：

指导教师签字：　　　　日期：</td></tr>
<tr><td colspan="8">技能训练评估等级：优秀(85分以上)；良好(75分以上)；合格(60分以上)；不合格(60分以下)</td></tr>
</table>

任务三　用百分表测量轴的位置误差

训练目标

知识目标	技能目标
·熟悉百分表的结构、工作原理及其适用范围。 ·了解百分表的类型和特点。	·学会百分表的正确使用方法。 ·学会使用百分表测量轴零件的圆跳动和同轴度。 ·学会正确处理测量数据的方法及对零件合格性的评定。

任务分析

图2-1-34为阶梯轴零件及其图样简图。零件图中阶梯轴零件相关位置公差要求，利用百分表和偏摆仪正确测量相关位置误差是本部分要完成的主要任务。

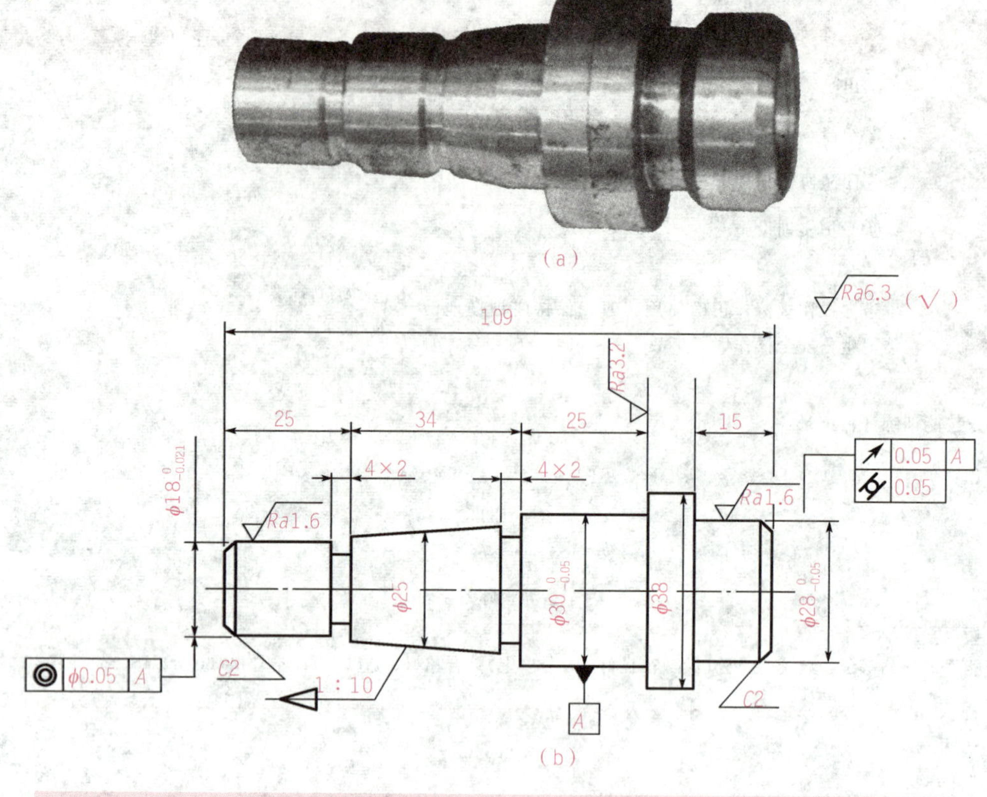

图 2-1-34 阶梯轴零件及其图样简图

知识学习

一、指示表式量仪知识

指示表式量仪是以指针指示出测量结果的量具。车间常用的指示表式量仪有百分表和千分表、杠杆百分表和杠杆千分表、内径百分表和内径千分表、深度百分表等。主要用于校正零件的安装位置，检验零件的形状精度和相互位置精度，以及测量零件的内径等。

1. 百分表结构

百分表和千分表，都是用来校正零件或夹具的安装位置检验零件的形状精度或相互位置精度的。它们的结构原理没有大的不同，就是千分表的读数精度比较高，即千分表的读数值为 0.001 mm，而百分表的读数值为 0.01 mm。车间里经常使用的是百分表，因此，本节主要是介绍百分表。

百分表及其外形结构如图 2-1-35 所示。8 为测量杆，6 为指针，表盘 3 上刻有 100 个等分格，其刻度值(即读数值)为 0.01 mm。当指针转一圈时，小指针即转动一小格，转数指示盘 5 的刻度值为 1mm。用手转动表圈 4 时，表盘 3 也跟着转动，可使指针对准任一刻线。测量杆 8 是沿着套筒 7 上下移动的，套筒 8 可作为安装百分表用。9 是测量头，2 是手提测量杆用的圆头。

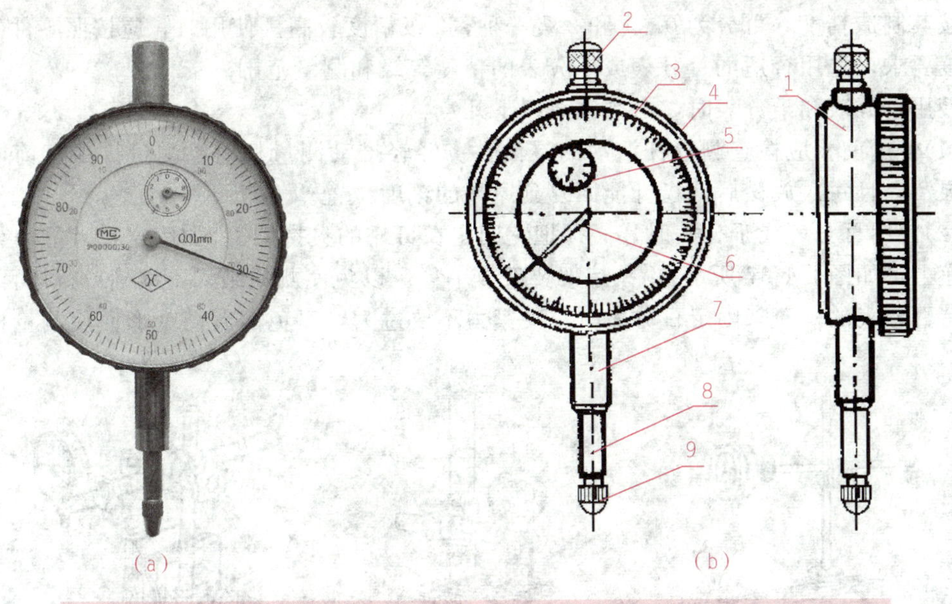

图 2-1-35　百分表及其外形结构示意图

图 2-1-36 是百分表内部机构的示意图。带有齿条的测量杆 1 的直线移动，通过齿轮传动(Z_1、Z_2、Z_3)，转变为指针 2 的回转运动。齿轮 Z_4 和弹簧 3 使齿轮传动的间隙始终在一个方向，起着稳定指针位置的作用。弹簧 4 是控制百分表的测量压力的。百分表内的齿轮传动机构，使测量杆直线移动 1 mm 时，指针正好回转一圈。

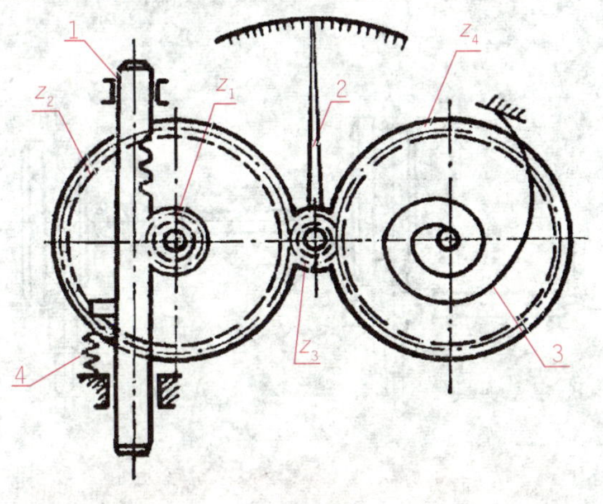

图 2-1-36　百分表的内部结构

由于百分表和千分表的测量杆是作直线移动的，可用来测量长度尺寸，所以它们也是长度测量工具。目前，国产百分表的测量范围(即测量杆的最大移动量)有 0～3 mm、0～5 mm、0～10 mm 三种。读数值为 0.001 mm 的千分表，测量范围为 0～1 mm。

2. 百分表和千分表的使用方法

由于千分表的读数精度比百分表高，所以百分表适用于尺寸精度为 IT6～IT8 级零件的校正和检验；千分表则适用于尺寸精度为 IT5～IT7 级零件的校正和检验。百分表和千分表按其制造精度，可分为 0、1 和 2 级三种，0 级精度较高。使用时，应按照零件的形状和精度要求，选用合适的百分表或千分表的精度等级和测量范围。

使用百分表和千分表时，必须注意以下几点：

(1)使用前，应检查测量杆活动的灵活性。轻轻推动测量杆时，测量杆在套筒内的移动要灵活，且每次放松后，指针能回复到原来的刻度位置。

(2)使用百分表或千分表时，必须把它固定在可靠的夹持架上(如固定在万能表架或磁性表座上，如图 2-1-37 所示)，夹持架要安放平稳，以免使测量结果不准确或摔坏百分表。用夹持百分表的套筒来固定百分表时，夹紧力不要过大，以免因套筒变形而使测量杆活动不灵活。

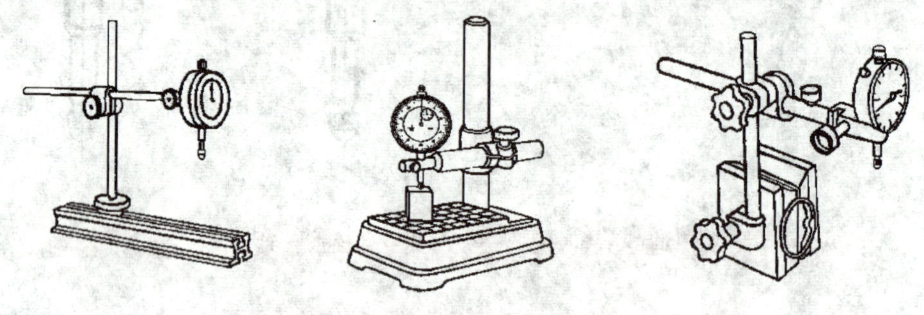

图 2-1-37 安装在专用夹持架上的百分表

(3)用百分表或千分表测量零件时，测量杆必须垂直于被测量表面，如图 2-1-38 所示。使测量杆的轴线与被测量尺寸的方向一致，否则将使测量杆活动不灵活或使测量结果不准确。

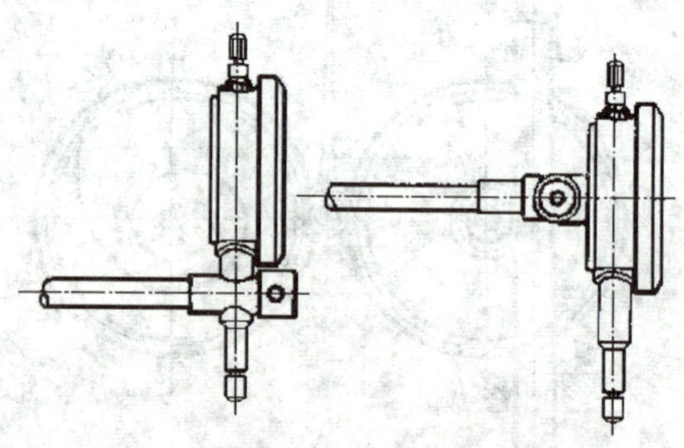

图 2-1-38 百分表安装方法

(4)测量时，不要使测量杆的行程超过它的测量范围；不要使测量头突然撞在零件上；不要使百分表和千分表受到剧烈的振动和撞击，也不要把零件强行推入测量头下，免得损坏百分表和千分表的机件而失去精度。因此，用百分表测量表面粗糙或有显著凹凸不平的零件是错误的。

(5)用百分表校正或测量零件时，如图 2-1-39 所示。应当使测量杆有一定的初始测力。即在测量头与零件表面接触时，测量杆应有 0.3～1 mm 的压缩量(千分表可小一点，有

0.1 mm 即可)，使指针转过半圈左右，然后转动表圈，使表盘的零位刻线对准指针。轻轻地拉动手提测量杆的圆头，拉起和放松几次，检查指针所指的零位有无改变。当指针的零位稳定后，再开始测量或校正零件的工作。如果是校正零件，此时开始改变零件的相对位置，读出指针的偏摆值，就是零件安装的偏差数值。

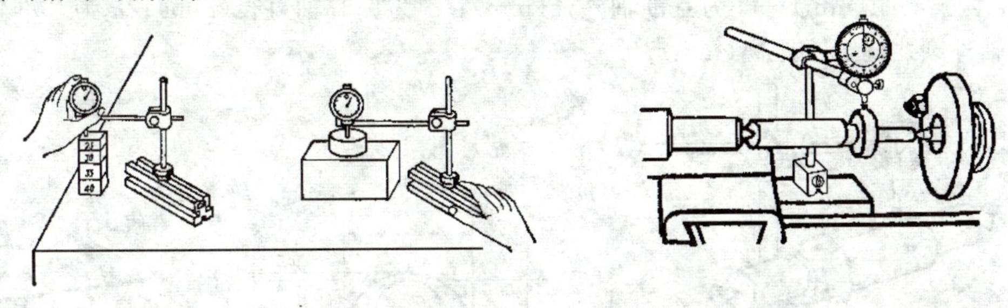

图 2-1-39　百分表校正与检验方法

(6)检查工件平整度或平行度时，如图 2-1-40 所示。将工件放在平台上，使测量头与工件表面接触，调整指针使摆动$\frac{1}{3}\sim\frac{1}{2}$转，然后把刻度盘零位对准指针，跟着慢慢地移动表座或工件，当指针顺时针摆动时，说明工件偏高，反时针摆动，则说明工件偏低了。

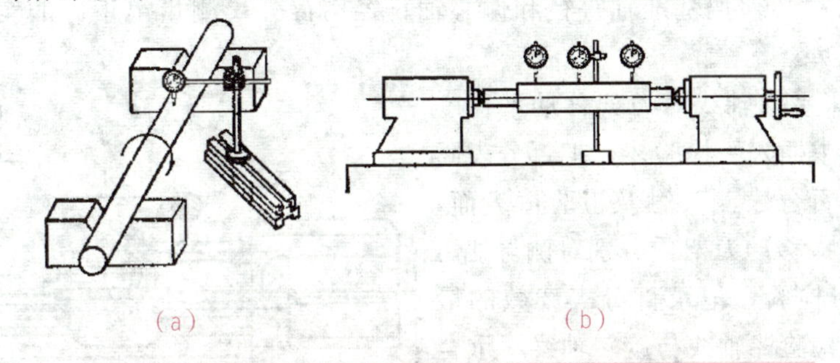

(a)　　　　(b)

图 2-1-40　轴类零件圆度、圆柱度及跳动度检测

(a)工件放在 V 形铁上；(b)工件放在专用检验架上

当进行轴测的时候，就是以指针摆动最大数字为读数(最高点)，测量孔的时候，就是以指针摆动最小数字(最低点)为读数。检验工件的偏心度时，如果偏心距较小，可按图 2-1-41 所示方法测量偏心距，把被测轴装在两顶尖之间，使百分表的测量头接触在偏心部位上(最高点)，用手转动轴，百分表上指示出的最大数字和最小数字(最低点)之差的 1/2 就等于偏心距的实际尺寸。偏心套的偏心距也可用上述方法来测量，但必须将偏心套装在心轴上进行测量。

偏心距较大的工件，因受到百分表测量范围的限制，就不能用上述方法测量。这时可用如图 2-1-42 所示的间接测量偏心距的方法。测量时，把 V 形铁放在平板上，并把工件放在 V 形铁中，转动偏心轴，用百分表测量出偏心轴的最高点，找出最高点后，工件固定不动。再用百分表水平移动，测出偏心轴外圆到基准外圆之间的距离 a，然后用下式计算出偏心距 e：

$$\frac{D}{2}=e+\frac{d}{2}+a$$

$$e=\frac{D}{2}-\frac{d}{2}-a$$

式中：e 为偏心距（mm）；D 为基准轴外径（mm）；d 为偏心轴直径（mm）；a 为基准轴外圆到偏心轴外圆之间最小距离（mm）。

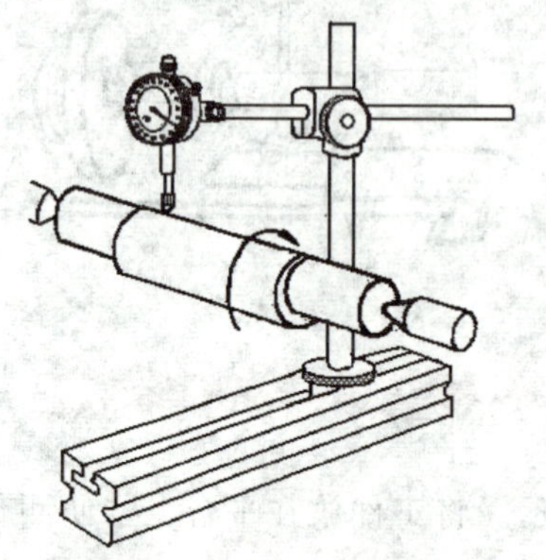

图 2-1-41 在两顶尖间测量偏心距的方法

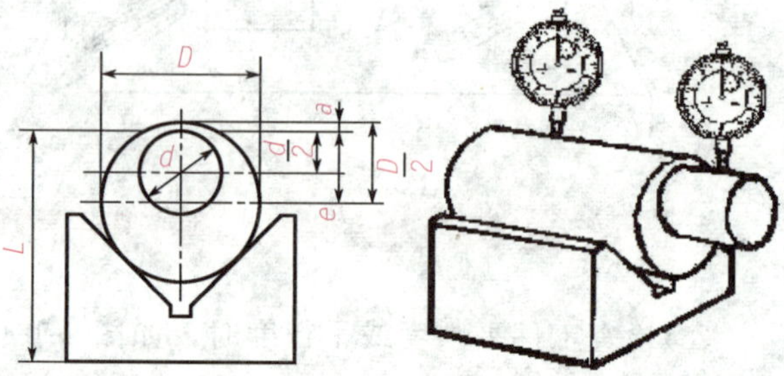

图 2-1-42 偏心距的间接测量方法

用上述方法，必须把基准轴直径和偏心轴直径用百分尺测量出正确的实际尺寸，否则计算时会产生误差。

(7)检验车床主轴轴线对刀架移动平行度时，在主轴锥孔中插入一检验棒，把百分表固定在刀架上，使百分表测头触及检验棒表面，如图 2-1-43 所示。移动刀架，分别对侧母线 A 和上母线 B 进行检验，记录百分表读数的最大差值。为消除检验棒轴线与旋转轴线不重合对测量的影响，必须旋转主轴 180°，再同样检验一次 A、B 的误差并分别计算，两次测量结果的代数和之半就是主轴轴线对刀架移动的平行度误差。要求水平面内的平行度允差只许向前偏，即检验棒前端偏向操作者；垂直平面内的平行度允差只许向上偏。

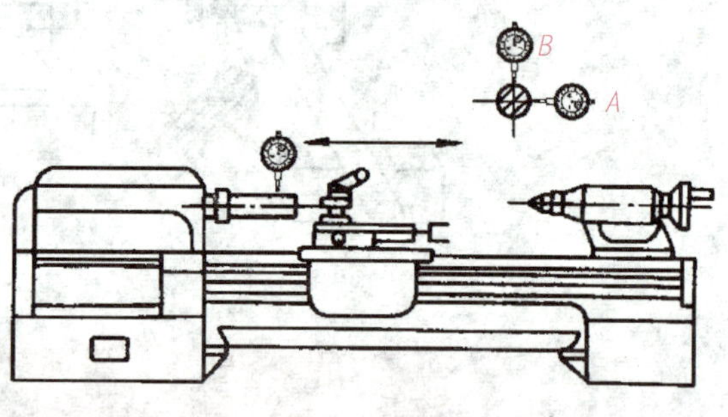

图 2-1-43 主轴轴线对刀架移动的平行度检验

A—侧母线；B—上母线

(8)检验刀架移动在水平面内直线度时，将百分表固定在刀架上，使其测头顶在主轴和尾座顶尖间的检验棒侧母线上（图 2-1-44 位置 A），调整尾座，使百分表在检验棒两端的读数相等。然后移动刀架，在全行程上检验。百分表在全行程上读数的最大代数差值，就是水平面内的直线度误差。

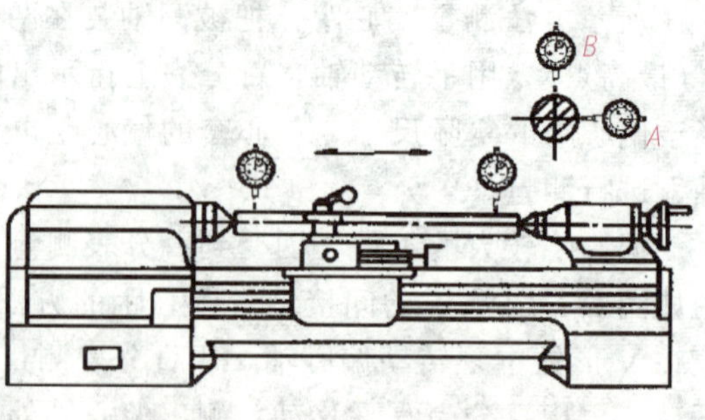

图 2-1-44 刀架移动在水平面内的直线度检验

注意： 使用百分表时，注意检查工件平整度或平行度。

3. 百分表维护与保养

(1)百分表是比较精密的测量工具，要轻拿轻放，不得碰撞或跌落地下。

(2)应定期校验百分表精准度和灵敏度。

(3)百分表使用完毕，用棉纱擦拭干净，放入百分表盒内盖好。

(4)要严格避免水、油和灰尘渗入表内，测量杆上也不要加油，以免沾有灰尘的油污进入表内，影响表的灵敏性。

(5)百分表和千分表不使用时，应使测量杆处于自在形态，以免使表内的弹簧失效。如内径百分表上的百分表，不使用时，应拆下保管。

二、偏摆检查仪

如图 2-1-45 所示的偏摆检查仪是用于测量回转体各种跳动指标的必备仪器。本仪器除能检测圆柱形和盘形的径向跳动、轴向跳动外，安装上相应的附件，还可用来检测管类零件的径向跳动和轴向跳动，具有结构简单、操作方便、维护容易等特点，运用十分广泛。

1. 主要技术指标

PBY5017 型：最大测量长度 500 mm；最大测量直径 270 mm。

PBY5012 型：最大测量长度 500 mm；最大测量直径 170 mm。

2. 仪器精度

两顶尖连线对仪器座导轨面的平行度≤0.04 mm。

3. 仪器结构

如图 2-1-45 所示，主要由固定顶尖座、固定顶尖、指示表夹、活动顶尖、活动顶尖移动手柄、顶尖锁紧手把、活动顶尖座、表支架座、底座组成。

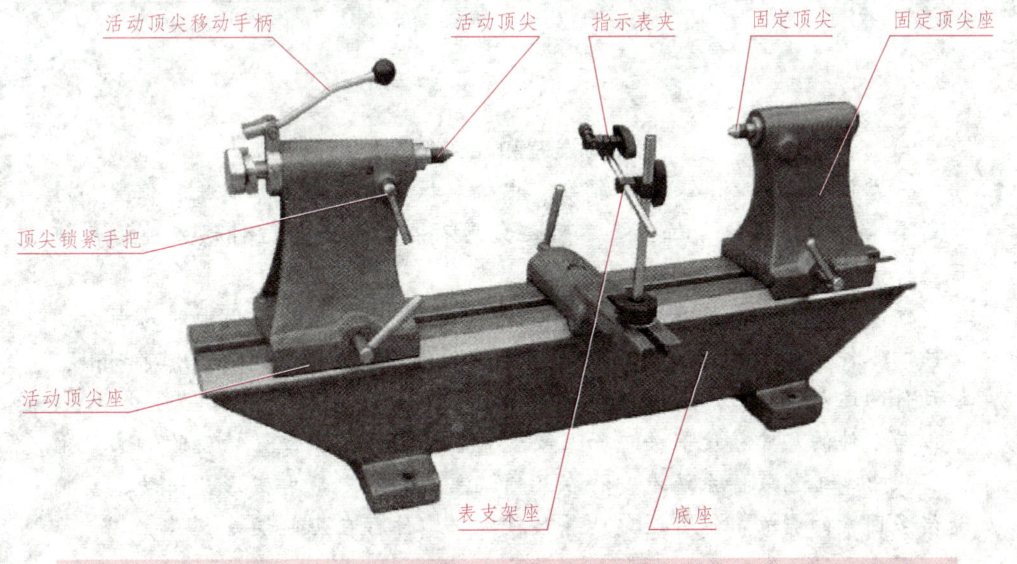

图 2-1-45　偏摆检查仪

4. 使用方法

(1)拧紧偏心轴手把，首先将固定顶尖仪器在底座上固定。

(2)按被测零件长度将活动顶尖座固定在合适位置。

(3)活动顶尖移动手柄装入零件，使其中心孔顶在仪器的两顶尖上。

(4)拧紧把手将活动顶尖固定，移动表支架座至所需位置后固定，通过其上所装的百分表(或千分表)即可进行检测工作。

(5)保养维护。

①仪器使用及放置的场地应通风干燥，不宜过分潮湿。

②安装被测件时要特别小心，防止碰坏仪器顶尖，保管及使用过程中严禁撞击划伤。

③顶尖、仪座导轨等重要零件和部位使用后应用汽油洗净并涂上防锈油，不得锈蚀。仪器滑动部位要经常给以润滑油，但油层不宜过厚，以免影响仪器示值精度。

④仪器使用完毕后，顶尖、仪器导轨等重要零件和部位应用汽油洗净并涂上防锈油，然后盖上防尘罩，以免尘土落到导轨面及有关表面上，以保证仪器使用精度。

三、零件的几何要素

几何要素是几何公差(旧标准称形位公差)的研究对象，将构成零件几何特征的点、线、面统称为零件的几何要素，简称为要素。

任何形状的零件都是由几何要素的点(圆心、球心、中心点和锥顶等)、线(素线、轴线、中心线和曲线等)、面(平面、中心平面、圆柱面、圆锥面、球面和曲面等)构成，如图2-1-46所示。

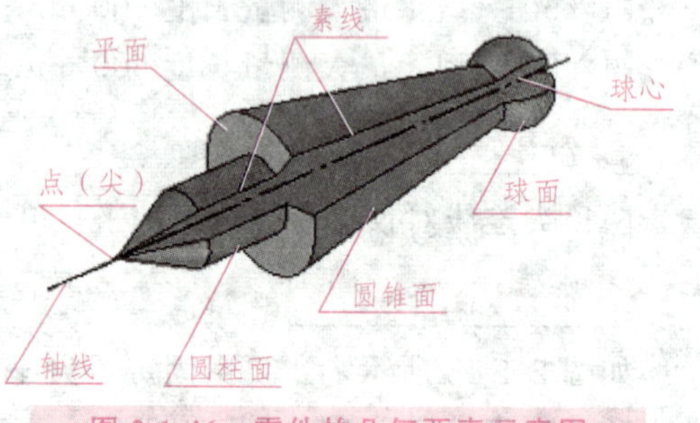

图 2-1-46 零件的几何要素示意图

小提示

几何误差和几何公差

• 零件加工后，其表面、轴线、中心对称平面等的实际形状和位置相对于所要求的理想形状和位置，不可避免地存在着误差，这种误差称为几何误差。

• 零件的几何误差直接影响零件的使用功能，机器的使用功能是由组成产品的零件的使用性能来保证的，而零件的使用性能，如零件的工作精度，运动件的运动平稳性、耐磨性、润滑性，连接件的连接强度、密封性能等，不但与零件的尺寸精度有关，而且要受到零件的形状和位置精度的影响。生产实践中，工艺装备系统本身存在几何误差及加工中受力变形、振动、磨损等诸多因素的影响，不可避免地导致被加工零件存在几何误差。

• 为保证机械产品的质量和零件的互换性，在零件设计中需根据零件的功能要求，结合制造经济性对零件的形位误差加以限制，即对零件的几何要素规定合理的几何公差。

几何公差研究的对象就是零件几何要素本身的形状精度和相关要素之间相互的位置精度问题。在选择几何公差和图样标注以及几何误差检测时，必须弄清几何要素及其分类。零件的几何要素的分类见表 2-1-12。

表 2-1-12　零件的几何要素的分类

分类方法	要素名称	含义及特征
按几何特征	组成要素（轮廓要素）	是构成零件外形的点、线、面各要素，能直接为人所感觉到，如球心、圆锥顶、素线、圆柱面、台阶轴的端面等
	导出要素（中心要素）	是零件上的轴线、球心、圆心、中心平面等要素，不能为人们直接感觉到，但它应相应组成要素的存在而客观存在
按存在状态	公称要素（理想要素）	是具有几何学意义的要素，是理想状态下的点、线、面，不存在任何误差。在图样上组成零件的各要素都是公称要素
	实际要素	是在零件上由加工形成而实际存在的要素，通常都以提取要素（测得要素）来代替。由于测量误差的存在，实际要素并不是该要素的真实情况
按在几何公差中所处的地位	被测要素	是图样上给出了形状或（和）位置公差要求的要素，也就是需要测量和评定的要素
	基准要素	是图样上规定用来确定被测要素的方向或位置的要素。理想的基准要素简称为基准，它在图样上用基准代号标注
按被测要素相互关系	单一要素	是仅对其本身给出形状公差要求的被测要素，如直线度、平面度、圆度、圆柱度等
	关联要素	是对基准要素有方向或（和）位置功能要求，而给出的位置公差要求的被测要素。功能要求是指要素间具有某种确定的方向或位置关系，如平行度、垂直度、同轴度、对称度等

四、几何公差的意义及特征

1. 几何公差的特征项目及符号

零件的公差分为尺寸公差和几何公差（形状、方向、位置和跳动公差，旧标准即形位公差），国家标准 GB/T 1182—2008 规定了工件几何公差标注的基本要求和方法。几何公差的特征项目及符号见表 2-1-13。

表 2-1-13 几何公差特征项目及符号

公差类型	特征项目	符号	有无基准
形状公差	直线度	—	无
	平面度	⏥	无
	圆度	○	无
	圆柱度	⌭	无
	线轮廓度	⌒	无
	面轮廓度	⌓	无
方向公差	平行度	//	有
	垂直度	⊥	有
	倾斜度	∠	有
	线轮廓度	⌒	有
	面轮廓度	⌓	有
位置公差	位置度	⌖	有或无
	同轴度(用于轴线)	◎	有
	同心度(用于中心点)	◎	有
	对称度	⌯	有
	线轮廓度	⌒	有
	面轮廓度	⌓	有
跳动公差	圆跳动	↗	有
	全跳动	⌰	有

2. 几何公差

几何公差是一个以公称要素(理想要素)为边界的平面或空间的区域，即实际被测要素对图样上给定的理想形状、理想位置的允许变动量，公差即为实际要素不要超过该区域。

形状公差是指单一实际要素的形状所允许的变动全量。它是为了限制形状误差而设置的，是形状误差的最大值，一般用于单一要素。形状公差包含直线度、平面度、圆度、圆柱度、线轮廓度和面轮廓度。

位置公差是指关联实际要素的位置对基准所允许的变动全量，它是用来限制位置误差的。

小提示

形状误差是指单一被测实际形状相对于其理想形状的变动量。位置误差是关联实际位置对理想位置的变动量。形状(位置)公差是设计时给定的，而形状(位置)误差是通过测量获得的。

3. 几何公差带

研究几何公差的一个重要问题是如何限制实际要素的变动范围。用于限制被测实际要素形状和位置变动的区域，称为几何公差带。它是由形状与位置公差值确定的。因而，只要被测实际要素完全落在给定的公差带内，就表示其形状和位置符合设计要求，即零件是合格的，反之则不合格。

小提示

几何公差带与尺寸公差带的概念是一致的，但两者控制的对象不同。尺寸公差带是用来限制零件实际尺寸的大小，通常是平面的区域；几何公差带是用来限制零件被测要素的实际形状和位置变动的范围，通常是空间的区域。

由于实际要素在空间占据一定形状、位置和大小，所以几何公差带是一个几何图形，由形状、大小、方向和位置四个要素确定。

(1)公差带的形状已经标准化，常用的形状见表 2-1-14。

表 2-1-14　几何公差带的形状

序号	公差带	主要形状	应用项目	
			形状公差带	位置公差带
1	两平行直线	t	给定平面内的直线度	平行度、垂直度、倾斜度、对称度和位置度
2	两等距曲线	t	无基准要求的线轮廓度	有基准要求的线轮廓度
3	两同心圆	t	圆度	径向圆跳动
4	两平行平面	t	直线度、平面度	平行度、垂直度、倾斜度、对称度、位置度和全跳动

续表

序号	公差带	主要形状	应用项目	
			形状公差带	位置公差带
5	两等距曲面		无基准要求的面轮廓度	有基准要求的面轮廓度
6	一个圆柱	ϕt	轴线的直线度	平行度、垂直度、倾斜度、同轴度、位置度等
7	两同轴圆柱	t	圆柱度	径向全跳动
8	一个圆	ϕt	平面内点的位置度、同轴(心)度	
9	一个球	$S\phi t$	空间点的位置度	

(2)公差带的大小用公差带的距离、宽度或直径表示，由给定的公差值 t 决定，用来表示精度要求的高低。如果公差带是圆形或圆柱形，在公差值前加注 ϕ；如果是球形，则加注 $S\phi$。

(3)公差带的方向即评定被测要素误差的方向。一般有公差带与基准平行、垂直和夹角为理论正确角度在 0～90°(不包括 0°和 90°)之间的要求。

(4)公差带的位置，形状公差带没有位置要求，只用来限制被测要素的形状误差；对于位置公差带，其位置由相对于基准的尺寸公差或理论正确尺寸确定。

拓展知识

几何公差新标准简介

近年来，根据科学技术和经济发展的需要，按照与国际标准接轨的原则，我国对几何公差国际标准进行了几次修订。目前推荐使用的标准主要有：

(1)GB/T 1182—2008《产品几何技术规范(GPS)　几何公差形状、方向、位置和跳动公差标注》。

(2)GB/T 1184—1996《形状和位置公差　未注公差值》。

(3)GB/T 4249—2009《产品几何技术规范(GPS)　公差原则》。

(4)GB/T 16671—2009《产品几何技术规范(GPS)　几何公差　最大实体要求、最小实体要求和可逆要求》。

(5)GB/T 17851—1999《形状和位置公差　基准和基准体系》。

(6)GB/T 17852—1999《形状和位置公差　轮廓的尺寸和公差标注》。

(7)GB/T 18780.1—2002《产品几何量技术规范(GPS)　几何要素 第1部分：基本术语及定义》。

(8)GB/T 1958—2004《产品几何量技术规范(GPS)　形状和位置公差检测规定》。

(9)GB/T 18779.1—2004《产品几何量技术规范(GPS)　工件与测量设备的测量检验 第1部分：按规范检验合格或不合格的判定规则》。

(10)GB/T 18779.2—2004《产品几何量技术规范(GPS)　工件与测量设备的测量检验 第2部分：测量设备校准和产品检验中GPS测量的不确定度评定指南》。

GB/T 1182—2008是于2008年8月1日公布实行的国家标准，其中的“几何公差”即旧标准中的“形状和位置公差”。由于该标准的规范性引用文件中特别说明在标准中所引用到的GB/T 4249—1996、GB/T 16671—1996、GB/T 17581—1999、GB/T 18780.1—2002、GB/T 17582—1999、GB/T 18780.2—2003、GB/T 17582—1999等国家标准，通过该标准的引用而成为该标准的条款，这些引用文件的修改单(不包括勘误的内容)或修订版均不适用于本标准。而在这些引用文件中，均使用“形状和位置公差”。

4. 同轴度公差

圆柱面(圆锥面)的轴线可能发生平移、倾斜、弯曲，同轴度是控制被测轴线(或圆心)与基准轴线(或圆心)的重合程度。同轴度公差是被测轴线(或圆心)对基准轴线(或圆心)允许的变动全量。当被测要素与基准要素为轴线时，称为同轴度；当被测要素为点时，称为同心度。同轴度公差的标注及公差带含义见表2-1-15。

表2-1-15　同轴度公差的标注及公差带含义　（单位：mm）

特征	功能	公差带含义	标注及解释
点的同心度	用于控制被测圆心对基准点同心的误差	公差值前标注符号 ϕ，公差带为直径等于公差值 ϕt 的圆周所限定的区域。该圆周的圆心与基准点重合 ϕt a a 为基准点	在任意横截面内，内圆的提取(实际)中心应限定在直径等于 $\phi0.1$，以基准点 A 为圆心的圆周内 A ACS ◎ $\phi0.1$ A
轴线的同轴度	用于控制被测轴线对基准轴线同轴的误差	公差值前标注符号 ϕ，公差带为直径等于公差值 ϕt 的圆柱面所限定的区域。该圆柱面的轴线与基准轴线重合 ϕt a a 为基准轴线	大圆柱面的提取(实际)中心线应限定在直径等于 $\phi0.08$，以公共基准轴线 $A-B$ 为轴线的圆柱面内 ◎ $\phi0.08$ A−B A　B

5. 跳动公差与及公差带

跳动量是指示器在绕着基准轴线的被测表面上测得的。跳动公差是被测实际要素绕基准轴线回转一周或连续回转时所允许的最大跳动量，分为圆跳动和全跳动。

(1)圆跳动公差是指被测实际要素在某一固定参考点绕基准轴线回转一周时，指示器示值所允许的最大变动量 t。按检测方向与基准轴线位置关系的不同，圆跳动公差可以分为径向圆跳动公差、轴向圆跳动公差和斜向圆跳动公差。当检测方向垂直于基准轴线时，为径向圆跳动公差；当检测方向平行于基准轴线时，为轴向圆跳动公差；当检测方向既不垂直于也不平行于基准轴线，但一般应为被测表面的法线方向时，为斜向圆跳动公差。

(2)全跳动公差是指被测实际要素绕基准轴线旋转若干次，测量仪器与工件间同时做轴向或径向的相对位移时，指示器示值所允许的最大变动量。按被测要素绕基准轴线连续转动时，测量仪器的运动方向与基准轴线的关系，全跳动公差可以分为径向全跳动公差和轴向全跳动公差。跳动公差带的定义、标注示例及解释见表 2-1-16。

表 2-1-16 跳动公差带的定义、标注示例及解释 (单位：mm)

公差项目	公差带的定义	标注示例及解释
径向圆跳动公差	公差带是在垂直于基准轴线的任一横截面内，半径差为公差值 t，且圆心在基准轴线上的两个同心圆所限定的区域 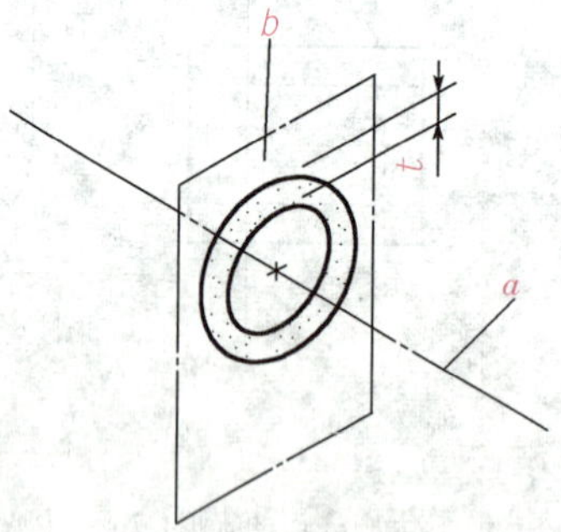 a 为基准轴线 b 为横截面	在任一垂直于基准轴线 A 的横截面内，提取(实际)圆应限定在半径差等于 0.1，圆心在基准轴线 A 上的两同心圆之间(下左图) 在任一平行于基准平面 B、垂直于基准轴线 A 的横截面上，提取(实际)圆应限定在半径差等于 0.1，圆心在基准轴线 A 上的两同心圆之间(下右图) 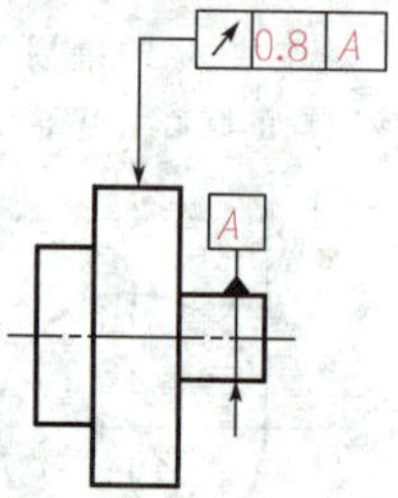 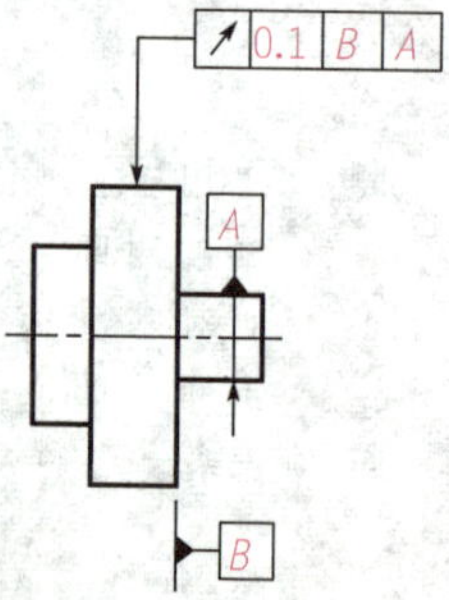 在任一垂直于公共基准轴线 $A-B$ 的横截面内，提取(实际)圆应限定在半径差等于 0.1，圆心在基准轴线 $A—B$ 上的两同心圆之间(下图) 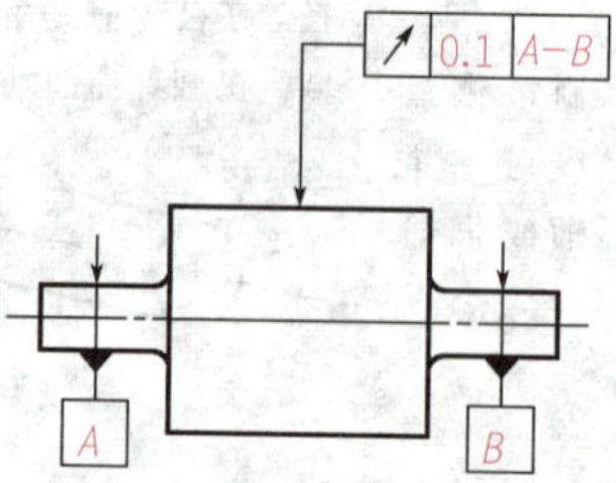

续表

公差项目	公差带的定义	标注示例及解释
轴向圆跳动公差	公差带是与基准轴线同轴的任一半径的圆柱截面上，间距等于公差值 t 的两圆所限定的圆柱面区域 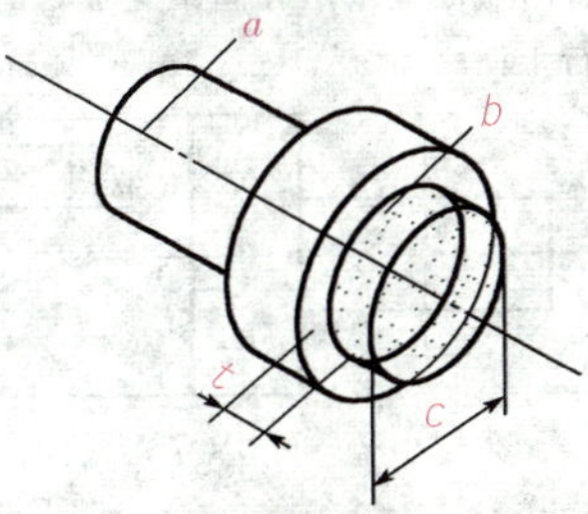 a 为基准轴线 b 为公差带 c 为任意直径	在与基准轴线 D 同轴的任一圆柱形截面上，提取(实际)圆应限定在轴向距离等于 0.1 的两个等圆之间 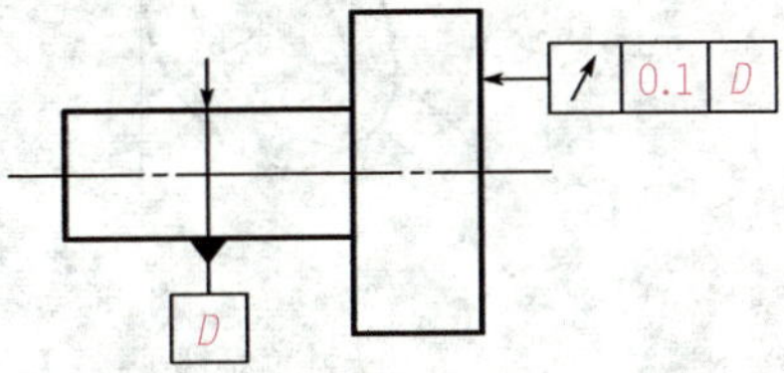
斜向圆跳动公差	公差带为与基准轴线同轴的某一圆锥截面上，间距等于公差值 t 的两圆所限定的圆锥面区域 除非另有规定，测量方向应沿被测表面的法向 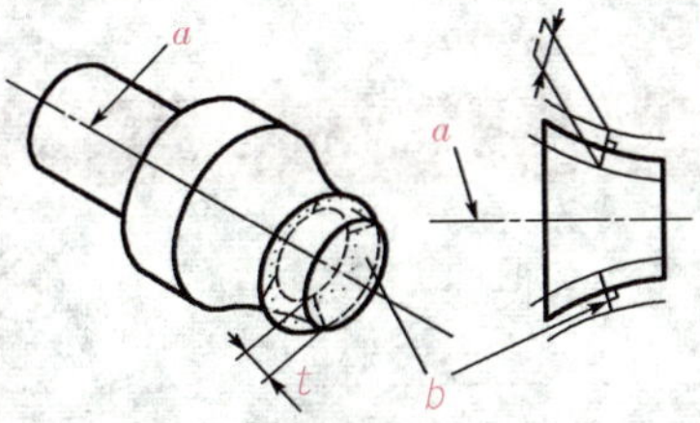 a 为基准轴线 b 为公差带	在与基准轴线 C 同轴的任一圆锥截面上，提取(实际)线应限定在素线方向间距等于 0.1 的两不等圆之间 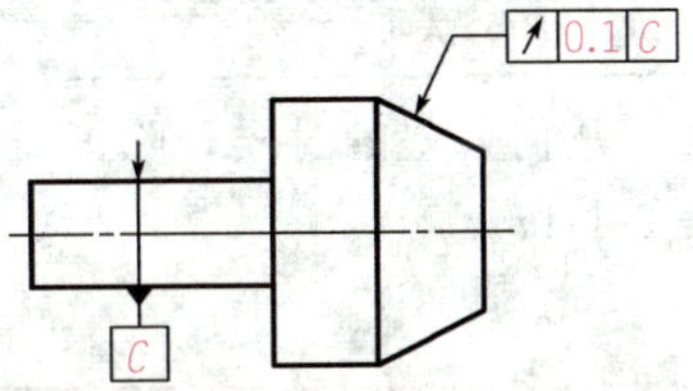 当标注公差的素线不是直线时，圆锥截面的锥角要随所测圆的实际位置而改变 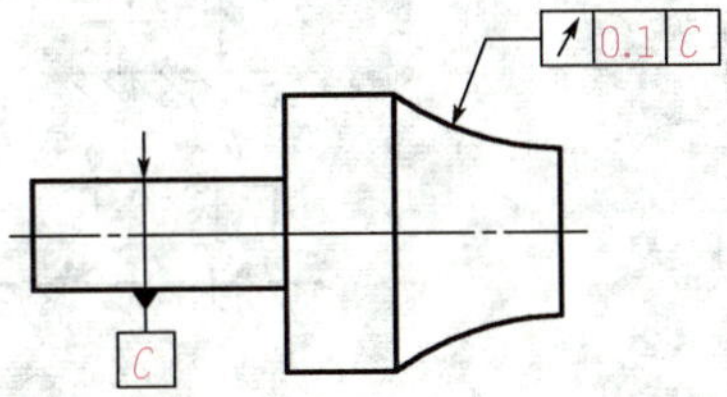
径向全跳动公差	公差带为半径值等于公差值 t，与基准轴线同轴的两圆柱面所限定的区域 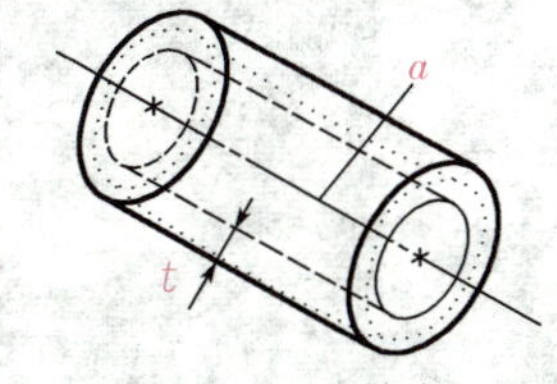 a 为基准轴线	提取(实际)表面应限定在半径差等于 0.1，与公共轴线 $A—B$ 同轴的两圆柱面之间 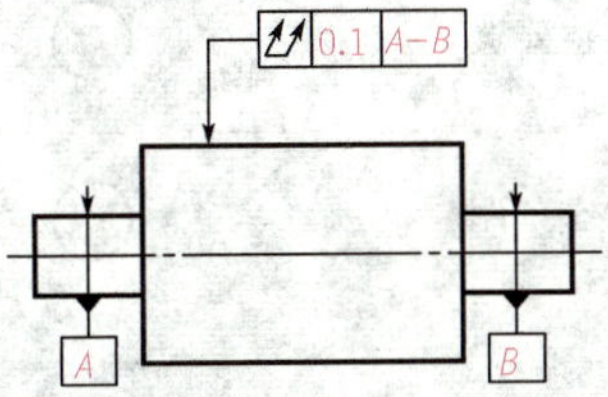

续表

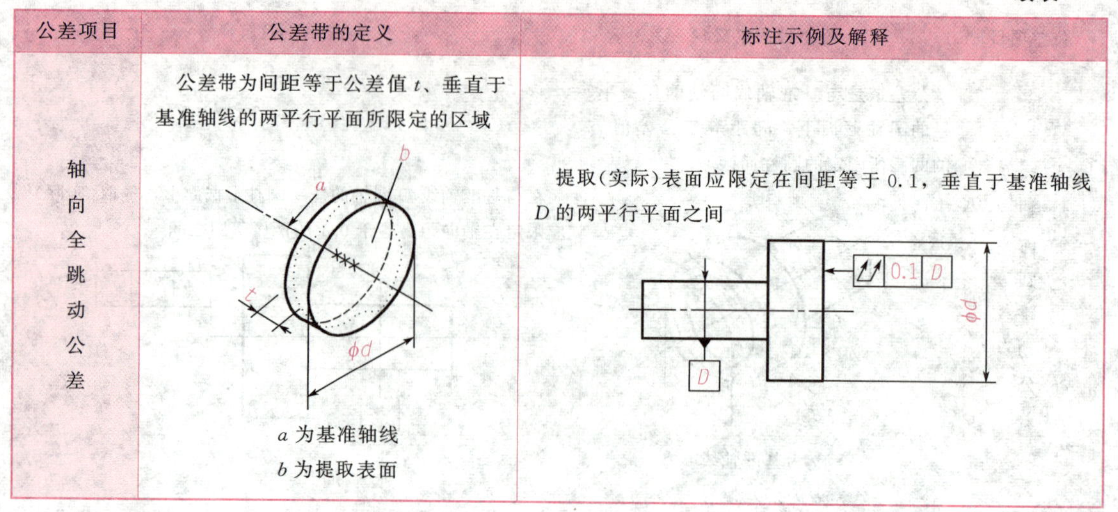

公差项目	公差带的定义	标注示例及解释
轴向全跳动公差	公差带为间距等于公差值 t、垂直于基准轴线的两平行平面所限定的区域 a 为基准轴线 b 为提取表面	提取(实际)表面应限定在间距等于 0.1，垂直于基准轴线 D 的两平行平面之间

五、几何公差的标注

1. 几何公差附加符号

在表达几何公差的时候，除了需使用其项目特征符号外，还需加入一些附加要求的符号，见表 2-1-17。

表 2-1-17　几何公差标注附加符号

说明	符号	说明	符号
被测要素		包容要求	Ⓔ
基准要素	A　A	公共公差要求	CZ
延伸公差带	Ⓟ	小径	LD
最大实体要求	Ⓜ	大径	MD
最小实体要求	Ⓛ	中径、节径	PD
自由状态条件	Ⓕ	线素	LE

注：1. GB/T 1182—1996 中规定的基准符号为Ⓐ。

2. 如需标注可逆要求，可采用符号Ⓡ，见 GB/T 16671—2009。

2. 公差框格

(1)用公差框格标注形位公差时，公差要求注写在划分成两格或多个的矩形框格内。各格自左至右顺序标注以下内容：

第一格：几何公差特征项目符号。

第二格：几何公差值，以线性尺寸单位表示的量值。如果公差带为圆形或圆柱形，公差值前应加注符号“ϕ”；如果公差带为圆球形，公差值前加注符号“$S\phi$”。

第三格：基准字母(没有基准的形状公差框格只有前两格)，用一个字母表示单个基准或用几个字母表示基准体系或公共基准，如图 2-1-47(b)、(c)、(d)、(e)所示。

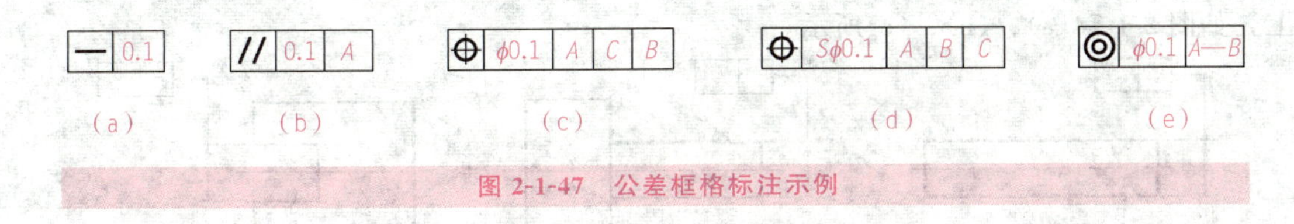

图 2-1-47　公差框格标注示例

(2)当某项公差应用于几个相同要素时，应在公差框格的上方被测要素的尺寸之前注明要素的个数，并在两者之间加上符号“×”，如图 2-1-48(a)、(b)所示。

(3)如果需要限制被测要素在公差带内的形状，应在公差框格的下方注明，如图 2-1-49 所示。

(4)如果需要就某个要素给出几种几何特征的公差，可将一个公差框格放在另一个的下面，如图 2-1-50 所示。

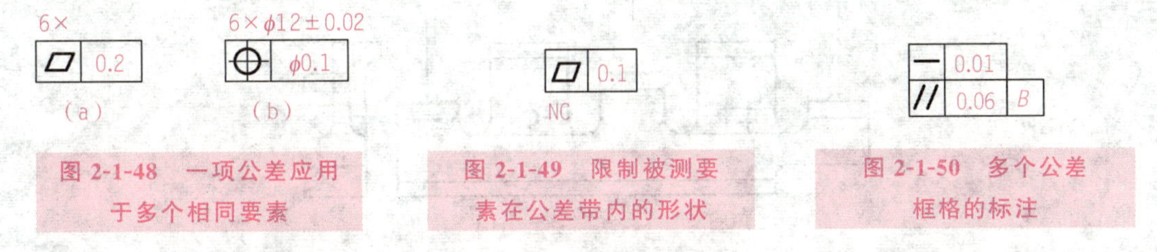

图 2-1-48　一项公差应用于多个相同要素

图 2-1-49　限制被测要素在公差带内的形状

图 2-1-50　多个公差框格的标注

3. 被测要素的标注

标注被测要素时，用指引线连接被测要素和公差框格。指引线引自框格的任意一侧，终端带一箭头。

(1)当公差涉及轮廓线或轮廓面时，箭头指向该要素的轮廓线或其延长线(应与尺寸线明显错开)，如图 2-1-51、图 2-1-52 所示；箭头也可指引线的水平线，引出线引自被测面，如图 2-1-53 所示。

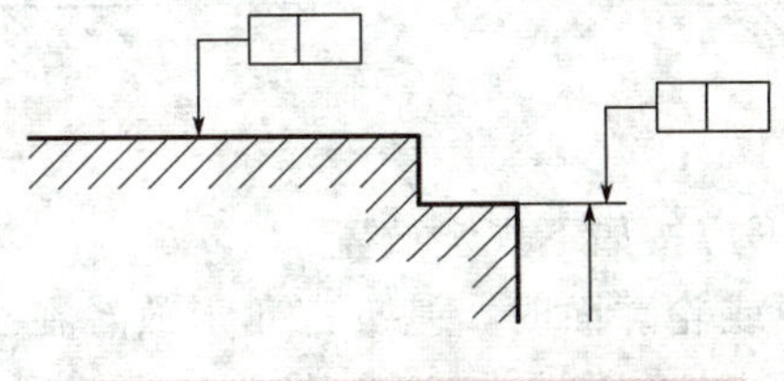

图 2-1-51　标注示意图一

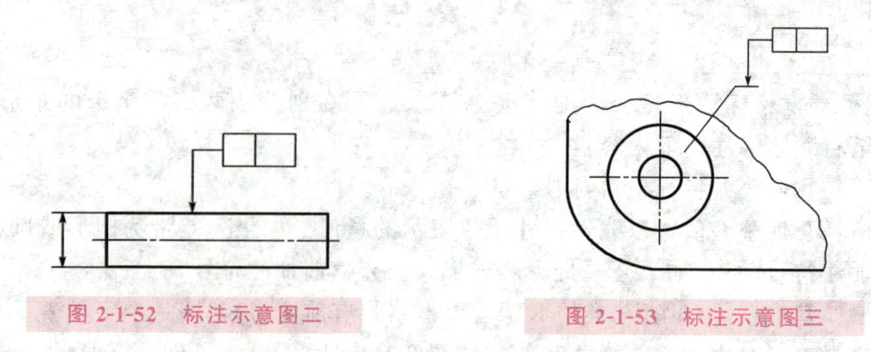

图 2-1-52　标注示意图二

图 2-1-53　标注示意图三

(2)当公差涉及要素的中心线、中心面或中心点时，箭头应位于相应尺寸线的延长线上，如图 2-1-54(a)、(b)、(c)所示。

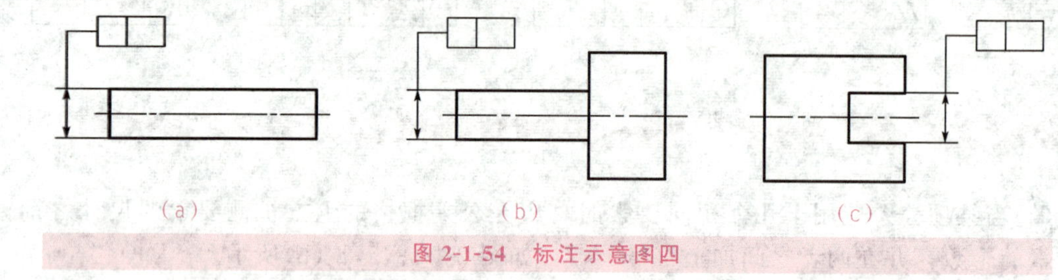

(a)　(b)　(c)

图 2-1-54　标注示意图四

一个公差框格可以用于具有相同几何特征和公差值的若干个分离要素，如图 2-1-55 所示。

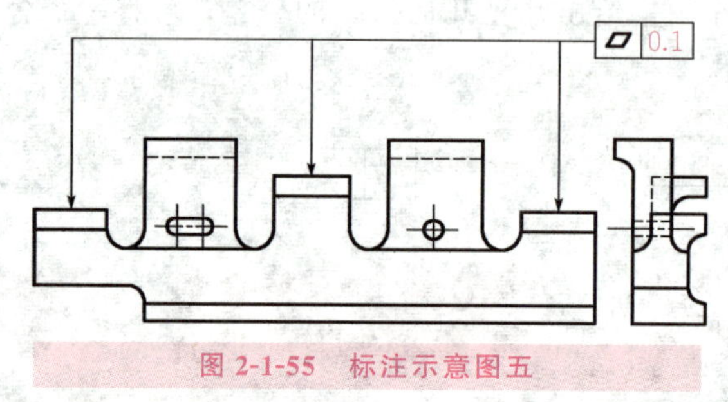

图 2-1-55　标注示意图五

4. 基准的标注

与被测要素相关的基准用一个大写字母表示。字母标注在基准方格内，与一个涂黑的或空白的三角形相连以表示基准，如图 2-1-56 和图 2-1-57 所示；表示基准的字母还应标注在公差框格内。涂黑的和空白的基准三角形含义相同。

图 2-1-56　基准标注示意图一

图 2-1-57　基准标注示意图二

带基准字母的基准三角形应按如下规定放置：

(1)当基准要素是轮廓线或轮廓面时，基准三角形放置在要素的轮廓线或其延长线上(与尺寸线明显错开)，如图 2-1-58 所示；基准三角形也可放置在该轮廓面的引出线的水平线上，如图 2-1-59 所示。

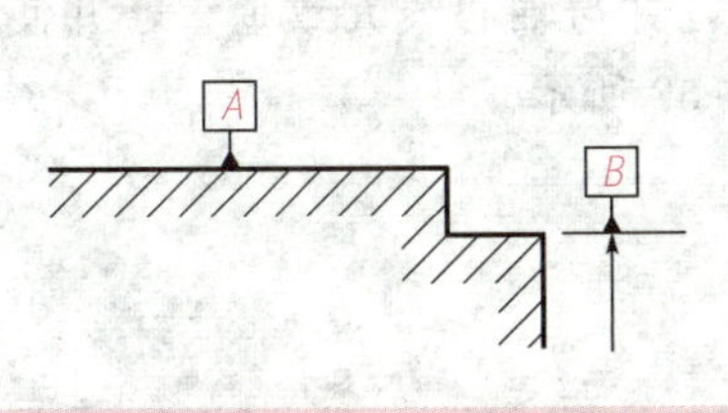

图 2-1-58　基准标注示意图三

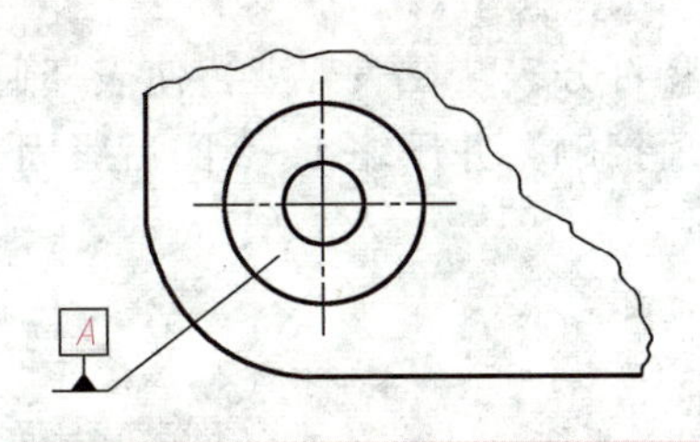

图 2-1-59　基准标注示意图四

(2)当基准是尺寸要素确定的轴线、中心平面或中心点时，基准三角形应放置在该尺寸线的延长线上；如果没有足够的位置标注基准要素尺寸的两个尺寸箭头，则其中一个箭头可用基准三角形代替，如图 2-1-60 所示。

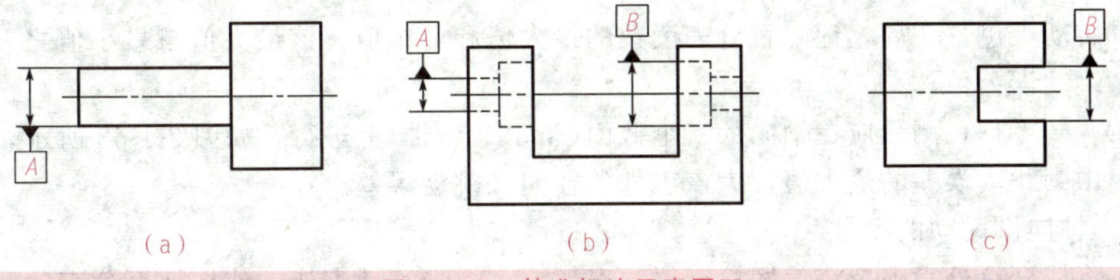

图 2-1-60　基准标注示意图五

任务实施

一、测量器具准备

测量训练器具准备：百分表如图 2-1-35 所示，偏摆检查仪如图 2-1-45 所示。

二、测量训练内容、步骤和要求

(1)径向圆跳动误差的测量。

①将零件擦净，按图 2-1-61 所示将工件置于偏摆仪两顶尖之间(带孔零件要装在心轴上)，使零件转动自如，但不允许轴向窜动，然后紧固两个顶尖座。当需要卸下零件时，一手扶着零件，一手向下按手把即取下零件。

图 2-1-61　圆跳动、同轴度测量示意图

②将百分表装在表架上，使表杆通过零件轴心线，并与轴心线大致垂直，并使测头与零件表面接触，并压缩 1～2 圈后紧固表架，如图 2-1-62 所示。

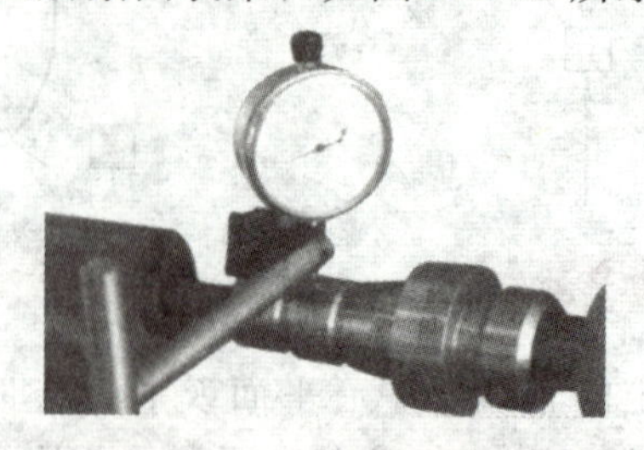

图 2-1-62　百分表与零件位置关系一

③转动被测件一周，记下百分表读数的最大值和最小值，该最大值与最小值之差，为径向圆跳动误差值。

④旋转零件，测量应在轴向的三个截面（Ⅰ、Ⅱ、Ⅲ）上进行，如图 2-1-63 所示，取三个截面中圆跳动误差的最大值，为该零件的径向圆跳动误差。

(2)轴向圆跳动的测量。

①将杠杆百分表夹持在偏摆检查仪的表架上，缓慢移动表架，使杠杆百分表的测量头与被测端面接触，并将百分表压缩 2～3 圈，如图 2-1-64 所示。

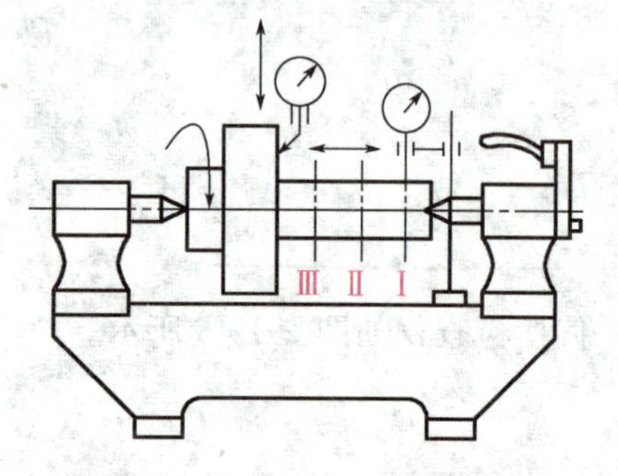

图 2-1-63　圆跳动误差测量示意图

图 2-1-64　百分表与零件位置关系二

②转动工件一周，记下百分表读数的最大值和最小值，该最大值与最小值之差，即为直径处的轴向跳动误差。

③在被测端面上均匀分布的三个直径（1、2、3）处测量，取其三个中的最大值为该零件轴向圆跳动误差。

(3)同轴度的测量。

①将被测工件安装在跳动检查仪的两顶尖间，公共基准轴线由两顶尖模拟。

②将指示表压缩 2～3 圈。

③将被测工件回转一周，读出指示表的最大变动量(a)与最小变动量(b)，该截面上同轴度误差 $f=a-b$。

④按上述方法测量若干个截面，取各截面测得的读数中最大的同轴度误差，作为该零同轴度误差，并判断其是否合格。

注意：此种方法适用于测量形状误差较小的零件。

(4)根据图纸所给定的公差值，判断零件是否合格。

(5)填写测量报告单(表 2-1-18)。

表 2-1-18　测量报告单

测量器具	百分表、偏摆仪							
被测件名称								
被测零件图	Ra 6.3 (√) 109 25　34　25　15 4×2　4×2 Ra 3.2　Ra 1.6　Ra 1.6 $\phi18^{\ 0}_{-0.021}$　$\phi25$　$\phi30^{\ 0}_{-0.05}$　$\phi38$　$\phi28^{\ 0}_{-0.05}$ C2　C2　1：10 ◎ φ0.05 A ↗ 0.05 A ⌭ 0.05 A							
	径向(单位：mm)				轴向(单位：mm)			
	序号	最大值	最小值	示值差	序号	最大值	最小值	示值差
圆跳动	截面Ⅰ				直径 1			
	截面Ⅱ				直径 2			
	截面Ⅲ				直径 3			
	误差				误差			
全跳动								
结论								
测量日期	201　年　月　日				测量者			

任务四　用万能角度尺测量轴的锥度

训练目标

知识目标	技能目标
• 熟悉斜度和锥度知识。 • 了解万能角度尺的读数机构，掌握万能角度尺的读数方法。	• 正确掌握万能角度尺的组合使用方法。 • 学会使用万能角度尺测量轴类零件的锥度，并判定被测件是否合格。

任务分析

图 2-1-34 所示为阶梯轴零件及其图样简图。零件图中符号表示阶梯轴零件 $\phi25$ 轴颈段的锥度要求，利用万能角度尺正确测量相关斜度和锥度是本部分要完成的主要任务。

知识学习

一、万能角度尺

1. 万能角度尺的结构和读数方法

万能角度尺是用来测量精密零件内外角度或进行角度划线的角度量具，包括游标量角器、万能角度尺等。

(1)万能角度尺的读数机构，如图 2-1-65 所示，由刻有基本角度刻线的主尺和固定在扇形板上的游标组成。扇形板可在主尺上回转移动(有制动器)，形成了和游标卡尺相似的游标读数机构。

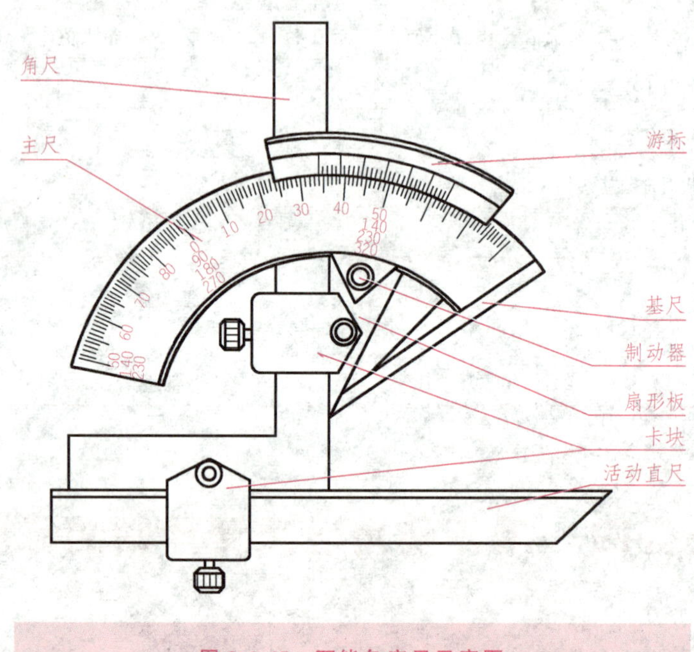

图 2-1-65　万能角度尺示意图

(2)万能角度尺主尺上的刻度线每格 1°。由于游标上刻有 30 格，所占的总角度为 29°，因此，两者每格刻线的度数差是 $1^\circ-\frac{29^\circ}{30}=\frac{1^\circ}{30}=2'$，即万能角度尺的精度为 2′。

(3)万能角度尺的读数方法和游标卡尺相同。先读出游标零线前的角度是几度，再从游标上读出角度“分”的数值，两者相加就是被测零件的角度数值。

2. 万能角度尺的组合使用

在图 2-1-65 所示的万能角度尺上，基尺是固定在主尺上的，角尺是用卡块固定在扇形板上，活动直尺是用卡块固定在角尺上。若把角尺拆下，也可把直尺固定在扇形板上。由于角尺和直尺可以移动和拆换，使万能角度尺可以测量 0°～320°的任何角度，如图 2-1-66 所示。

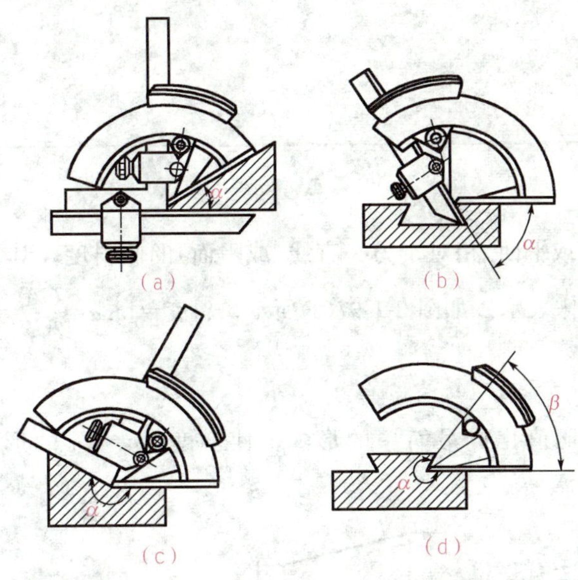

图 2-1-66　万能角度尺测量组合方式

测量时，根据产品被测部位的情况，先调整好角尺或直尺的位置，用卡块上的螺钉把它们紧固住，再来调整基尺测量面与其他有关测量面之间的夹角。这时，要先松开制动头上的螺母，移动主尺作粗调整，然后再转动扇形板背面的微动装置作细调整，直到两个测量面与被测表面密切贴合为止。然后拧紧制动器上的螺母，把角度尺取下来进行读数。

如图 2-1-66(a)所示组合，角尺和直尺全装上时，可测量 α 为 0°～50°的外角度；图 2-1-66(b)所示组合，仅装上直尺时，可测量 α 为 50°～140°的角度；图 2-1-66(c)所示组合，仅装上角尺时，可测量 α 为 140°～230°的角度；图 2-1-66(d)所示组合，把角尺和直尺全拆下时，可测量 α 为 230°～320°的角度(即可测量 β 为 40°～130°的内角度)。

万能量角尺的主尺上，基本角度的刻线只有 0°～90°，如果测量的零件角度大于 90°，则在读数时，应加上一个基数(90°，180°，270°)。当零件角度为：＞90°～180°，被测角度＝90°＋量角尺读数；＞180°～270°，被测角度＝180°＋量角尺读数；＞270°～320°被测角度＝270°＋量角尺读数。

注意： 用万能角度尺测量零件角度时，应使基尺与零件角度的母线方向一致，且零件应与量角尺的两个测量面在全长上接触良好，以免产生测量误差。

3. 万能角度尺的维护和保养

(1)使用前，要擦净万能角度尺和被测体，并检查万能角度尺测量面是否生锈和碰伤，活动件是否灵活、平稳，能否固定在规定的位置上。

(2)应将游标的零线对准尺身的零线，游标的尾线对准尺身相位刻线，再拧紧固定螺钉。

(3)测量工件时，应先调整好基尺或直尺的位置，并用连杆上的螺钉紧固；再松动螺母，移动尺身作调整，直到要求位置为止。

(4)测量完毕后，松开各紧固件，取下直尺等元件，然后擦净，上防锈油，装入专用盒内。

二、斜度和锥度知识

1. 斜度

斜度是指一直线(或平面)相对于另一直线(或平面)的倾斜度，其大小用该两直线(或两平面)间夹角的正切值来表示。如图 2-1-67(a)所示，斜度$=\tan\alpha=\dfrac{CA}{AB}=\dfrac{H}{L}$；如图 2-1-67(b)所示，斜度$=\dfrac{H-h}{L}$。

通常在图样中把比值化成最简单的形式，使斜度以 1∶n 的形式出现，如图 2-1-68 所示。

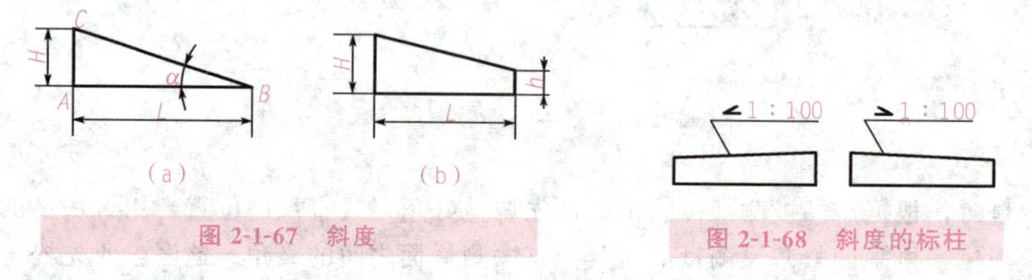

图 2-1-67　斜度　　图 2-1-68　斜度的标柱

2. 锥度

锥度是指正圆锥体底圆直径与锥高之比。如果是圆锥台，则为上、下底圆直径之差与圆锥台高度之比，如图 2-1-69 所示。

$$锥度=2\tan\alpha=\frac{D}{L}=\frac{D-d}{l}$$

锥度在图样上也以 1∶n 的简化形式表示，如图 2-1-70 所示。

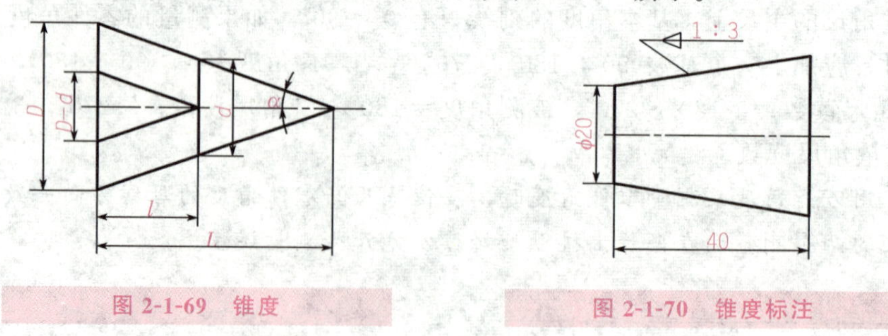

图 2-1-69　锥度　　图 2-1-70　锥度标注

任务实施

一、测量器具准备

测量训练器具准备：万能角度尺如图 2-1-71 所示。

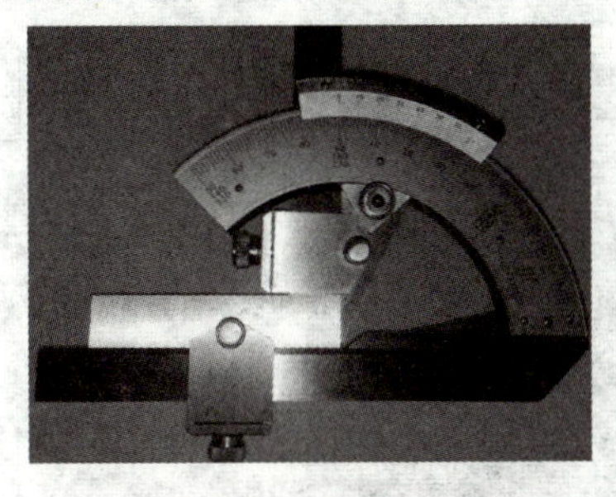

图 2-1-71　万能角度尺

二、测量训练内容、步骤和要求

1. 测量阶梯轴零件的锥度

阶梯轴零件如图 2-1-34 所示。

2. 测量训练内容、步骤和要求

(1)根据被测角度的大小按图 2-1-66 所示的 4 种组合方式之一选择相应附件后，调整好万能角度尺。

(2)松开万能角度尺锁紧装置，使万能角度尺两测量边与被测角度贴紧，目测观察应封锁可见光隙，锁紧后即可读数。测量时须注意保持万能角度尺与被测件之间的正确位置。

(3)记录测量数据并填表。

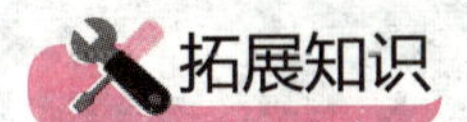

拓展知识　用正弦规和千分表测量倾斜度误差

训练目标

知识目标	技能目标
• 掌握倾斜度和倾斜度公差的概念。 • 熟悉常用倾斜度误差的测量器具和测量方法。	• 会正确使用千分表和正弦规测量倾斜度误差。 • 能对测量后的数据进行处理，并评定零件的合格性。

任务分析

图 2-1-72 所示为钳工件及其图样简图。零件图中符号 ∠0.08 A 表示钳工件斜面的倾斜度要求，利用千分表和正弦规正确测量相关倾斜度是本部分要完成的主要任务。

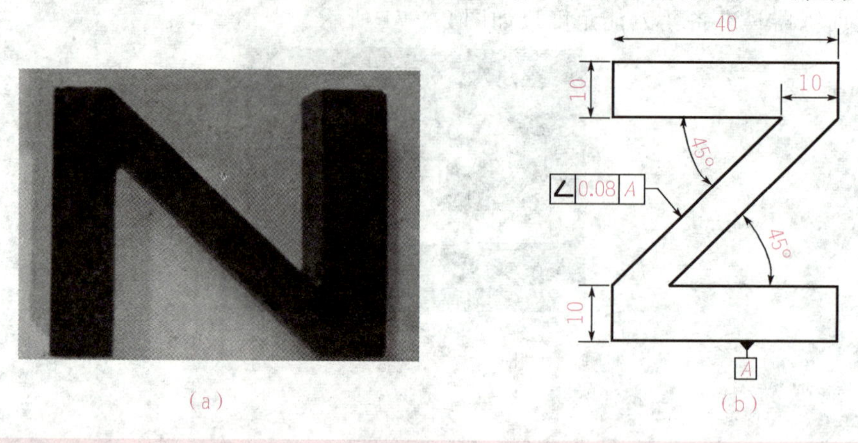

图 2-1-72 钳工件及其图样简图

一、正弦规的结构及测量原理

正弦规是用于准确检验零件及量规角度和锥度的量具。它是利用三角函数的正弦关系来度量的，故称正弦规或正弦尺、正弦台。

由图 2-1-73 可见，正弦规主要由带有精密工作平面的主体和两个精密圆柱组成，四周可以装有挡板（使用时只装互相垂直的两块），测量时作为放置零件的定位板。国产正弦规有宽型和窄型两种，其规格见表 2-1-19。

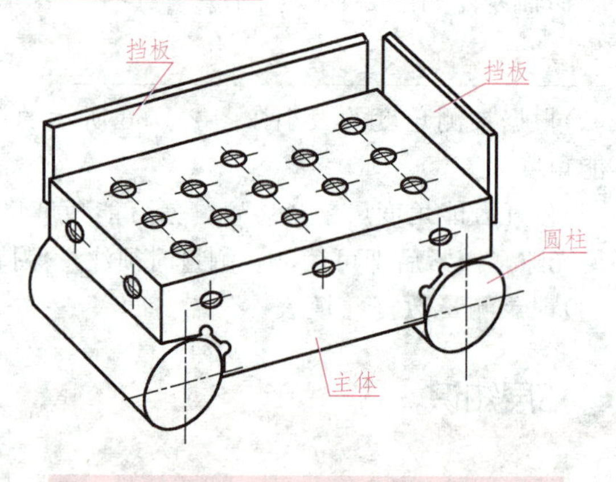

图 2-1-73 正弦规结构示意图

表 2-1-19 正弦规的规格

两圆柱中心距/mm	圆柱直径/mm	工作台宽度/mm		精度等级
		窄型	宽型	
100	20	25	80	0.1 级
200	30	40	80	

正弦规的两个精密圆柱的中心距的精度很高，窄型正弦规的中心距 200 mm 的误差不大于 0.003 mm；宽型的不大于 0.005 mm。同时，主体上工作平面的平直度，以及它与两个圆柱之间的相互位置精度都很高，因此可以用于精密测量，也可作为机床上加工带角度零件的精密定位用。利用正弦规测量角度和锥度时，测量精度可达±1″～±3″，但适宜测量小于 40°的角度。

图 2-1-74 是应用正弦规测量圆锥塞规锥角的示意图。应用正弦规测量零件角度时，先把正弦规放在精密平台上，被测零件(如圆锥塞规)放在正弦规的工作平面上，被测零件的定位面平靠在正弦规的挡板上(如圆锥塞规的前端面靠在正弦规的前挡板上)。指示表安装在表座上可在平板上拖动。在锥体最顶的母线上，指示表在图示的 a、b 两处读得读数，如果这两个读数相同，则表明被测锥体的圆锥角正好等于正弦尺的倾斜角 2α，即被测圆锥体的上素线与平板平行。测量时，在正弦规的一个圆柱下面垫入量块，用指示表检查零件全长的高度，调整量块尺寸，使指示表在零件全长上的读数相同。此时，就可应用直角三角形的正弦公式算出零件的角度。

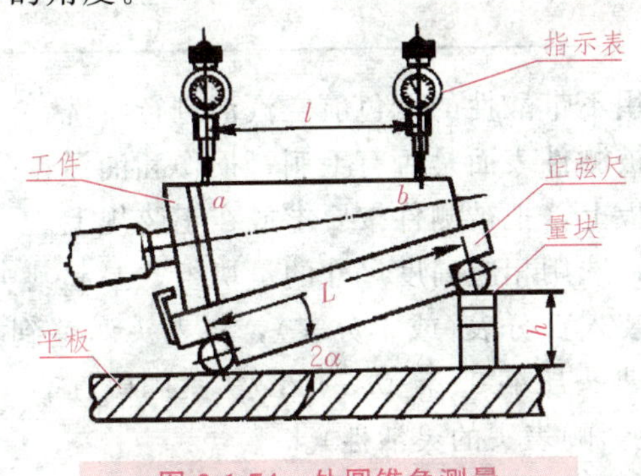

图 2-1-74　外圆锥角测量

正弦公式：

$$\sin 2\alpha=\frac{H}{L}$$

式中：2α 为圆锥的锥角(°)；H 为量块的高度(mm)；L 为正弦规两圆柱的中心距(mm)。

例如，测量圆锥塞规的锥角时，使用的是窄型正弦规，中心距 $L=200$ mm，在一个圆柱下垫入的量块高度 $H=10.06$ mm 时，才使指示表在圆锥塞规的全长上读数相等。此时圆锥塞规的锥角计算如下：

$$\sin 2\alpha=\frac{H}{L}=\frac{10.06}{200}=0.0503$$

查正弦函数表得 $2\alpha=2°53'$，即圆锥塞规的实际锥角为 $2°53'$。

若指示表上在图示的 a、b 两处读得的示值不相同，且分别为 M_a、M_b(mm)，反映出被测外圆锥角与公称锥角有偏差，它的偏差值可按下式计算：

$$\Delta_{2\alpha}=\frac{M_a-M_b}{l}(\text{rad}) \tag{2-1-1}$$

或

$$\Delta_{2\alpha}=\frac{M_a-M_b}{l}\times 2\times 10^5(″) \tag{2-1-2}$$

式中：l 是 a、b 两点之间的距离。

若实际被测圆锥角 $2\alpha'>2\alpha$，则 $M_a-M_b>0$，$\Delta_{2\alpha}>0$；若 $2\alpha'<2\alpha$，则 $\Delta_{2\alpha}<0$。

注意：

· 实际测量时，a、b 两点之间的距离 l 应尽可能大为好，可以减小测量误差，一般分别取距离圆锥面端面约 3 mm 处。同时，重复测量三次，分别计算 a、b 两点的三次示值的平均值作为 M_a 和 M_b，然后，用上列公式计算圆锥角偏差，被测圆锥的实际圆锥角应由公称锥角加上圆锥角偏差求得，最后判断被测圆锥角的合格性。

· 测量过程中，要进行量块的组合操作，将组合好的量块组放在正弦尺一端的圆柱下面，保证其安放平稳，然后将圆锥塞规稳放在正弦尺的工作面上，并应使圆锥塞规轴线垂直于正弦尺的圆柱轴线。指示表在 a、b 两点处测量时，应垂直于锥体轴线作前后往复推移，在指示表指针不断摆动过程中记下最大读数，作为测得值。

二、正弦规的使用方法

(1)将正弦规、量块用不带酸性的无色航空汽油进行清洗。

(2)检查测量平板、被测件表面是否有毛刺、损伤和油污，并进行清除。

(3)将正弦规放在平板上，把被测件按要求放在正弦规上。

(4)根据被测件尺寸，选用相应高度尺寸的量块组，垫起其中一个圆柱。

(5)调整磁性表架，装入百分表(或千分表)，将表头调整到相应高度，压缩百分表表头 0.1～0.2 mm(百分表表头压缩 0.2～0.5 mm)。紧固磁性表架各部分螺钉(装入表头的紧固螺钉不能过紧，以免影响表头的灵活性)。

(6)提升表头测杆 2～3 次，检查示值稳定性。

(7)求出被测角的偏差值 $\Delta\alpha$。

注意：

(1)不要用正弦规检测粗糙零件，被测零件的表面不要带毛刺、研磨剂、灰屑等脏物，也要避免带磁性。

(2)使用正弦规时，应防止在平板或工作台上来回拖动，以免圆柱磨损而降低精度。

(3)被测零件应利用正弦规的前挡板或侧挡板定位，以保证被测零件角度截面在正弦规圆柱的垂直平面内，避免测量误差。

三、倾斜度公差与公差带

1. 倾斜度公差

倾斜度公差是限制实际要素对基准在倾斜方向上变动量的一项指标。倾斜度公差带的定义、标注示例及解释见表 2-1-20。

表 2-1-20　倾斜度公差带的定义、标注示例及解释　　（单位：mm）

公差项目	公差带的定义	标注示例及解释
线对基准线倾斜度公差	公差带是间距等于公差值 t 的两平行平面所限定的区域。该两平行平面按给定角度倾斜于基准轴线 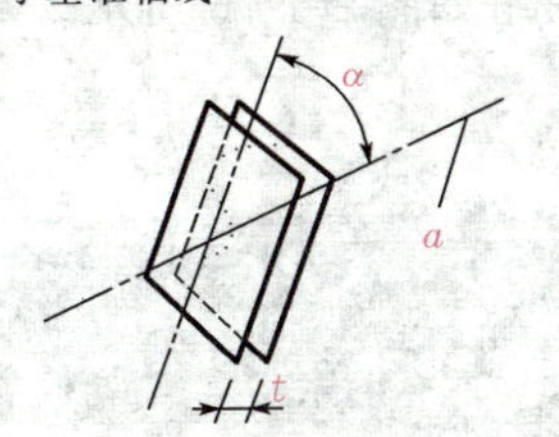 a 为基准轴线	提取(实际)中心线应限定在间距等于 0.08 的两平行平面之间。该两平行平面按理论正确角度 60°倾斜于公共基准轴线 $A—B$ 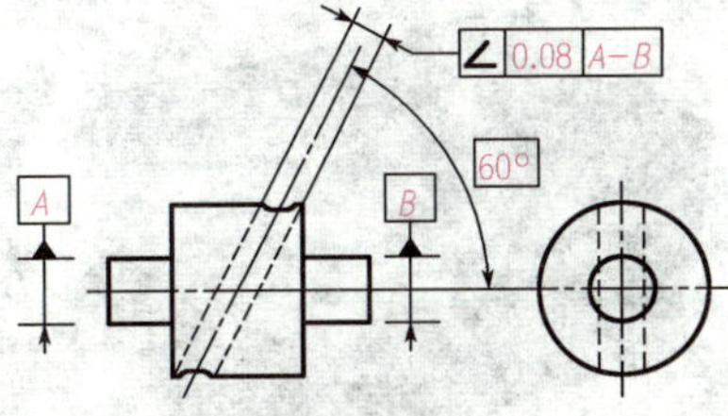
线对基准面倾斜度公差	公差带是间距等于公差值 t 的两平行平面所限定的区域。该两平行平面按给定角度倾斜于基准平面 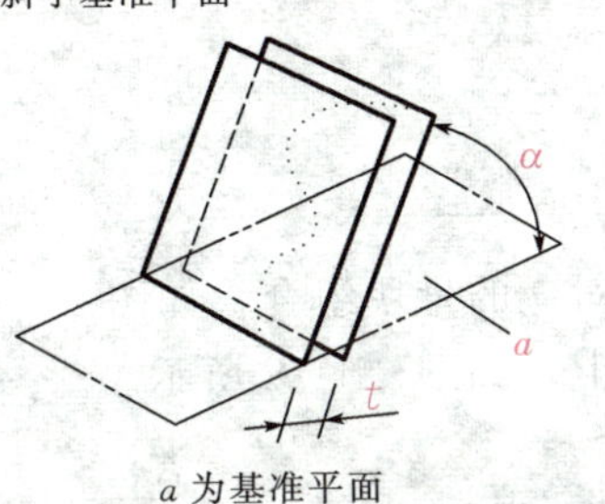 a 为基准平面	提取(实际)中心线应限定在间距等于 0.08 的两平行平面之间。该两平行平面按理论正确角度 60°倾斜于公共基准平面 A 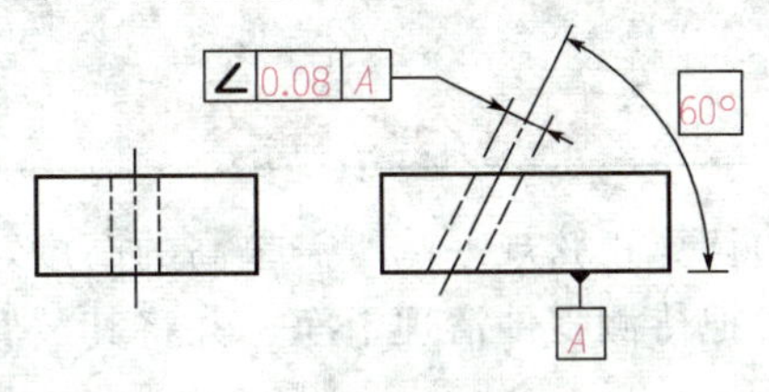
面对基准线倾斜度公差	公差带是间距等于公差值 t 的两平行平面所限定的区域。该两平行平面按给定角度倾斜于基准轴线 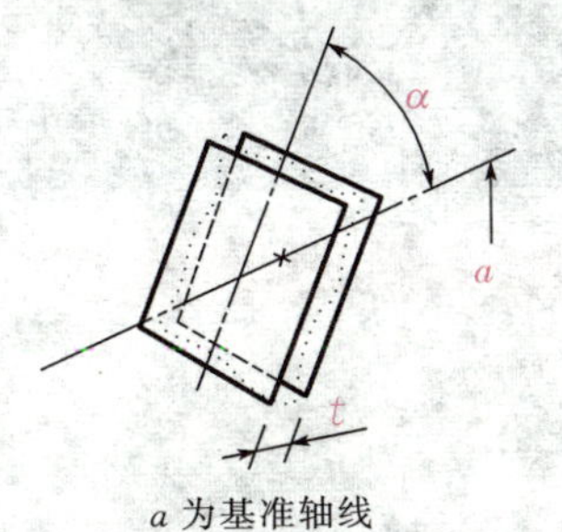 a 为基准轴线	提取(实际)中心线应限定在间距等于 0.1 的两平行平面之间。该两平行平面按理论正确角度 75°倾斜于基准轴线 A 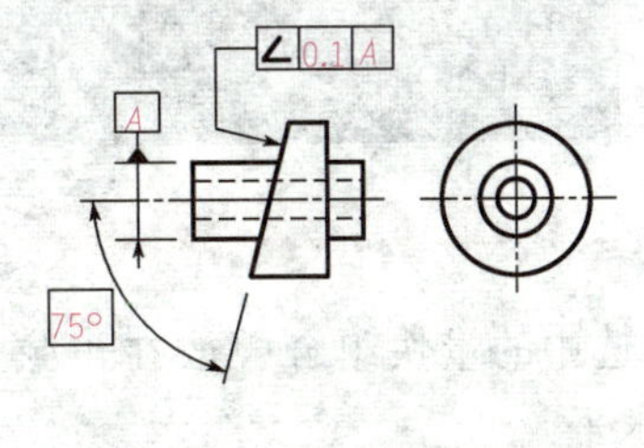
面对基准面倾斜度公差	公差带是间距等于公差值 t 的两平行平面所限定的区域。该两平行平面按给定角度倾斜于基准平面 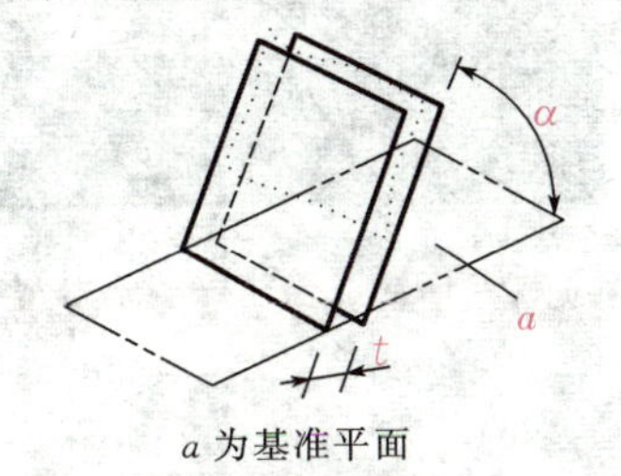 a 为基准平面	提取(实际)中心线应限定在间距等于 0.08 的两平行平面之间。该两平行平面按理论正确角度 40°倾斜于基准平面 A 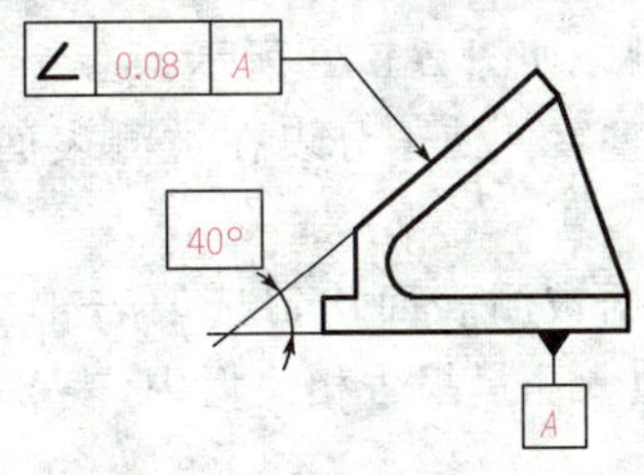

任务实施

一、测量器具准备

测量训练器具：正弦规如图 2-1-75 所示，钢制量块组如图 2-1-76 所示。

图 2-1-75 正弦规

图 2-1-76 钢制量块组

二、测量内容和步骤

(1)计算正弦规一端所需垫高的高度，并选出相对应的量块组合，如图 2-1-77 所示。

(2)把待测零件清理干净，并将其放置在正弦规上，如图 2-1-78 所示。

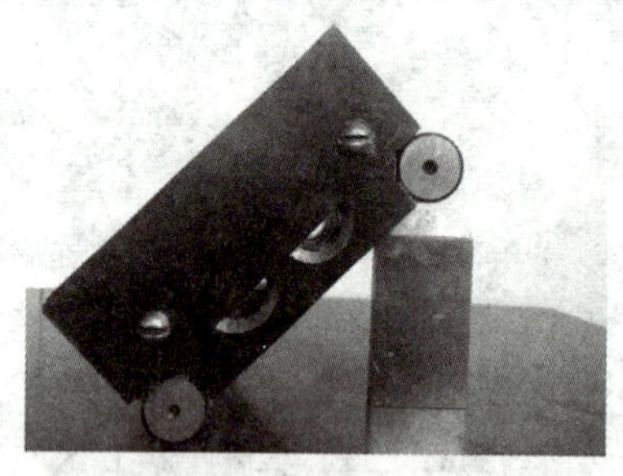
图 2-1-77 选择量块组

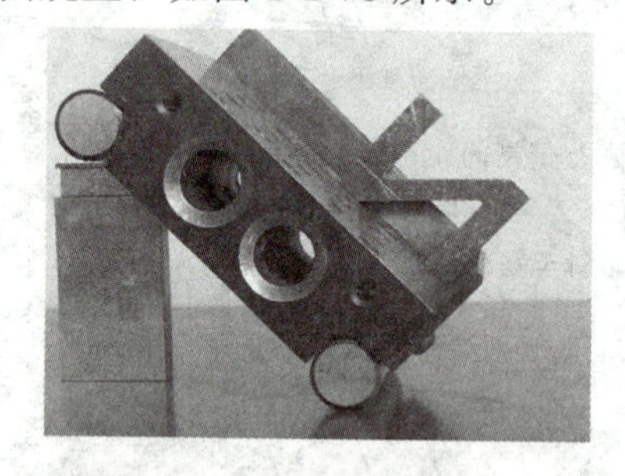
图 2-1-78 放置待测零件

(3)将选中的量块组合叠放在正弦规一端，使零件表面水平。

(4)将千分表校零，并用手轻触千分尺的测头，检查测杆和指针的运动是否流畅。

(5)将千分表安装到表架上，使测头和待测表面垂直接触，如图 2-1-79 所示。

(6)调整零件使千分表在被测表面上的示值差为最小。

(7)根据被测表面均匀选取若干个测点测量，并将示值填入测量报告相关栏内(表 2-1-21)。

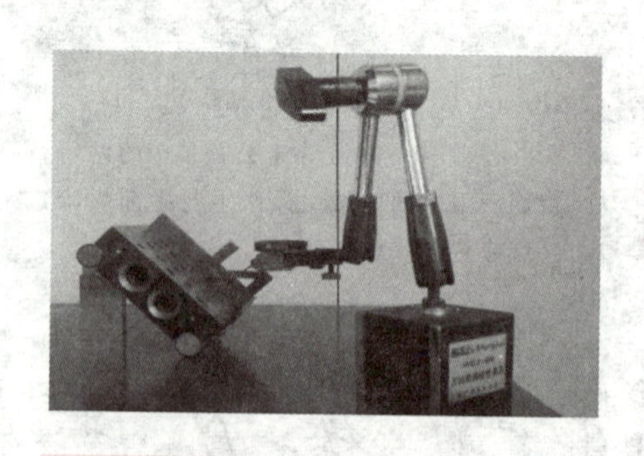
图 2-1-79 安装千分表

表 2-1-21　测量报告单

测量器具	正弦规、千分表					
被测件名称	钳工件					
被测零件图	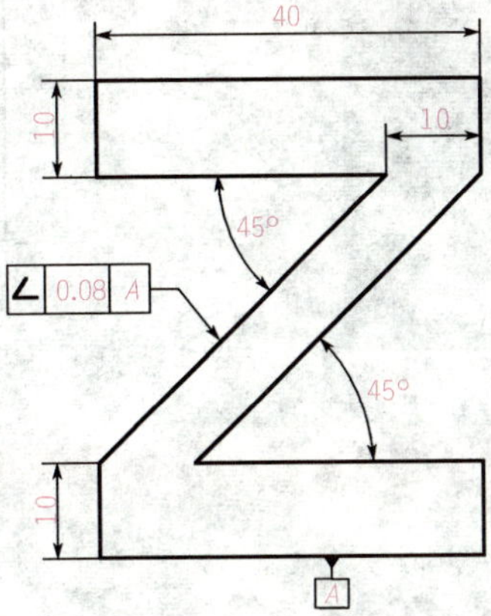					
测量数据	列 1	列 2	列 3	列 4	列 5	列 6
行 1						
行 2						
行 3						
行 4						
行 5						
行 6						
最大示值		最小示值		最大差值		
结论						
测量日期	201　年　月　日			测量者		

任务五　用百分表测量轴的偏心距

训练目标

知识目标	技能目标
• 熟悉偏心轴的作用、概念及种类。 • 了解偏心轴的工艺技术要求。 • 掌握偏心距的测量原理。	• 能根据直接测量原理测量偏心距。 • 能根据间接测量原理测量偏心距。

任务分析

图 2-1-80 所示为偏心轴零件及图样简图。零件图中尺寸 3±0.2 表示偏心轴零件两轴颈段

的偏心距尺寸，利用百分表和V形铁正确测量相关偏心距尺寸是本部分要完成的主要任务。

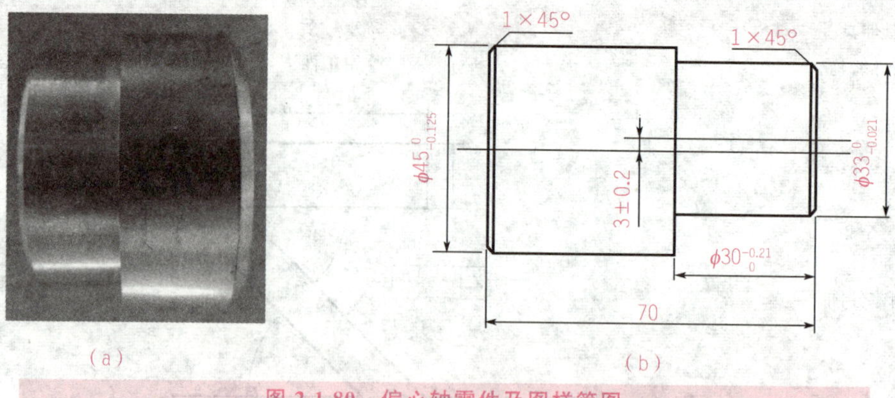

图 2-1-80 偏心轴零件及图样简图

知识学习

一、偏心零件的作用和种类

随着科学技术的不断发展，对偏心零件的需求越来越多，精度要求也越来越高，因此对该类偏心夹具的需求也相应增加，其应用前景广阔。外圆和外圆或内孔和外圆的轴线平行而不重合(彼此偏离一定距离)的零件，叫做偏心零件，如图 2-1-81 所示。偏心轴类零件是常见的典型零件之一。按轴类零件结构形式不同，一般可分为光轴偏心、阶梯轴偏心和异形偏心轴等；或分为实心偏心轴、空心偏心轴等。它们在机器中同样用来支承齿轮、带轮等传动零件，以传递转矩或运动。

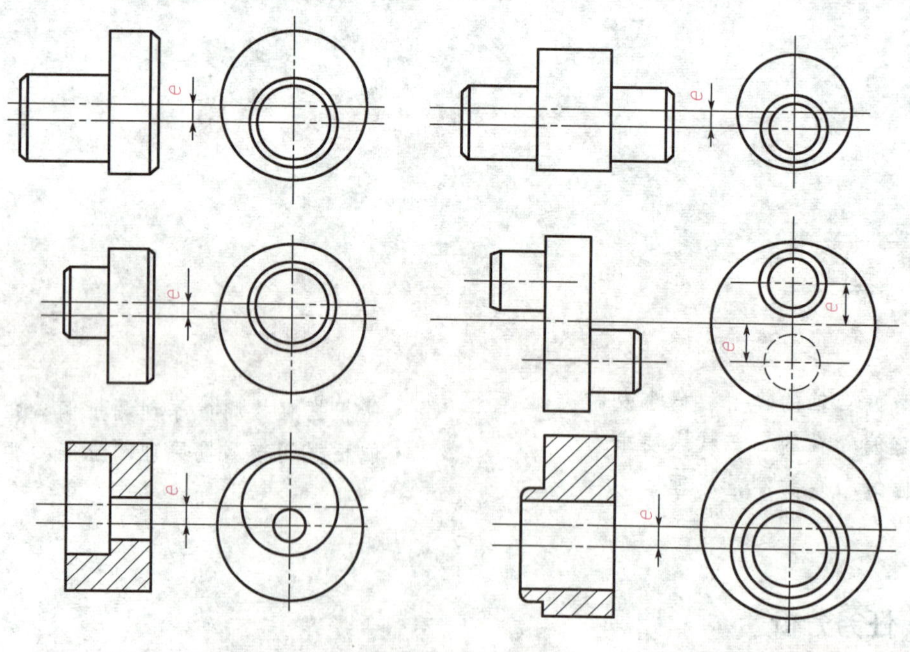

图 2-1-81 偏心零件简图

在机械传动中，把回转运动变为往复直线运动或把直线运动变为回转运动，一般都是用偏心轴或曲轴来完成的。

外圆与外圆偏心的工件称为偏心轴，内孔与外圆偏心的工件称为偏心套。两平行轴线之间的垂直距离为偏心距。

二、偏心零件的技术工艺要求

偏心轴、偏心套一般都在车床上加工，其加工原理基本相同，都是要采取适当的安装方法，将需要加工偏心圆部分的轴线校正到与车床主轴轴线重合的位置后，再进行车削。加工偏心零件时，除要求尺寸精度外，还应注意控制轴线间的平行度和偏心距的精度。

三、偏心距的测量方法

偏心距的检查方法通常有以下两种：

1. 偏心距的直接测量方法

对于两端有中心孔、偏心距较小、不易放在V形架上测量的偏心轴零件，可放在两顶尖间测量偏心距，如图 2-1-82 所示。检测时，使百分表的测量头接触在偏心部位，用手均匀、缓慢地转动偏心轴，百分表上指示出的最大值与最小值之差的一半就等于偏心距。偏心套的偏心距也可以用类似上述方法来测量，但必须将偏心套套在心轴上，再在两顶尖间检测。

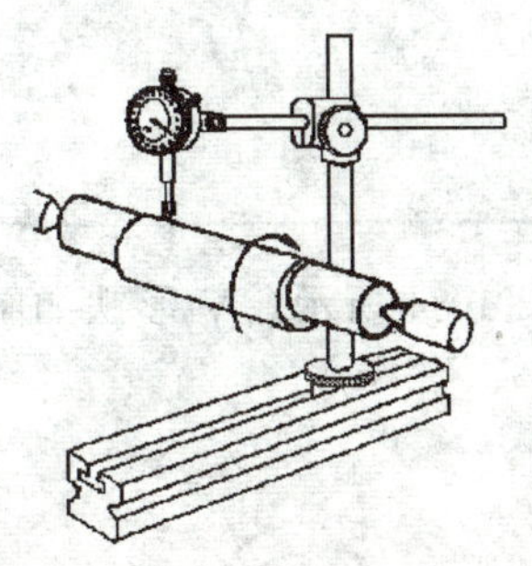

图 2-1-82　偏心距的直接测量方法

2. 偏心距的间接测量方法

(1)当工件无中心孔，或工件较短、偏心距 $e<5$ mm 时，可将工件外圆放置在V形架上，转动偏心工件，通过百分表读数最大值与最小值之间差值的一半确定偏心距。

(2)若工件的偏心距较大($e \geqslant 5$ mm)，因受百分表测量范围的限制，可采用如图 2-1-83 所示的间接测量偏心距的方法。测量时，把V形铁放在平板上，并把工件安放在V形铁中，转动偏心轴，用百分表测量出偏心轴的最高点，找出最高点后，把工件固定，再将百分表水平移动，测出偏心轴外圆到基准轴外圆之间的距离 a，则偏心距 e 的计算式为

$$e=D/2-d/2-a \tag{2-1-3}$$

式中：D 为基准轴直径(mm)；d 为偏心轴直径(mm)；a 为基准轴外圆到偏心轴外圆之间的最小距离(mm)。

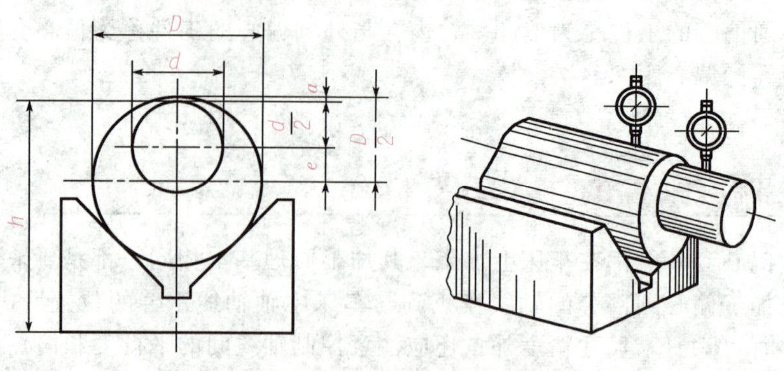

图 2-1-83 偏心距的间接测量方法

小提示

选择一组量块，使之组成的尺寸等于 a，并将此组量块放置在可调整量规平面上，再水平移动百分表，先测量基准外圆最高点，得一读数 A，继而测量量块上表面得另一读数 B，比较这两个读数，看其误差值是否在偏心距误差的范围内，以确定此偏心工件的偏心距是否满足要求。

任务实施

一、测量器具准备

测量训练器具：百分表如图 2-1-84 所示，V 形铁如图 2-1-85 所示。

图 2-1-84 百分表

图 2-1-85 V 形铁

二、测量训练内容、步骤和要求

测量零件如图 2-1-80 所示，要求应用千分尺、百分表和 V 形铁间接测量该零件的偏心距。具体测量步骤如下：

(1)擦净被测工件，置于 V 形铁架上。

(2)用百分表先找出偏心工件的偏心外圆最高点，将工件固定，水平移动百分表，测出偏心轴外圆与基准轴外圆之间的距离 a。

(3)根据公式计算偏心距 e。

(4)判断偏心距是否合格，填写测量报告单(表 2-1-22)。

表 2-1-22　测量报告单

被测件名称		偏心距公差	
量具名称		分度值	
测量数据			
D		d	
a			
计算 e			
偏心距误差			
合格性判定			
测量日期		测量者	

思考与练习

1. 游标卡尺有哪几种？各有什么用途？
2. 简述游标卡尺的结构。
3. 说明游标卡尺的刻度原理、读尺方法和读尺时的注意事项。
4. 画出用游标卡尺测量下列尺寸的示意图：3.60、15.34、22.68。
5. 游标卡尺的维护保养应注意哪些事项？
6. 读数，如图 2-1-86 所示。
7. 将游标卡尺放到下列尺寸：

0.06　　23.50　　56.22　　78.68　　100.44

8. 常用千分尺有哪几种类型？各有哪些用途？
9. 说明千分尺的读数原理、读数方法。
10. 千分尺测量尺寸公差等级是多少？
11. 画出用千分尺测量下列尺寸的示意图：45.90、7.48、32.60。

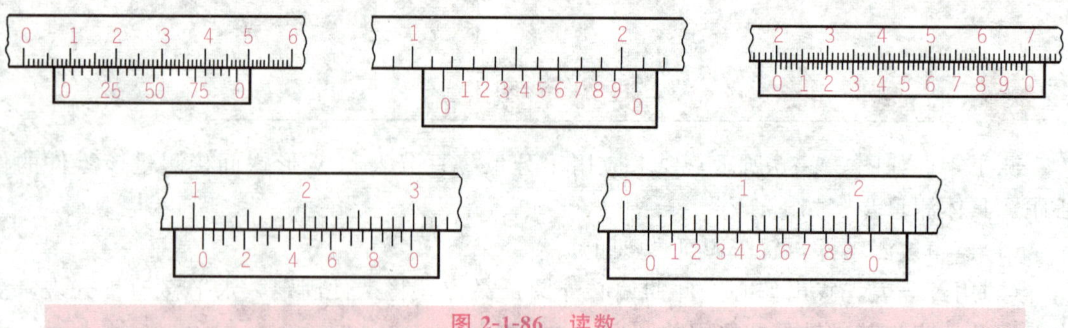

图 2-1-86 读数

12. 千分尺的维护保养应注意哪些事项?

13. 外径千分尺是通过什么传动将微分筒的旋转运动变成测砧的直线运动?

14. 外径千分尺的分度值为什么是 0.01mm?

15. 什么叫径向圆跳动、端面圆跳动和同轴度?采用哪些方法进行测量?

16. 什么是零件的几何要素?零件的几何要素是如何进行分类的?

17. 形位公差共有多少个项目?是如何分类的?各用什么符号表示?

18. 形位公差标注代号包括哪些内容?

19. 说明下列形位公差几何特征项目之间的区别:

(1)径向圆跳动与同轴度。

(2)径向全跳动与圆柱度。

20. 跳动公差是如何产生的?它与其他形位公差几何特征项目有何不同?

21. 方向公差带、位置公差带和跳动公差带各有什么特点?

22. 百分表分哪几种?各有什么用途?

23. 试述百分表的传动机构工作原理及使用方法。

24. 百分表如何读数?应注意什么问题?

25. Ⅰ型万能角度尺有几种测量范围?并简述刻线原理,说明万能角度尺的读数方法。

26. 请将万能角度尺放置在下列角度:

30° 46°12′ 71° 123°24′ 200°2′ 257°48′ 312°56′

27. 简述偏心零件的作用和种类。

28. 偏心距有哪些测量方法?各自适用范围是什么?

29. 说明如图 2-1-87 中各项形位公差的意义,要求包括被测要素、基准要素(如有)以及公差带的特征。

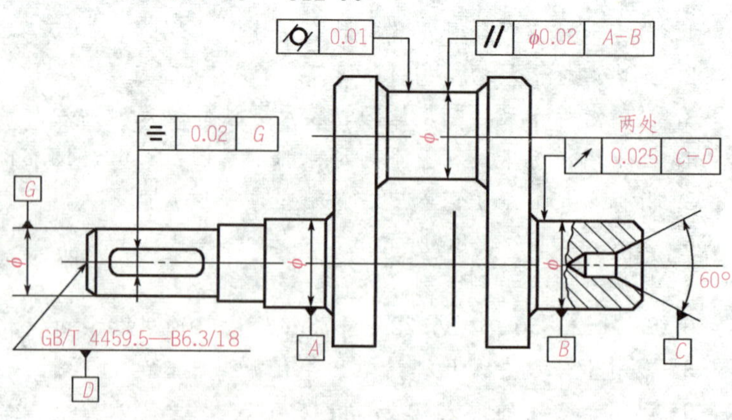

图 2-1-87 题 29 图

项目二

套类零件的测量

项目导读

本项目主要介绍套类零件的功用、结构特点和技术工艺要求，套类零件的测量项目、一般测量方法及测量器具的选用等相关内容。本项目根据套类零件的结构特点和技术要求，分别采用不同的量具、量仪，通过四个测量任务实施。

项目目标

本项目的训练目标如下：

知识目标

· 熟悉套类零件的测量技术要求和相关基础知识。

· 熟悉套类零件常用测量工具(如内径百分表、深度尺等)的结构及工作原理，了解其适用范围，掌握其使用方法与测量步骤。

· 了解套类零件常用计量仪器(如圆度仪、干涉显微镜等)的测量原理、适用范围及使用方法与测量步骤。

· 理解套类零件常用形位公差(如圆度、圆柱度等)的定义及测量方案的拟定。

· 了解套类零件的表面粗糙度的知识。

· 熟悉光滑极限量规的分类及特点，掌握量规使用方法。

技能目标

· 学会正确、规范地使用内径百分表和深度尺进行套类零件内尺寸的测量。

· 学会使用圆度仪测量圆度、圆柱度。

· 初步学会使用粗糙度样板比较法测量套的表面粗糙度。

· 能正确使用塞规进行孔径的定性测量。

· 掌握正确处理测量数据的方法及对零件合格性的评定。

项目知识

【知识链接1】　套类零件的基础知识

套类零件是各类机械中常见的零件，在机器上占有较大比例，通常起支撑、导向、连接及轴向定位等作用，如用于支承旋转轴的各种形式的滑动轴承、夹具上引导孔加工刀具的导向套、内燃机上的气缸套、液压系统中的液压缸以及一般用途的套筒等。套类零件参数的精确与否将直接影响机器中支承或导向作用。

1. 套类零件的结构特点

套类零件由于功用的不同，其结构和尺寸有着很大的差别，但结构上仍有共同特点：零件的主要表面为同轴度要求较高的内外圆表面；零件壁的厚度较薄易变形；零件长度一般大于直径等，如图 2-2-1 所示。

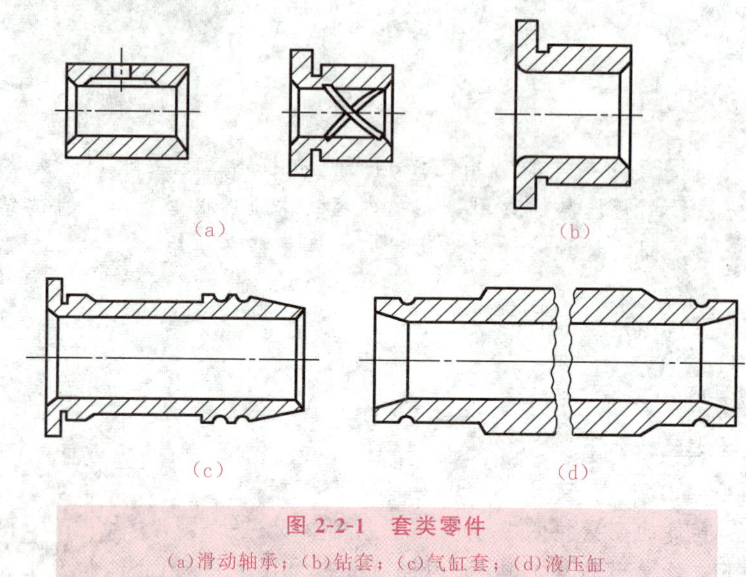

图 2-2-1　套类零件

(a)滑动轴承；(b)钻套；(c)气缸套；(d)液压缸

2. 套类零件的技术要求

(1)内孔。内孔是套类零件起支撑或导向作用的最主要表面，通常与运动的轴、刀具或活塞相配合。孔的直径尺寸公差一般为 IT7，精密轴套取 IT6。气缸和液压缸由于与其相配的活塞上有密封圈，要求较低，通常取 IT9。孔的形状公差应控制在孔直径公差内。精密轴套可控制在孔径公差的 1/2～1/3，甚至更严。对于长的套筒，除了圆度要求外，还应注意孔的圆柱度和直线度要求。为了保证零件功用和提高其耐磨性，孔的表面粗糙度值为 Ra 1.6～0.16 μm，有的要求达到 Ra 0.04 μm。

(2)外圆。外圆一般是套类零件的支撑表面，通常以过盈配合或过渡配合同箱体或机架上的孔相连接。尺寸公差等级通常取 IT6～IT7 级，形状精度控制在外径公差以内，表面粗糙度值为 Ra 3.2～0.4 μm。

(3)位置精度。套类零件的位置精度要求较高。若套类零件的最终加工是在装配前完成的，则外圆、内孔之间的同轴度要求较高，一般为 0.01～0.05 mm。若孔的最终加工是在将套装入机座后进行，因内孔还要加工，内、外圆间的同轴度较低。若套筒的端面包括台阶在使用中承受轴向载荷或在加工中作为定位基准时，其内孔轴线与端面的垂直度一般为 0.01～0.05 mm。

【知识链接 2】　套类零件的测量项目及测量器具的选用

1. 套类零件的测量项目

(1)孔径的测量。

(2)深度的测量。

(3)形位误差(圆度、圆柱度)的测量。

(4)表面粗糙度的测量。

2. 套类零件的测量方法及器具的选用

(1)用通用量具进行测量。通用量具可选用游标卡尺、深度游标卡尺、内径千分尺、内径百分表、内径千分表等。

(2)用测量仪器精密测量。量仪可选用万能工具显微镜、卧式万能测长仪、表面粗糙度检查仪、干涉显微镜等。

项目任务

任务一　用内径百分表测量轴套的孔径

训练目标

知识目标	技能目标
· 了解内径百分表的基本结构。 · 了解内径百分表的工作原理和作用。 · 掌握内径百分表的使用方法及读数。	· 学会正确、规范地使用内径百分表测量套类零件孔径尺寸。 · 学会内径百分表的读数，并判定被测零件合格性。

任务分析

图 2-2-2 所示为轴套零件实物示意图。在图 2-2-3 所示的轴套零件图样简图中，$\phi12\pm0.03$、$\phi20\pm0.03$、$\phi31\pm0.03$ 和 $\phi45\pm0.03$ 等是轴套零件的相关内径尺寸；选用内径百分表及其合适的测头，正确规范地测量轴套件相关内径尺寸，并判定短轴零件是否合格，是本部分要完成的主要任务。

图 2-2-2 轴套零件

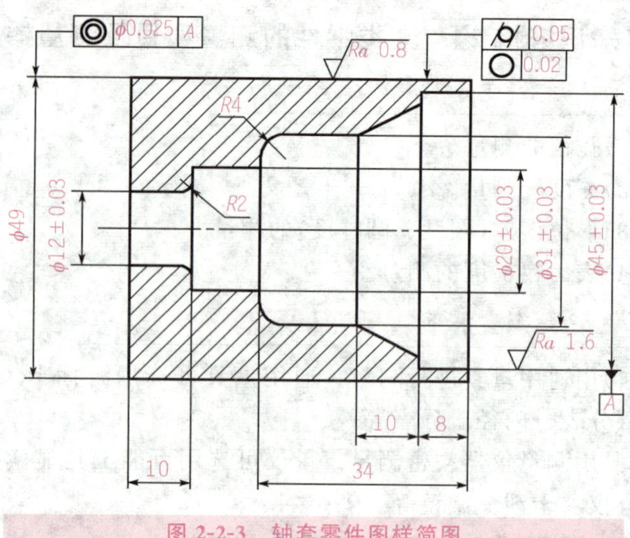

图 2-2-3 轴套零件图样简图

知识学习

内孔是套类零件起支承或导向作用最主要表面，通常与运动轴、刀具或活塞相配合。因此在长度测量中，圆柱形孔径检测占很大的比例。

一、孔径的测量方法

在生产中，对于孔径的测量可采用不同的方法，具体根据生产的批量大小、直径精度高低和直径尺寸的大小等因素来选择。成批生产的孔，一般用光滑极限量规检测；中、低精度的孔，通常采用游标卡尺、内径千分尺、杠杆千分尺等进行绝对测量，或用百分表、千分表、内径百分表等进行相对测量；高精度的孔，则用机械比较仪、气动量仪、万能测长仪或电感测微仪等仪器进行测量。测量孔径的分类方法见表 2-2-1。

表 2-2-1 孔径测量方法分类

序号	方　法	所需测量器具	说　明
1	通用量具法	游标卡尺、深度游标卡尺、内径千分尺	准确度中等，操作简便
2	机械式测微法	内径百分表、内径千分表、扭簧比较仪、量块组	其中扭簧比较仪较准确
3	量块比较光波干涉测微	孔径测量仪	准确度较高
4	用量块比较 1	各种电感或电容测微仪、内孔比长仪、量块组	准确度较高，易于与计算机连接
5	用量块比较 2	气动量仪	准确度较高，效率高
6	用电眼或内测钩	各种立式测长仪、万能测长仪、量块组	准确度较高
7	影像法、用光学测孔器	大型和万能工具显微镜	准确度一般
8	量块比较准直法测微	自准式测孔仪	准确度较高

测量孔径最常用的方法是用内径百分表，下面给予介绍。

二、内径百分表

1. 内径百分表的结构

内径百分表由百分表和装有杠杆系统的测量装置组合而成，用于测量或检验孔的直径和孔的形状误差，特别适用于测量深孔直径。

内径百分表的结构，如图 2-2-4 所示。百分表的测量杆与传动杆在弹簧力的作用下始终接触，弹簧是用来控制测量力的，并经过传动杆和杠杆向外顶住活动测头。测量时，随着活动测头的移动，使杠杆回转，通过传动杆推动百分表的测量杆，从而使百分表的指针产生回转。由于杠杆是等臂杠杆，当活动测头移动 1 mm 时，传动杆也移动 1 mm，推动百分表指针回转一圈。所以，活动测头的移动量，可以在百分表上读出来。

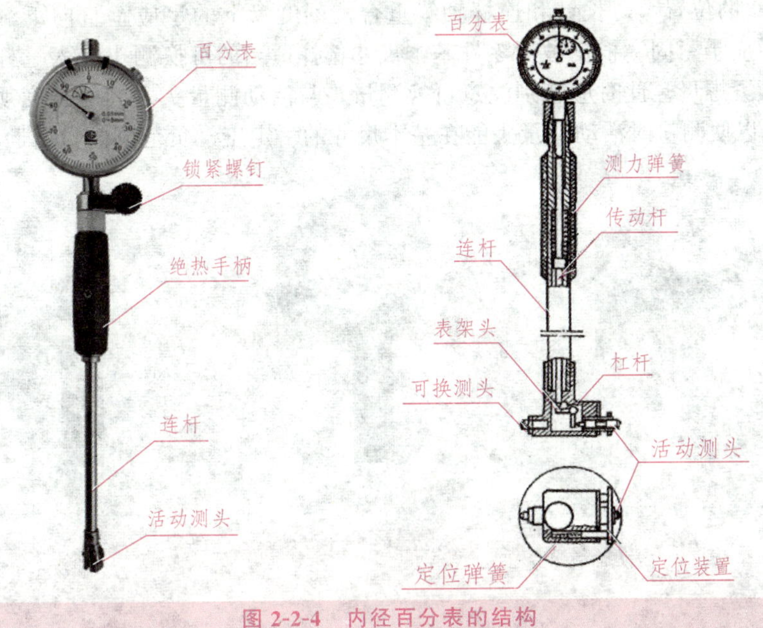

图 2-2-4　内径百分表的结构

两触点量具在测量内径时，不容易找正孔的直径方向，定位装置和定位弹簧就起了一个帮助找正直径位置的作用，使内径百分表的两个测量头正好在内孔直径的两端。活动测头的测量压力由传动杆上的测力弹簧控制，保证测量压力一致。

2. 刻线原理及读数方法

内径表是利用活动测头移动的距离与百分表的示值相等的原理来读数的。活动测头的移动量通过百分表内部的齿轮传动机构转变为指针的偏转量显示在表盘上。当活动测头移动 1 mm 时，百分表指针回转一圈。表盘上共刻有 100 格，每一格即为 0.01 mm。因此，百分表的分度值为 0.01 mm。读数时先读短指针与起始位置之间的整数，再读长指针在表盘上所指的小数部分值，两个数值相加就是被测尺寸。

3. 测量范围

内径百分表活动测头的移动量很小，小尺寸的只有 0～1 mm，大尺寸的可有 0～

3 mm，它的测量范围是通过更换或调整可换测头的长度来实现。国产内径百分表的测量精度为 0.01mm，其测量范围有 6～10 mm、10～18 mm、18～35 mm、35～50 mm、50～100 mm、100～160 mm、160～250 mm、250～450 mm 等，各种规格的内径指示表均附有成套的可换测头，每只内径百分表都配有一套可换测头。

三、内径百分表的使用方法

1. 内径百分表的组合和校对零位

内径百分表用来测量圆柱孔，它附有成套的可调测量头，使用前必须先进行组合和校对零位。

(1)预调整。组合时，如图 2-2-5 所示，将百分表装入量杆内，预压缩 1 mm 左右，使小指针指在 0～1 的位置上，长针和连杆轴线重合，刻度盘上的字应垂直向下，以便于测量时观察，装好后应予紧固。根据被测零件基本尺寸选择适当的可换测头装入量杆的头部，用专用扳手扳紧锁紧螺母。此时应特别注意可换测量头与活动测量头之间的长度须大于被测尺寸 0.8～1 mm，以便测量时活动测量头能在基本尺寸的一定正、负范围内自由运动。

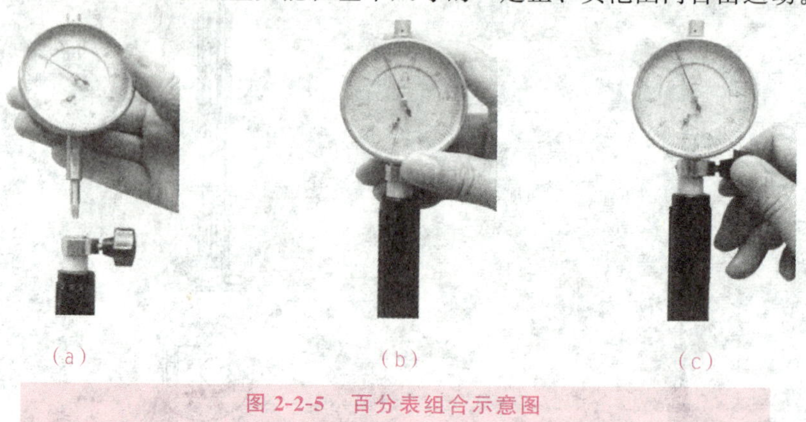

(a)　　(b)　　(c)

图 2-2-5　百分表组合示意图

(a)插装；(b)预压；(c)锁紧

(2)校对零位。因内径百分表是相对法测量的器具，所以示值误差比较大，如测量范围为 35～50 mm 的，示值误差为±0.015 mm。为此，使用时应当经常的在专用环规或千分尺上校对尺寸(习惯上称校对零位)，必要时可在块规附件装夹好的块规组上校对零位，并增加测量次数，以便提高测量精度。校对零位的常用方法有以下三种。

①用量块和量块附件校对零位。按被测零件的基本尺寸组合量块，并装夹在量块的附件中，将内径百分表的两测头放在量块附件两量脚之间，摆动量杆使百分表读数最小，然后转动百分表的滚花环，将刻度盘的零刻线转到与百分表的长指针对齐。

这样的“零”位校对方法能保证校对零位的准确度及内径百分表的测量精度，但其操作比较麻烦，且对量块的使用环境要求较高。

②用标准环规校对“零”位。按被测件的基本尺寸选择名义尺寸相同的标准环规，按标准环规的实际尺寸校对内径百分表的“零”位，如图 2-2-6 所示。

此方法操作简便，并能保证校对“零”位的准确度。因校对“零”位需制造专用的标准环规，固此方法只适合检测生产批量较大的零件。

③用外径千分尺校对“零”位。按被测零件的基本尺寸选择适当测量范围的外径千分尺，将外径千分尺对在被测基本尺寸外(例如，测量工件内孔尺寸为 $\phi26^{+0.03}_{0}$ 的孔径，千分尺尺寸调为 26 mm 的基本尺寸)，此时，将内径百分表的两测头放在外径千分尺两测量面之间，校对“零”位，如图 2-2-7 所示。

图 2-2-6　用标准环规校对零位

图 2-2-7　用外径千分尺校对零位

2. 测量

由于用内径百分表测量孔径是一种相对测量法，因而，测量前应根据被测孔径的大小，用千分尺或其他专业的量具将其调整对零后才能使用。调整内径百分表的尺寸时，选用可换测头的长度及其伸出的距离(大尺寸内径百分表的可换测头，是用螺纹旋上去的，故可调整伸出的距离，小尺寸的不能调整)，应使被测尺寸在活动测头总移动量的中间位置。

测量时，手握内径百分表的隔热手柄，先将内径百分表的活动量头和定心护桥轻轻压入被测孔径中，然后再将固定测头放入。当测头达到指定的测量部位时，将表微微在轴向截面内摆动，如图 2-2-8 所示，读出指示表最小读数，即为该测量点孔径的实际偏差。如图 2-2-9 所示，被测孔径的测量值为 26.02 mm。

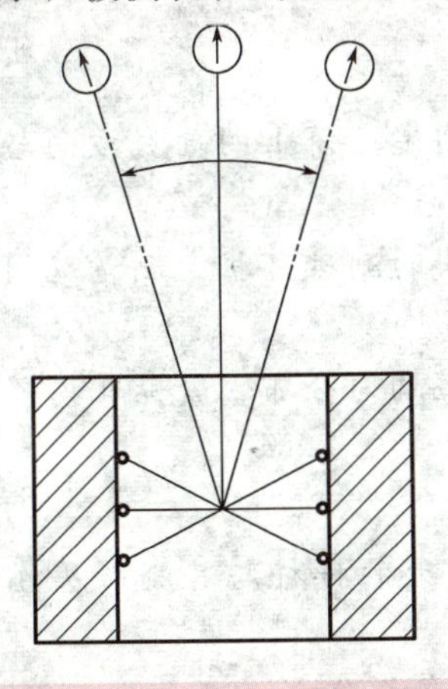

图 2-2-8　测量示意图

图 2-2-9　测量工件演示图

测量后将内径百分表擦拭干净，存放在专用盒内。

注意：

(1)测量读数时要特别注意该实际偏差的正、负符号：当表针按顺时针方向未达到零点的读数是正值，当表针按顺时针方向超过零点的读数是测量负值。

(2)已调好尺寸的内径量表在使用过程中，要轻拿轻放，并经常校对零位，防止尺寸变动。

(3)测量时，不能用力过大或过快地按压活动测头，不能使表头受到振动，也不能使手或其他物体触及表圈，以防标准尺寸发生变动，而使测量结果严重失真。

(4)装卸表头时，要松开夹头的紧固螺钉或螺母，不能硬性插入或拔出表头，以免损坏内径量表。

拓展知识

内径千分尺的基础知识

1. 内径千分尺的原理及分类

内径千分尺是利用螺旋副原理对主体两端球形测量面间分隔的距离，进行读数的通用内尺寸测量工具。主要用于内尺寸精密测量，分为内测千分尺、接杆式内径千分尺、三爪式内径千分尺，如图 2-2-10 所示。

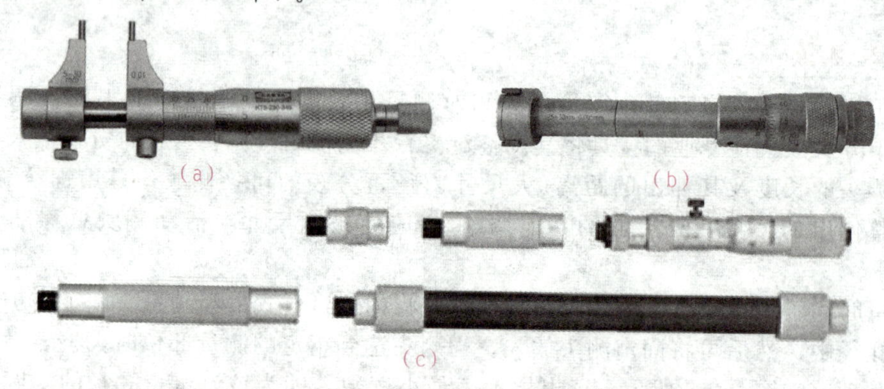

图 2-2-10　各类内径千分尺

(a)内测千分尺；(b)三爪式内径千分尺；(c)接杆式内径千分尺

内测千分尺主要用于内径和槽宽相等的尺寸，其固定套筒上的刻线方向与外径千分尺相反，但读数方法相同。

接杆式内径千分尺，通过连接延长杆和带有微分头的测砧可扩大测量范围。一般可以测量孔径为 50～63 mm 的内孔或内尺寸。

三爪式内径千分尺测量头有 3 个测砧，以 120°间隔均匀分布，紧贴孔内壁以确定内孔轴线的确切位置，实现精确的内径测量。

2. 内测千分尺的测量方法

(1)内测千分尺在测量及其使用时，必须用尺寸最大的接杆与其测微头连接，依次顺接到测量触头，以减少连接后的轴线弯曲。

(2)测量时应看测微头固定和松开时的变化量。

(3)在日常生产中，用内径尺测量孔时，将其测量触头测量面支撑在被测表面上，调整微分筒，使微分筒一侧的测量面在孔的径向截面内摆动，找出最小尺寸，如图 2-2-11 所示。然后拧紧固定螺钉取出并读数，也有不拧紧螺钉直接读数的。这样就存在着姿态测量问题。姿态测量：测量时与使用时的一致性。例如：测量 75～600/0.01 mm 的内径尺寸时，接长杆与测微头连接后尺寸大于 125 mm 时，其拧紧与不拧紧固定螺钉时读数值相差 0.008 mm，即为姿态测量误差。

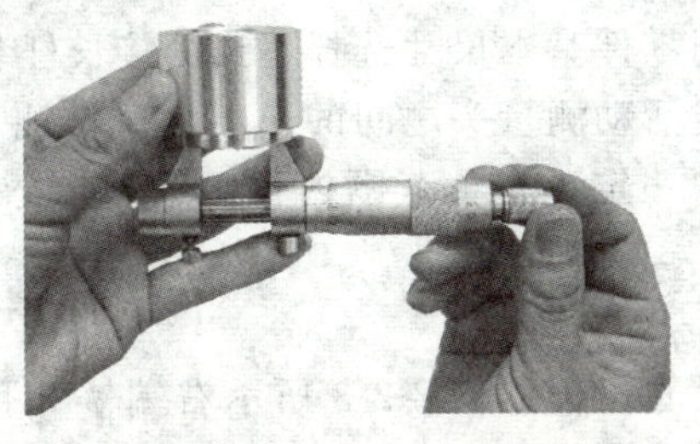

图 2-2-11　内测千分尺的使用

(4)内测千分尺测量时支承位置要正确。接长后的大尺寸内径尺重力变形，涉及直线度、平行度、垂直度等形位误差。其刚度的大小，具体可反映在“自然挠度”上。理论和实验结果表明，由工件截面形状所决定的刚度对支承后的重力变形影响很大。如不同截面形状的内径尺其长度 L 虽相同，当支承在(2/9)L 处时，都能使内径尺的实测值误差符合要求。但支承点稍有不同，其直线度变化值就较大。

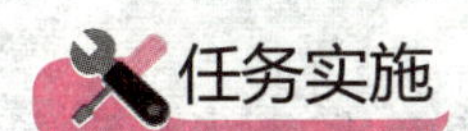

任务实施

一、测量器具准备

测量训练器具准备：内径百分表，如图 2-2-12 所示；外径千分尺；千分尺夹具；全棉布数块；油石；汽油或无水酒精；防锈油。

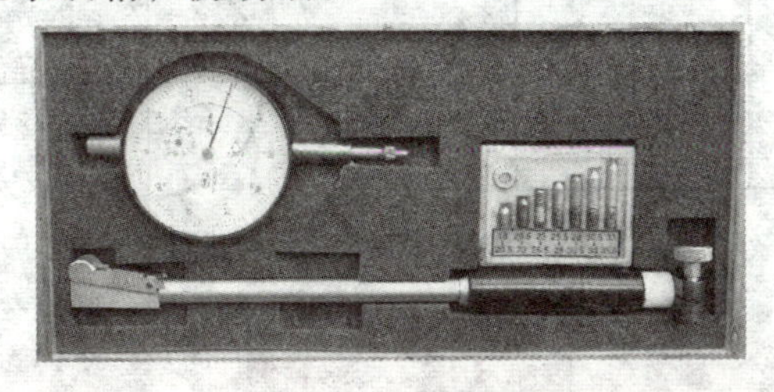

图 2-2-12　内径百分表

二、测量训练内容、步骤和要求

1. 测量要求

快速准确找到测量位置并正确读数，其测量误差不得超过±0.03 mm。

2. 测量尺寸

测量如图 2-2-3 所示的轴套类零件的孔径。

3. 测量步骤

(1)预调整。安装百分表：将百分表装入量杆内，预压缩 1 mm 左右(百分表的指针旋转一圈)后锁紧。

安装接长杆：根据被测零件基本尺寸选择适当的接长杆装入量杆的杆座上，调整接长杆的位置，使接长测量头与活动测量头之间的长度大于被测尺寸 0.5～1 mm(以便测量时活动测量头能在基本尺寸的一定正、负范围内自由运动)，然后用专用扳手压紧接长杆的锁紧螺母。

(2)调节校对“零”位。

①按被测孔径的基本尺寸，例如图 2-2-3 所示右端 $\phi45$ 孔径，选择适当测量范围的外径千分尺，将外径千分尺尺寸调整至 45 mm，检查微分筒零线，使其与固定套筒的基准线对齐。

②将内径百分表的两测头放入外径千分尺两量爪(侧砧)之间，与两量爪(侧砧)接触。为了使内径百分表的两测头的轴线与两量爪(侧砧)平面相垂直，需拿住表杆中部微微摆动内径百分表，找出表针的转折点，并转动表盘使“0”刻线对准转折点，此时零位已调好。

(3)测量孔径。手握内径百分表的隔热手柄，先将内径百分表的活动量头和定心护桥轻轻压入被测孔径中，然后再将固定量头放入。当测头达到指定的测量部位时，将表微微在轴向截面内摆动(图 2-2-8)，读出指示表最小读数，即为该测量点孔径的实际偏差(该数值为内径局部实际尺寸与其基本尺寸的偏差)。

按图 2-2-13 所示，在孔轴向的上、中、下三个截面及每个截面相互垂直的 A—A 和 B—B 两个方向上，共测六个点，将测量数据记入测量报告单内。

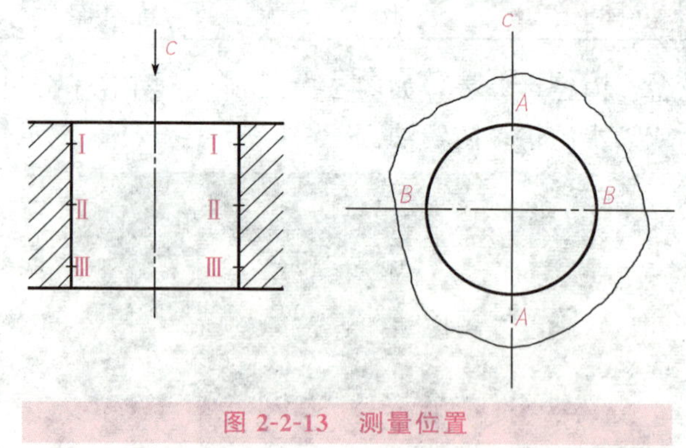

图 2-2-13 测量位置

4. 零件合格性的评定

考虑到测量误差的存在，为保证不误收废品，应先根据被测孔径的公差大小，查表得到相应的安全裕度 A，然后确定其验收极限，若全部实际尺寸都在验收极限范围内，则可判此孔径合格，即

$$\mathrm{ES}-A \geqslant \mathrm{Ea} \geqslant \mathrm{EI}+A \tag{2-2-1}$$

式中：ES 为零件的上偏差；EI 为零件的下偏差；Ea 为局部实际尺寸；A 为安全裕度。

5. 填写测量报告单

按要求将被测件的相关信息、测量结果及测量条件填入测量报告单中(表 2-2-2)。

表 2-2-2　测量报告单

测量器具	内径百分表：测量范围＿＿＿＿＿mm　分度值＿＿＿＿＿mm							
被测件名称								
被测零件简图	◎ ϕ0.025 A；Ra 0.8；⌭ 0.05；○ 0.02；R4；R2；ϕ49；$\phi12\pm0.03$；$\phi20\pm0.03$；$\phi31\pm0.03$；$\phi45\pm0.03$；Ra 1.6；A；10；8；10；34							
测　量　数　据　处　理								
测量部位	次数	截面Ⅰ		截面Ⅱ		截面Ⅲ		测量结论
		A—A	B—B	A—A	B—B	A—A	B—B	合格性判断
ϕ12 段	1							
	2							
	3							
ϕ20 段	1							
	2							
	3							
ϕ45 段	1							
	2							
	3							
ϕ31 段								
测量日期	201　年　月　日				测量者			

三、测量训练评价

学生应能够按照训练步骤和测量训练评估表 2-2-3 中的评估要求，进行独立计划和实训。评估不合格者，学生提交申请，允许重新评估。

表 2-2-3　测量训练评估表

学生姓名		班级		学　号			
测量项目		课程		专　业			
评价方面	测量评价内容		权重	自评	组评	师评	得分
基础知识	套类零件表面技术要求、尺寸公差知识		20				
	内径百分表的结构特点和主要度量指标						
	内径百分表的刻线原理和读数方法						
操作训练	第一阶段：调节仪器	①选用合适量程的百分表测量	10				
		②调节内径百分表零位					
	第二阶段：测量并记录数据	①准确测量，并按百分表的最小示值读数	20				
		②准确判断指针偏转方向及偏差值(顺时针(—)；逆时针(+))					
		③准确记录被测段不同部位的实际尺寸					
	第三阶段：测量数据分析、处理	①根据实验数据计算实际尺寸的平均值和变化量	30				
		②根据实验数据计算被测深度尺寸实际偏差					
		③评定此零件尺寸的合格性，字迹清晰，完成实验报告					
学习态度	①出勤		20				
	②纪律						
	③团队协作精神						
	④爱护实训设施						
规章制度	遵守操作规范，正确使用工具，保持实训场地清洁卫生，安全操作，无事故		不符合要求，每次扣 5 分				
测量技能训练评估记录： 指导教师签字：　　　　日期：							
技能训练评估等级：优秀(85 分以上)；良好(75～85 分)；合格(60～75 分)；不合格(60 分以下)							

拓展训练 使用塞规等专用量具检测孔径

学习目标

知识目标

- 熟悉光滑极限量规的分类及特点。
- 掌握极限量规使用方法。

技能目标

- 能根据零件要求选用测量工具。
- 能正确使用塞规进行孔径的定性测量。

任务分析

图 2-2-14 所示为钳工件及其图样简图。零件图中符号表示钳工件斜面的倾斜度要求，利用千分表和正弦规正确测量相关倾斜度是本部分要完成的主要任务。

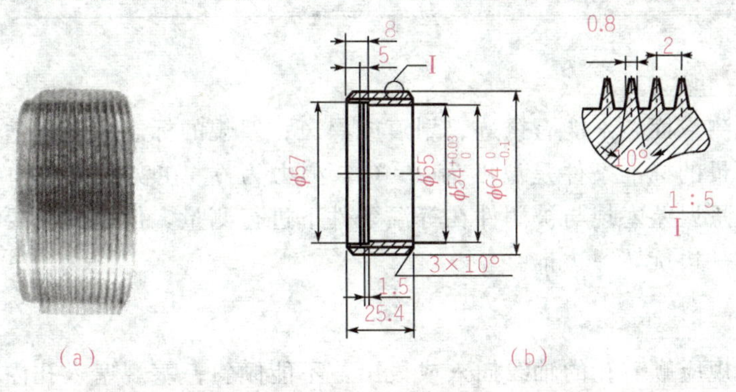

图 2-2-14　分梳辊第三道加工后的零件及分梳辊零件图样

知识学习

一、光滑极限量规的基础知识

零件尺寸的测量器具一般可分为两大类：一类是前面所学过的通用测量器具，如游标卡尺、千分尺、指示表等，它们是有刻线的量具，能测出零件尺寸的大小；另一类是光滑极限量规，它们是没有刻度的专用定值检验量具，不能测出零件实际尺寸，只能确定被测零件尺寸是否在规定的极限尺寸范围内，从而判断零件是否合格。这种检验零件是否合格的量具称为光滑极限量规，简称量规。在大批量生产时，用量规检测，简单方便、效率高、省时可靠，所以应用广泛。

光滑极限量规是一种无刻线长度的测量器具，是极限量规的一种，分为孔用量规和轴用量规两种，如图 2-2-15 所示。其结构简单，通常是一些具有准确尺寸和形状的实体。孔用量规又称为塞规；轴用量规分为环规和卡规。

(a)　　(b)

图 2-2-15　光滑极限量规

(a)孔用量规；(b)轴用量规

塞规和卡规都有通规、止规，且它们成对使用：一端为通规，代号为“T”；一端为止规，代号为“Z”，可检验被检尺寸不超过最大极限尺寸，以及不小于最小极限尺寸，从而判别工件是否合格。

二、塞规的使用方法

1. 使用前

先检查塞规测量面，不能有锈迹、划痕或黑斑；塞规的标志应正确清楚。检查工件是否清洁。塞规测量的标准条件是温度为 20 ℃，测力为 0。在实践使用中很难达到这一条件。为了减少测量误差塞规与被测件在等温条件下进行测量，使用的力要小，不允许把塞规用力往里推或一边旋转一边推。

2. 测量时

测量时，塞规应顺着孔的轴线插入或拔出，不能倾斜；塞规塞入孔内，不可转动或摇晃塞规。通端应该在沿周围均匀分布的 2～3 个轴向截面内塞入孔中，且对孔的整个长度进行检验，止端应该从被检孔的两头进行检验。

如果被测孔能被塞规的通端轻轻通过，表示孔的直径比最小极限尺寸大；反之，如果被测孔不能使塞规的止端通过，表明孔的直径比最大极限尺寸小。说明被检孔的直径在所规定的极限尺寸范围内，合格，如图 2-2-16 所示。

如果通端塞不进孔内，止端塞不进去，即表明被检孔的直径做得太小，比允许的最小极限尺寸还要小，不合格。

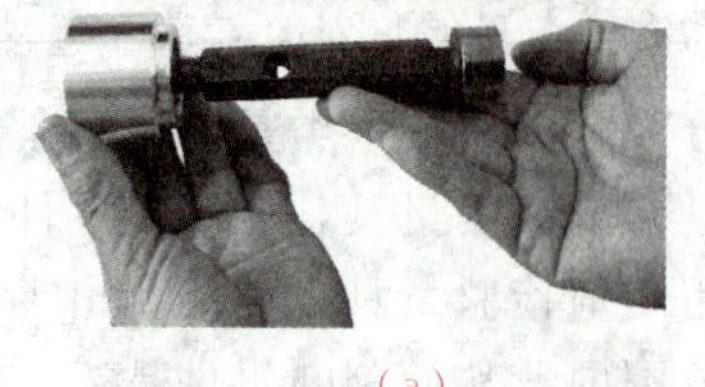

(a)

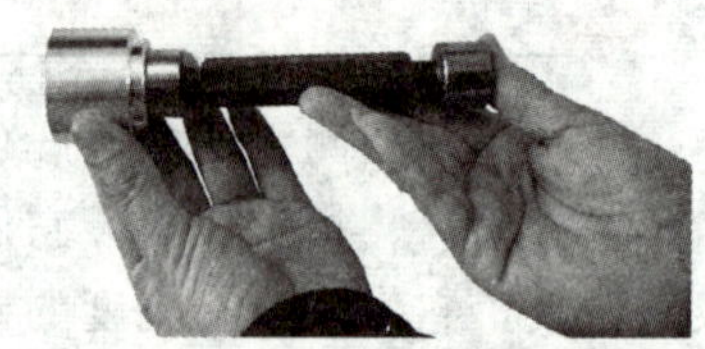

(b)

图 2-2-16　通规止规测量

(a)通规检测；(b)止规检测

如果塞规的通端和止端都可塞入被检孔内，即说明孔的实际尺寸比允许的最大极限尺寸还要大，超差了，不合格。

注意：

(1)不要弄反通端和止端。

(2)塞规的通端不能在孔内转动。

3. 测量后

将量规擦拭干净，并涂上防锈油，存放于专用盒内。

任务实施

一、测量器具准备

测量训练器具：塞规如图 2-2-17 所示。

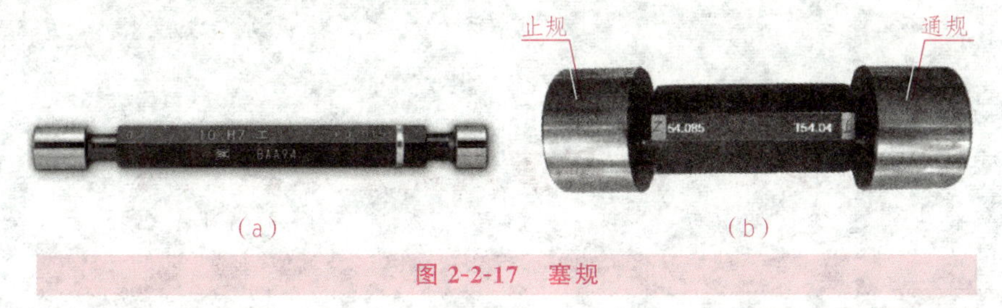

图 2-2-17　塞规

二、测量内容和步骤

(1)准备被测零件若干。

(2)判断零件的合格性。用量规检验零件时，只要通规通过，止规不通过，则说明被测件是合格的，否则工件就不合格。

(3)用光滑极限量规检测待测件是否合格。填写测量报告单(表 2-2-4)。

表 2-2-4　测量报告单

测量器具	塞　　规
被测件名称	
被测零件简图	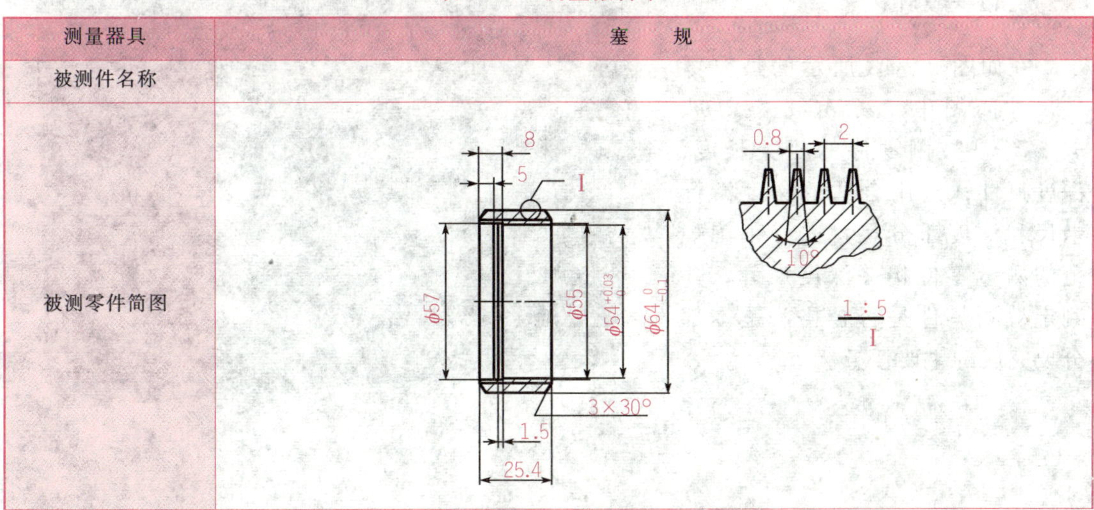

续表

测量部位 $\phi54^{+0.03}_{0}$	通端检测情况	止端检测情况	合格性判断
件1			
件2			
件3			
件4			
件5			

三、测量训练评价

略。

任务二 用深度尺测量深度尺寸

训练目标

知识目标	技能目标
• 了解深度尺的基本结构、原理和作用。 • 掌握深度尺的正确使用方法与测量步骤。	• 学会正确、规范地使用深度尺进行深度尺寸的测量，并判定被测件是否合格。

任务分析

在如图 2-2-18 所示的被测零件尺寸简图中，a、b、c、l、m、n、o 等是被测零件的相关长度、深度尺寸；选用合适的深度游标卡尺和深度千分尺，进行正确规范的测量零件相关深度尺寸，并判定被测零件是否合格，是本部分要完成的主要任务。

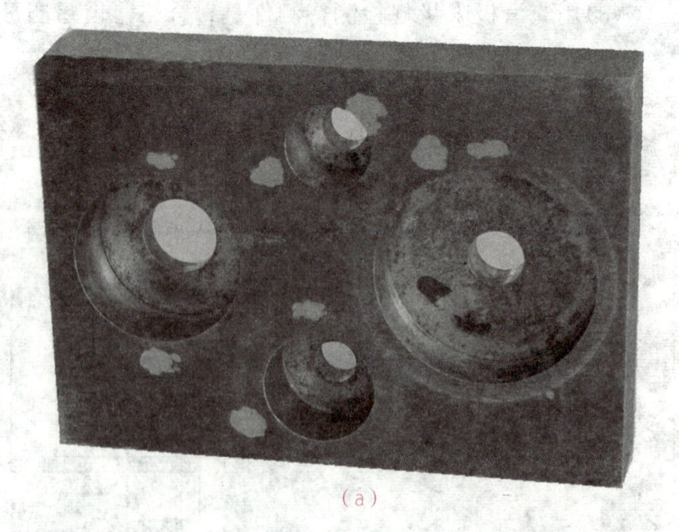

(a)

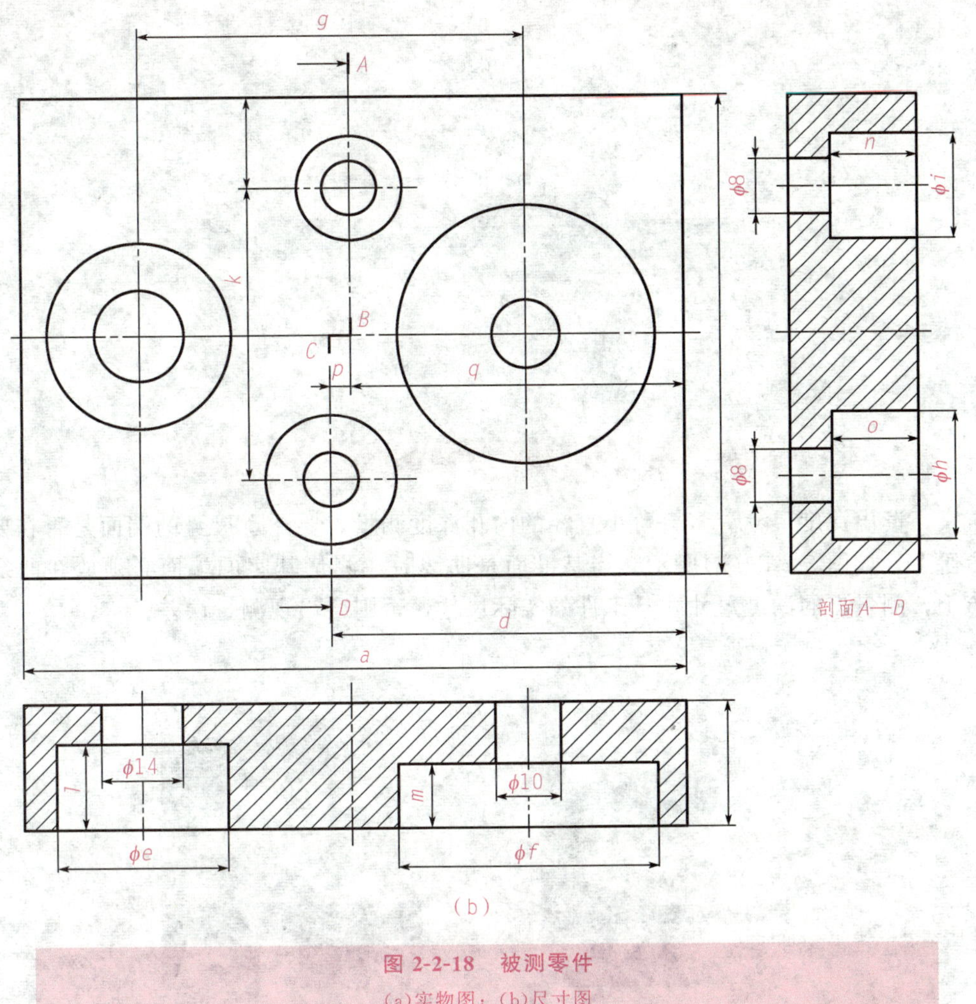

图 2-2-18　被测零件

(a)实物图；(b)尺寸图

知识学习

用以测量内孔深度、槽深和台阶高度的量具通常有深度游标卡尺和深度千分尺等。

一、深度游标卡尺

深度游标卡尺如图 2-2-19 所示，用于测量零件的深度尺寸或台阶高低和槽的深度。它的结构特点是尺框的两个量爪连在一起成为一个带游标测量基座，基座的端面和尺身的端面就是它的两个测量面。如测量内孔深度时应把基座的端面紧靠在被测孔的端面上，使尺身与被测孔的中心线平行，伸入尺身，则尺身端面至基座端面之间的距离，就是被测零件的深度尺寸。它的读数方法和游标卡尺完全一样。

测量轴类等台阶时，测量基座的端面一定要压紧在基准面，如图 2-2-20(a)所示，再移动尺身，直到尺身的端面接触到工件的量面(台阶面)上，然后用紧固螺钉固定尺框，提

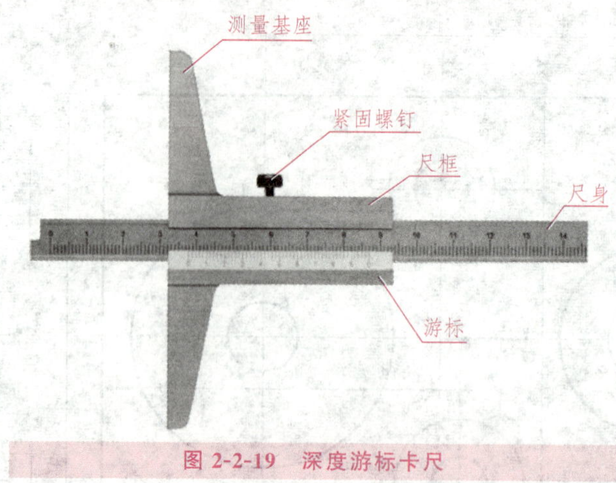

图 2-2-19 深度游标卡尺

起卡尺，读出深度尺寸。多台阶小直径的内孔深度测量，要注意尺身的端面是否在要测量的台阶上，如图 2-2-20(b)所示。当基准面是曲线时，测量基座的端面必须放在曲线的最高点上，测量出的深度尺寸才是工件的实际尺寸，否则会出现测量误差。

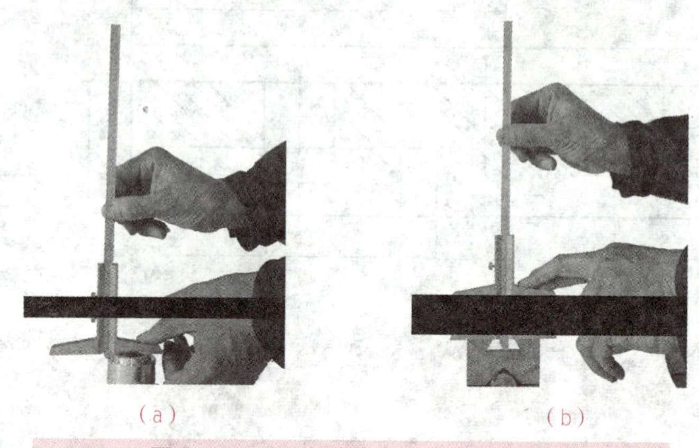
(a)　(b)

图 2-2-20 深度游标卡尺的使用方法

注意：

(1)测量时应擦净深度尺的基面和被测件的几个相对测量面。

(2)测量时不准用力摇晃深度尺的主尺，主尺测杆不能歪斜，否则影响测量结果。

(3)不能用深度尺检验粗糙表面。

二、深度千分尺

深度千分尺用以测量孔深、槽深和台阶高度等。它的结构如图 2-2-21 所示，除用基座代替尺架和测砧外，与外径千分尺没有什么区别。

深度千分尺的读数范围(mm)：0～25，25～100，100～150；读数值(mm)为 0.01。它的测量杆制成可更换的形式，更换后，用锁紧装置锁紧。

深度千分尺校对零位可在精密平面上进行。当基座端面与测量杆端面位于同一平面时，微分筒的零线正好对准。当更换测量杆时，一般零位不会改变。

深度千分尺测量孔深时，如图 2-2-22 所示，应把基座的测量面紧贴在被测孔的端面上。零件的这一端面应与孔的中心线垂直，且应当光洁平整，使深度百分尺的测量杆与被测孔的中心线平行，保证测量精度。此时，测量杆端面到基座端面的距离，就是孔的深度。

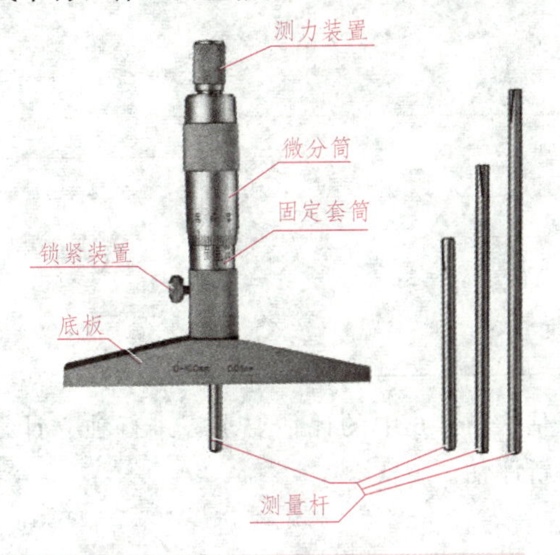

图 2-2-21　深度千分尺

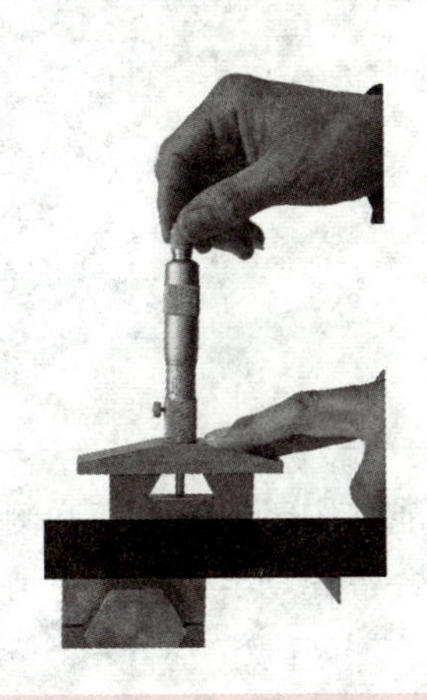

图 2-2-22　深度千分尺的使用

注意：

(1)使用时要擦净深度千分尺的基面，同时要对零位。

(2)不允许用深度千分尺以毛坯或粗糙表面作为被测件基面来测量深度。

(3)在测量深度时，不要将尺身的基面在被测量工件表面上来回移动，以免损坏深度千分尺的基面，影响测量精度。

(4)在进行深度测量时，应用千分尺测力装置(即拧动棘轮)，不要拧紧微分筒，以免因测量力过大而引起深度千分尺的测杆顶起基面，影响测量精度。

任务实施

一、测量器具准备

测量训练器具准备：深度游标卡尺，如图 2-2-19 所示；深度千分尺，如图 2-2-21 所示；测量平板；全棉布数块；油石；汽油或无水酒精；防锈油。

二、测量训练内容、步骤和要求

1. 被测零件

测量如图 2-2-18 所示零件的长度及深度尺寸，并判定其是否合格。

2. 填写测量报告单

按要求将被测件的相关信息、测量结果及测量条件填入测量报告单中(表 2-2-5)。

表 2-2-5 测量数据记录

<table>
<tr><td rowspan="2">测量项</td><td colspan="2">测量结果</td></tr>
<tr><td>使用深度游标卡尺测量</td><td>使用深度千分尺测量</td></tr>
<tr><td>a</td><td></td><td></td></tr>
<tr><td>b</td><td></td><td></td></tr>
<tr><td>c</td><td></td><td></td></tr>
<tr><td>m</td><td></td><td></td></tr>
<tr><td>l</td><td></td><td></td></tr>
<tr><td>n</td><td></td><td></td></tr>
<tr><td>o</td><td></td><td></td></tr>
</table>

三、测量训练评价

学生应能够按照训练步骤和测量训练评估表 2-2-6 中的评估要求，进行独立计划和实训。评估不合格者，学生提交申请，允许重新评估。

表 2-2-6 测量训练评估表

<table>
<tr><td>学生姓名</td><td colspan="2"></td><td>班级</td><td></td><td>学 号</td><td colspan="2"></td></tr>
<tr><td>测量项目</td><td colspan="2"></td><td>课程</td><td></td><td>专 业</td><td colspan="2"></td></tr>
<tr><td>评价方面</td><td colspan="2">测 量 评 价 内 容</td><td>权重</td><td>自评</td><td>组评</td><td>师评</td><td>得分</td></tr>
<tr><td rowspan="3">基础知识</td><td colspan="2">套类零件表面技术要求、尺寸公差知识</td><td rowspan="3">20</td><td rowspan="3"></td><td rowspan="3"></td><td rowspan="3"></td><td rowspan="3"></td></tr>
<tr><td colspan="2">深度尺的类型、结构特点和主要度量指标</td></tr>
<tr><td colspan="2">深度尺的刻线原理和读数方法</td></tr>
<tr><td rowspan="7">操作训练</td><td rowspan="2">第一阶段：调节仪器</td><td>①选用合适量程的深度尺测量</td><td rowspan="2">10</td><td rowspan="2"></td><td rowspan="2"></td><td rowspan="2"></td><td rowspan="2"></td></tr>
<tr><td>②校准零位</td></tr>
<tr><td rowspan="2">第二阶段：测量并记录数据</td><td>①准确测量，并按深度尺的最小示值读数</td><td rowspan="3">20</td><td rowspan="3"></td><td rowspan="3"></td><td rowspan="3"></td><td rowspan="3"></td></tr>
<tr><td>②准确记录被测段不同部位的实际尺寸</td></tr>
<tr><td rowspan="3">第三阶段：测量数据分析、处理</td><td>①根据实验数据计算实际尺寸的平均值和变化量</td></tr>
<tr><td>②根据实验数据计算被测深度尺寸实际偏差</td><td rowspan="2">30</td><td rowspan="2"></td><td rowspan="2"></td><td rowspan="2"></td><td rowspan="2"></td></tr>
<tr><td>③评定此零件尺寸的合格性，字迹清晰，完成实验报告</td></tr>
<tr><td rowspan="4">学习态度</td><td colspan="2">①出勤</td><td rowspan="4">20</td><td rowspan="4"></td><td rowspan="4"></td><td rowspan="4"></td><td rowspan="4"></td></tr>
<tr><td colspan="2">②纪律</td></tr>
<tr><td colspan="2">③团队协作精神</td></tr>
<tr><td colspan="2">④爱护实训设施</td></tr>
<tr><td>规章制度</td><td colspan="2">遵守操作规范，正确使用工具，保持实训场地清洁卫生，安全操作，无事故</td><td colspan="2">不符合要求，每次扣5分</td><td></td><td></td><td></td></tr>
<tr><td colspan="8">测量技能训练评估记录：

指导教师签字： 日期：</td></tr>
<tr><td colspan="8">技能训练评估等级：优秀(85分以上)；良好(75～85分)；合格(60～75分)；不合格(60分以下)</td></tr>
</table>

任务三 用圆度仪测量轴套的圆度、圆柱度

训练目标

知识目标	技能目标
· 了解圆度仪的结构和使用方法。 · 掌握在圆度仪上测量圆度误差、圆柱度误差的方法。	· 学会使用圆度仪的测量系统。 · 学会用圆度仪测量圆度/圆柱度误差，并判定被测件是否合格。

任务分析

图 2-2-23 为轴套零件图样简图。零件图样中轴套零件的圆度和圆柱度公差要求，使用圆度仪正确测量圆度、圆柱度形状误差，并判定轴套零件是否合格，是本部分要完成的主要任务。

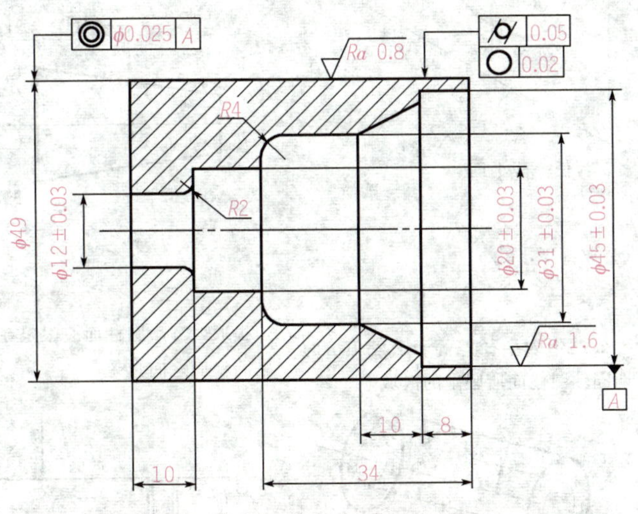

图 2-2-23 轴套零件图样

知识学习

轴套类零件形位公差的测量项目主要是圆度和圆柱度误差的测量。

一、圆度公差知识

圆度是限制实际圆相对其理想圆变动量的一项指标。典型圆度公差带的定义、标注示例及解释见表 2-2-7。

表 2-2-7 典型圆度、圆柱度公差带的定义、标注示例及解释 （单位：mm）

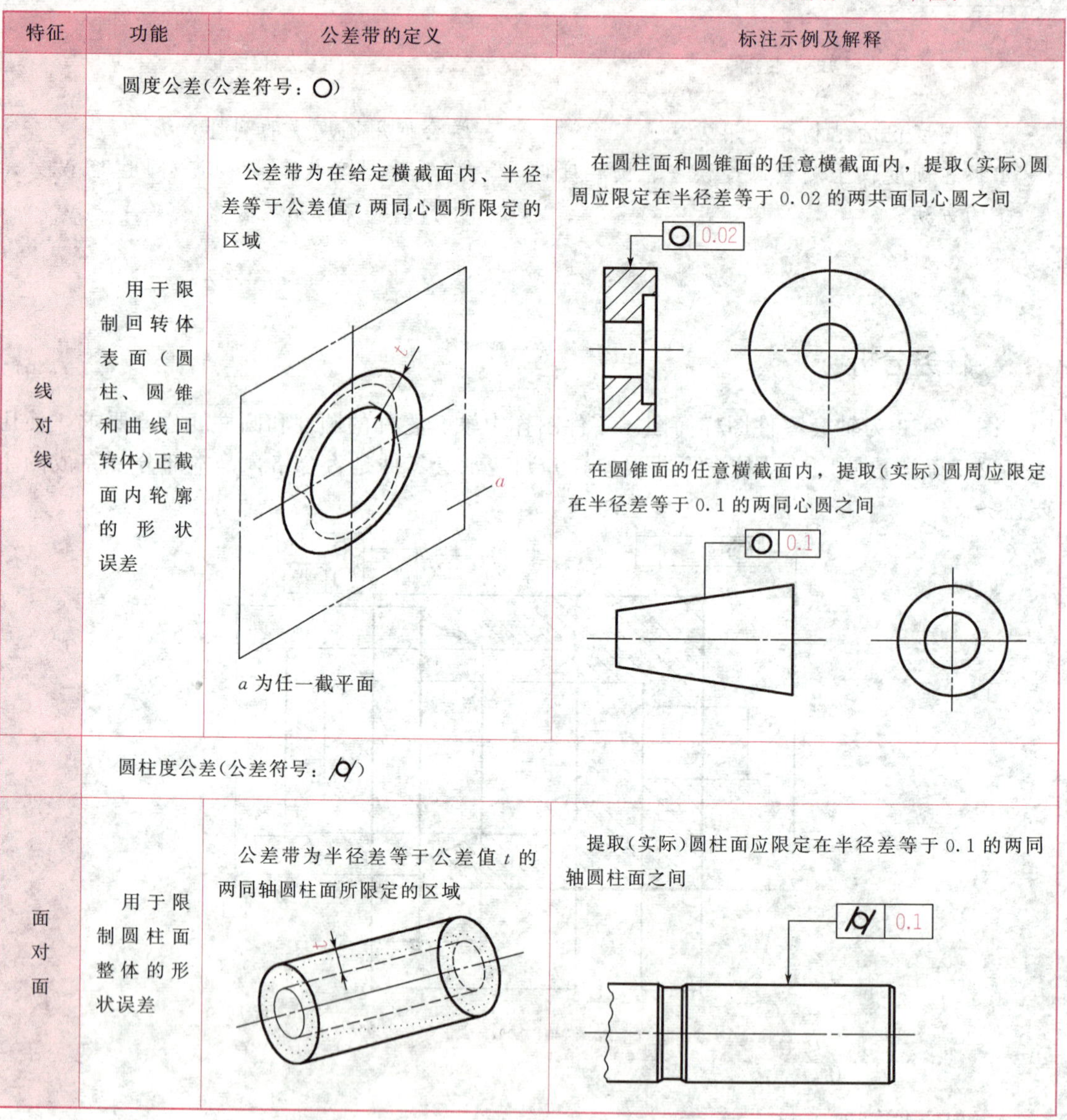

特征	功能	公差带的定义	标注示例及解释
	圆度公差(公差符号：○)		
线对线	用于限制回转体表面（圆柱、圆锥和曲线回转体）正截面内轮廓的形状误差	公差带为在给定横截面内、半径差等于公差值 t 两同心圆所限定的区域 a 为任一截平面	在圆柱面和圆锥面的任意横截面内，提取(实际)圆周应限定在半径差等于 0.02 的两共面同心圆之间 在圆锥面的任意横截面内，提取(实际)圆周应限定在半径差等于 0.1 的两同心圆之间
	圆柱度公差(公差符号：⌭)		
面对面	用于限制圆柱面整体的形状误差	公差带为半径差等于公差值 t 的两同轴圆柱面所限定的区域	提取(实际)圆柱面应限定在半径差等于 0.1 的两同轴圆柱面之间

1. 圆度误差的测量方法

测量圆度误差的方法有三大类：一是半径法，可以用圆度测量仪、光学仪器测量，这一方法常用的仪器有光学分度头、万能工具显微镜的光学分度台以及三坐标测量机；二是直角坐标法测量，这种方法一般在坐标测量机上进行；三是两点法测量，又叫直径测量法，它可用游标卡尺、千分尺、杠杆千分尺、立式光学计、立式测长仪等进行测量。

2. 圆度误差的评定

圆度误差值是根据从一特定圆心算起，以包容记录图形两同心圆的最大和最小半径差来确定的。这一特定圆心的位置不同，半径差的数值也不同。确定这一特定圆心的方法有四种：①最小区域法；②最小二乘圆法；③最小外接圆法；④最大内切圆法。

我们主要采用最小区域法来评定圆度误差。要知道所确定的圆是否符合最小条件的圆，判断准则是：用两同心圆包容实际轮廓，包容时必须有两个外接点和两个内接点交替发生，但不一定连续发生，如图 2-2-24 所示。

实现最小条件圆评定准则的方法有图形法、简图计算法和电算法。

由圆度测量仪所记录的图形或用光学分度台、光学分度头、万能工具显微镜分度台测量描点所得到的图形，用图 2-2-25 所示的有机玻璃同心模板进行圆度误差的评定。用同心模板评定圆度误差值可采用几何逼近法。

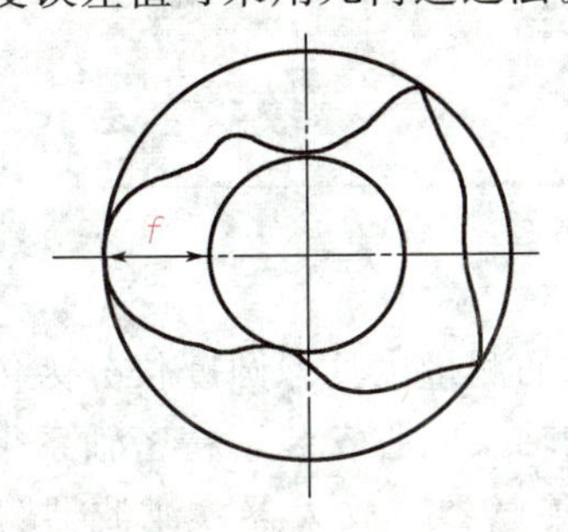

图 2-2-24　两同心圆包容实际轮廓

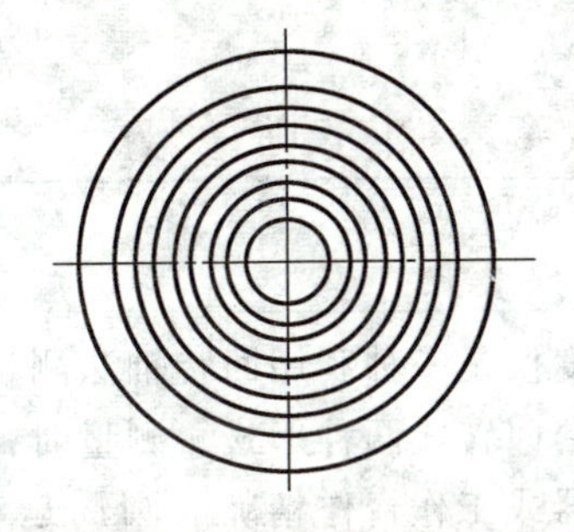

图 2-2-25　同心圆透明模板

二、圆柱度公差知识

1. 圆柱度误差

圆柱度是限制实际圆柱面相对于理想圆柱面变动量的一项指标。典型圆柱度公差带的定义、标注示例及解释见表 2-2-7。

2. 测量方法

圆柱度误差的测量仪器，不但要求具有高精度的旋转线，还必须有一直线基准以形成一个高精度的基准圆柱面。另外，仪器还必须具有调整被测件轴线与基准轴线同轴的机构。测量圆柱度误差的方法有三种：一是用圆柱度检查仪测量，可以测量直线度、平面度、圆度、同轴度、圆柱度、平行度、垂直度、圆跳动、全跳动等形位误差；二是坐标法测量，这种测量方法应用配备有计算机的三坐标测量机；三是平台测量法，有两点法和三点法。

3. 圆柱度误差的评定

圆柱度误差的评定的方法有四种：①最小区域法；②最小外接圆柱法；③最大内接圆柱法；④近似的评定方法。

主要采用近似的评定方法来评定圆柱度误差。在圆度测量仪上调整，使被测件两端面的中心连线和仪器回转轴线重合，把在圆度仪上测量的每个截面的图形都描绘在一张记录纸上，如图 2-2-26 所示，然后用同心圆透明样板按最小条件圆度的判别准则，求出包容这组记录图形的两同心圆半径差 Δ，再除以放大倍率 M，即为此零件的圆柱度误差（$f=\Delta/M$）。

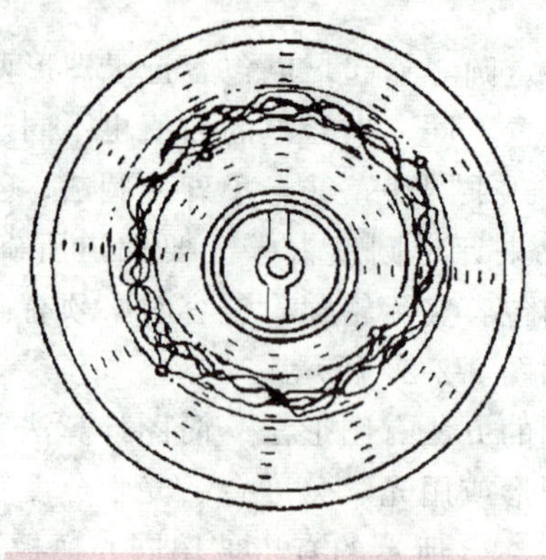

图 2-2-26　圆柱度测量

三、圆度测量仪

1. 仪器介绍

圆度仪是一种利用回转轴法测量工件圆度误差的测量工具。圆度仪分为传感器回转式和工作台回转式两种形式。测量时，被测件与精密轴系同心安装，精密轴系带着电感式长度传感器或工作台作精确的圆周运动，由仪器的传感器、放大器、滤波器、输出装置组成。若仪器配有计算机，则计算机也包括在此系统内。具体组成部分如图 2-2-27 所示。

图 2-2-27　RA—120/120P 圆度测量仪

（1）传感器回转式。长度传感器把位移量转换为电量，经过放大、滤波、运算等程序处理后即由显示仪表指示出圆度误差，也常用圆记录器记录出或用阴极射线管（CRT）显示出被测圆轮廓放大图。传感器回转式圆度仪结构复杂，但精密轴系不受被测件重量影响，测量精确度较高，适宜于测量较重工件。

(2)工作台回转式。工作台回转式圆度仪结构简单，但精密轴系受被测件重量载荷后会影响回转精度，故适用于测量较轻工件(如轴承滚道)。圆度仪精密轴系的回转精度可达0.025 μm，采用误差分离法，利用电子计算机自动补偿精密轴系的系统误差，并采用多次测量方法减小偶然误差，可将测量精确度提高到0.005 μm。

2. 工作原理

圆度仪采用半径测量法，工作台回转式。旋转轴系采用高精度气圆度仪浮主轴作为测量基准；电气部分由高级计算机及精密圆光栅传感器、精密电感位移传感器组成，圆光栅传感器、精密电感位移传感器计量角度、径向位移量，保证测量工件的角位移、径向值的精确度；圆度仪测量软件采用基于中文版 Windows XP 操作系统平台的圆度测量软件，完成数据采集、处理及测量数据管理等工作。

3. 圆度仪测量方法

(1)回转轴法。利用精密轴系中的轴回转一周所形成的圆轨迹(理想圆)与被测圆比较，两圆半径上的差值由电学式长度传感器转换为电信号，经电路处理和电子计算机计算后由显示仪表指示出圆度误差，或由记录器记录出被测圆轮廓图形。回转轴法有传感器回转和工作台回转两种形式。前者适用于高精度圆度测量，后者常用于测量小型工件。按回转轴法设计的圆度测量工具称为圆度仪。

(2)三点法。常将被测工件置于V形块中进行测量。测量时，使被测工件在V形块中回转一周，从测微仪读出最大示值和最小示值，两示值差的1/2即为被测工件外圆的圆度误差。

(3)两点法。常用千分尺、比较仪等测量，以被测圆某一截面上各直径间最大差值的1/2作为此截面的圆度误差。此法适用于测量具有偶数棱边形状误差的外圆或内圆。

(4)投影法。常在投影仪上测量，将被测圆的轮廓影像与绘制在投影屏上的两极限同心圆比较，从而得到被测件的圆度误差。此法适用于测量具有刃口形边缘的小型工件。

(5)坐标法。一般在带有电子计算机的三坐标测量机上测量。按预先选择的直角坐标系统测量出被测圆上若干点的坐标值，通过电子计算机按所选择的圆度误差评定方法计算出被测圆的圆度误差。

注意：

圆柱度的测量，采用多截面法测量工件的圆柱度，评定方法为最小二乘法和最小区域法，输出方式可为立体面、平面图、纵截面图及数字打印机。圆度测量，被测零件放于圆柱度仪圆度仪工作台上并调整其偏心，在计算机上选择圆度测量功能，误差数据用最小二乘法和最小区域法评定，输出方式可为圆形和数字形式。

任务实施

一、测量器具准备

测量训练器具准备：圆度仪，如图2-2-28所示；打印纸；全棉布数块；油石；汽油或无水酒精；防锈油。

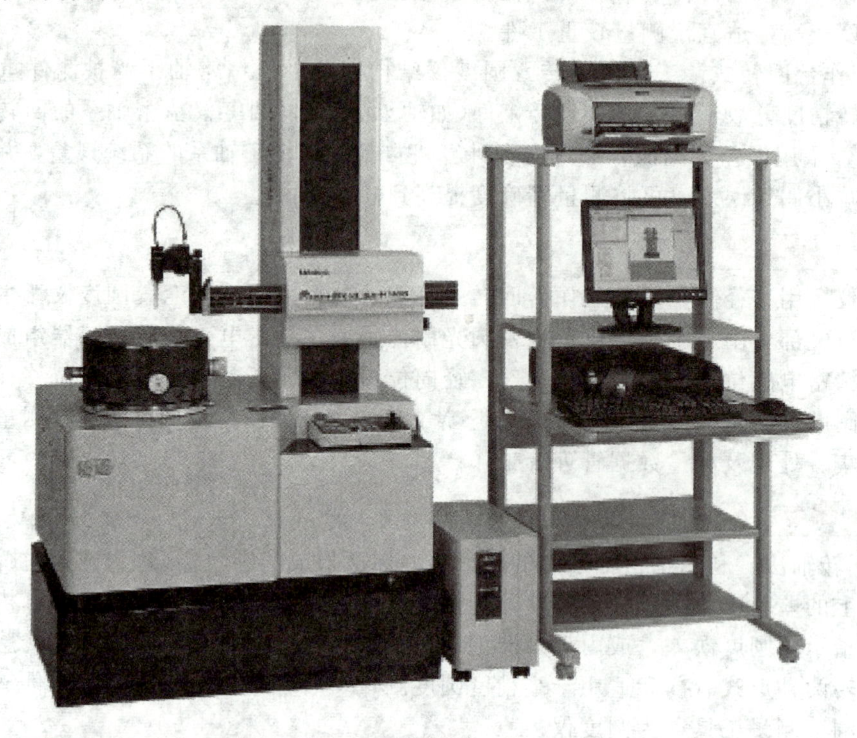

图 2-2-28 圆度仪

二、测量训练内容、步骤和要求

1. 测量训练内容

测量如图 2-2-23 所示轴套零件外圆 $\phi49$ 的圆度和圆柱度误差。

2. 测量训练步骤

用圆度仪测量圆度和圆柱度误差步骤：

(1)用鼠标单击“开始”按钮，启动圆度仪测量软件。

(2)将被测工件对中地放置在仪器测量台上，先目测找正中心，移动传感器，使测端与被测表面留有适当间隙。当转动台转动时，目测该间隙变化，并用校心杆敲拨工件，使其对中。再精确对中：使传感器测端接触工件表面，然后单击“开始调试”按钮，转动转台，表头针在表头所示范围内摆动，在测端所处的径向方位上用校心杆敲拨工件，以致指针的摆幅最小，如图 2-2-29 所示。

(3)单击“停止调试”按钮，退出调试过程。然后单击“开始测量”按钮，仪器开始对工件进行测量并实时显示测量图形。当测量完成后，测量程序将自动进行圆度和圆柱度评定，并显示测量结果，如图 2-2-30 所示。

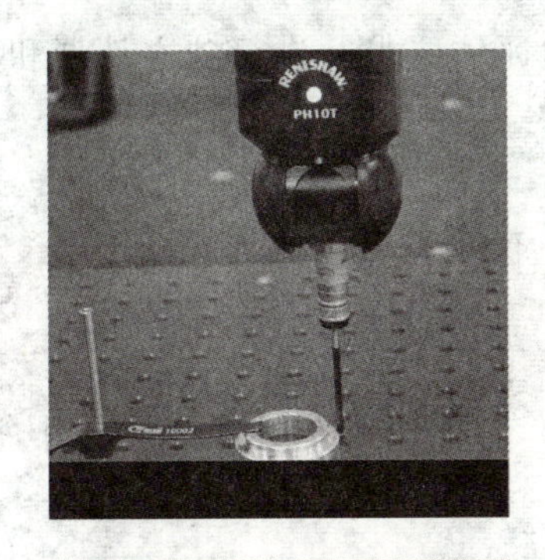

图 2-2-29　圆度仪测量

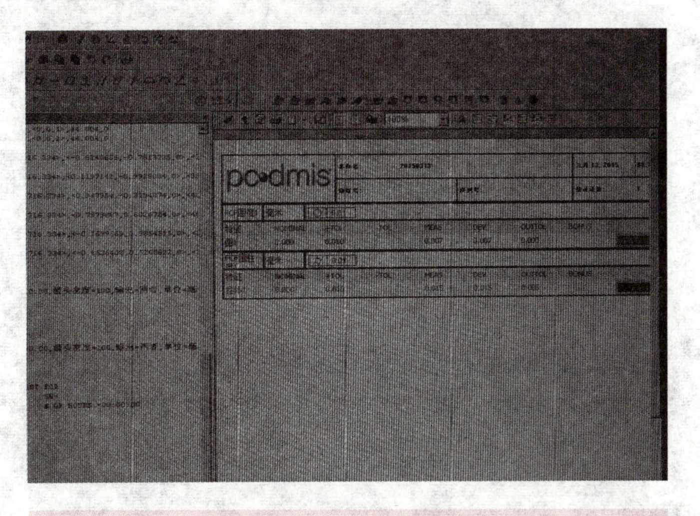

图 2-2-30　圆柱度测量

(4)单击“程序返回”按钮，退出程序。

3. 测量数据评定

测量后作数据处理(表 2-2-8)，并评定其圆度和圆柱度误差是否合格。

表 2-2-8　测量报告单

<table>
<tr><td colspan="2">测量器具</td><td colspan="4">量具______ 测量范围______ mm 分度值______ mm</td></tr>
<tr><td colspan="2">被测件名称</td><td colspan="4"></td></tr>
<tr><td colspan="2">被测零件简图</td><td colspan="4"></td></tr>
<tr><td colspan="6">测　量　数　据　处　理</td></tr>
<tr><td rowspan="2">测量部位</td><td rowspan="2">次数</td><td>圆度</td><td>圆柱度</td><td colspan="2">测量结论</td></tr>
<tr><td>样例要求 0.02</td><td>样例要求 0.05</td><td colspan="2">合格性判断</td></tr>
<tr><td rowspan="3">ϕ49 段</td><td>1</td><td></td><td></td><td colspan="2"></td></tr>
<tr><td>2</td><td></td><td></td><td colspan="2"></td></tr>
<tr><td>3</td><td></td><td></td><td colspan="2"></td></tr>
<tr><td>测量日期</td><td colspan="3">201　年　月　日</td><td>测量者</td><td></td></tr>
</table>

三、测量训练评价

学生应能够按照训练步骤和测量训练评估表 2-2-9 中的评估要求，进行独立计划和实训。评估不合格者，学生提交申请，允许重新评估。

表 2-2-9 测量训练评估表

学生姓名		班级		学号			
测量项目		课程		专业			
评价方面	测量评价内容			权重	自评	组评	师评	得分
基础知识	圆度误差基本知识			20				
	圆柱度误差基本知识							
	圆度仪测量的方法							
操作训练	第一阶段：调节仪器	①选用合适方法测量圆度、圆柱度		10				
		②工作台上并调工件偏心						
	第二阶段：测量并记录数据	①准确测量，并读数		20				
		②多截面测量，准确记录被测段不同部位的实际误差						
	第三阶段：测量数据分析、处理	①误差数据用最小二乘法和最小区域法评定		30				
		②评定此零件尺寸的合格性，字迹清晰，完成实验报告						
学习态度	①出勤			20				
	②纪律							
	③团队协作精神							
	④爱护实训设施							
规章制度	遵守操作规范，正确使用工具，保持实训场地清洁卫生，安全操作，无事故		不符合要求，每次扣5分					
测量技能训练评估记录： 指导教师签字：　　　　日期：								
技能训练评估等级：优秀(85 分以上)；良好(75～85 分)；合格(60～75 分)；不合格(60 分以下)								

任务四 用表面粗糙度样板检测零件表面质量

训练目标

知识目标	技能目标
• 掌握表面粗糙度的基础知识。 • 了解新国标中表面粗糙度的标注方法。 • 了解干涉显微镜和粗糙度轮廓仪的工作原理、使用方法。	• 学会使用粗糙样板比较法测量套类零件表面粗糙度。 • 能利用干涉显微镜和粗糙度轮廓仪测量表面粗糙度。 • 学会处理数据并判定被测零件的合格性。

任务分析

图 2-2-31 为轴套零件图样简图。零件图样中轴套零件的表面粗糙度要求，使用表面粗糙度样板对比检测零件表面粗糙度值，并判定轴套零件表面质量是否合格，是本部分要完成的主要任务。

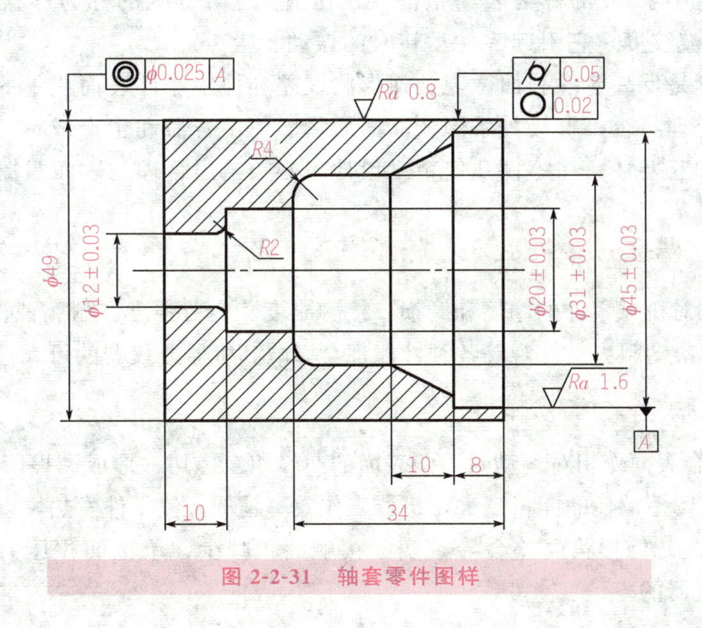

图 2-2-31 轴套零件图样

一、表面粗糙度的基础知识

为了满足零件的互换性和机器的使用性能要求，除了对零件各部分结构的尺寸、形状和位置给出公差外，还要对零件的表面结构给出质量的要求。GB/T 131—2006《产品几何技术规范(GPS) 技术产品文件中表面结构的表示法》中规定，表面结构是表面粗糙度、表面波纹度、表面缺陷、表面纹理和表面几何形状的总称。本部分主要介绍其中的表面粗糙度轮廓在图样中的表达、标注及有关概念。

(一)表面粗糙度的概念

零件在加工时，由于刀具和被加工表面间的相对运动轨迹(刀痕)、刀具和零件表面之间的摩擦、切削分离时的塑性变形，以及工艺系统中存在的高频振动等原因的影响，零件表面会留下由较小间距和峰谷所组成的微量高低不平的痕迹，如图 2-2-32 所示。

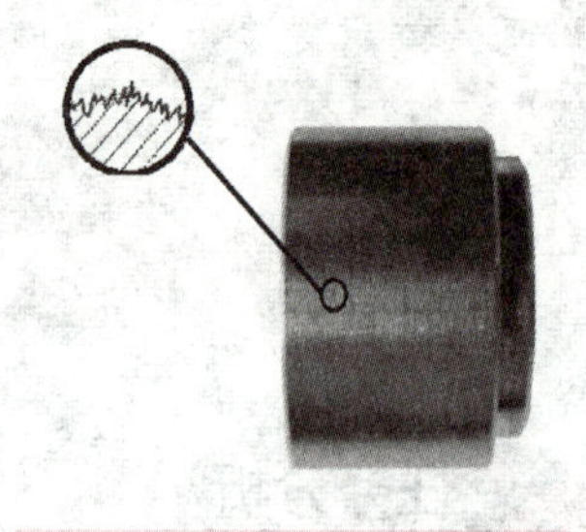

图 2-2-32 微观几何形状

这种零件表面上的具有较小间距和峰谷所组成的微观几何形状误差，称为表面粗糙度，又称为微观不平度。

表面粗糙度与形状误差(宏观的误差)和表面波度是有区别的。常用零件表面中峰谷的波长和波高特别是对旋转零件(如轴承)的影响相当大。以比值来区别，比值小于 40 的称为表面粗糙度；比值大于 1 000 的称为形状误差；比值为 50～1 000 的称为波纹度，它引起零件运转时的振动、噪声。

表面粗糙度是反映零件表面微观几何形状误差和检验零件表面质量的一个重要技术指标。它选择得合理与否，直接关系到产品的质量、使用寿命和生产成本。因此，为保证零件的使用性能和互换性，在零件几何精度设计时必须给出合理的表面粗糙度要求。

(二)表面粗糙度对零件使用性能的影响

表面粗糙度对机械零件的摩擦和磨损、接触刚度、疲劳强度、耐腐蚀性、配合性质、结合密封性、流体滑动阻力、外观等各种性能都会影响到机器或仪器的可靠性和使用寿命。

1. 对摩擦及磨损的影响

(1)当两配合表面作相对运动时，两表面的凸峰相互搓切，形成摩擦阻力。表面越粗糙，摩擦系数越大，摩擦消耗的能量越大，机器工作效率越低，使零件发热，以致互相咬损。

(2)由于微观几何形状误差会导致实际接触面积减少，单位面积压力增大，从而使磨损加快，影响机器的寿命。

2. 对配合性质的影响

这主要体现在影响配合性质的稳定性：

(1)对具有相对运动的间隙配合。因为凸峰磨去间隙增大，表面越粗糙，间隙越大，破坏了原有配合性质。

(2)对有连接要求的过盈配合。由于压入装配把粗糙表面凸峰挤平，使实际过盈 δ 降低，从而降低了连接强度。

3. 对机器定位精度的影响

在零件的定位表面上由于表面粗糙度存在，使接触面积减小，受到压力时，凸峰处会产生弹塑变形，造成定位不稳定，产生定位误差。

4. 对零件疲劳强度的影响

微观几何形状的波谷，犹如零件表面上存在许多夹角缺口和裂纹，从而造成应力集中，越粗糙对应力集中越敏感，当零件受交变载荷作用，由于应力集中，使疲劳强度降低。此外还影响零件的接触刚度、抗腐蚀能力、密封性、美观性。

(三)表面粗糙度的评定参数

为提高产品质量，促进互换性生产，我国现行的表面粗糙度国家标准如下：

(1)GB/T 3505—2009《产品几何技术规范(GPS)　表面结构轮廓法术语、定义及表面结构参数》;

(2)GB/T 1031—2009《产品几何技术规则(GPS)　表面结构轮廓法表面粗糙度参数及其数值》;

(3)GB/T 131—2009《产品几何技术规范(GPS)　技术产品文件中表面结构的表示法》。

对于零件表面结构状况，常用三大类参数加以评定：轮廓参数、图形参数、支承率曲线参数。其中，轮廓参数是目前我国机械图样中最常用的评定参数，包括粗糙度参数(R 轮廓)、波度轮廓(W 轮廓)和原始轮廓参数(P 轮廓)。

国家标准 GB/T 3505—2009 规定评定表面粗糙度的参数有主参数(高度参数)和附加参数(间距参数和形状参数)。评定粗糙度轮廓应用最多的两个高度参数是轮廓算术平均偏差 Ra 和轮廓最大高度 Rz。

1. 轮廓算术平均偏差 Ra

在一个取样长度 lr 内，轮廓偏距 y_i 绝对值的算术平均值，如图 2-2-33 所示。

轮廓算术平均偏差 Ra 的近似表达式为

$$Ra = \frac{1}{n}(|y_1| + |y_2| + \cdots + |y_n|) = \frac{1}{n}\sum_{i=1}^{n}|y_i| \tag{2-2-2}$$

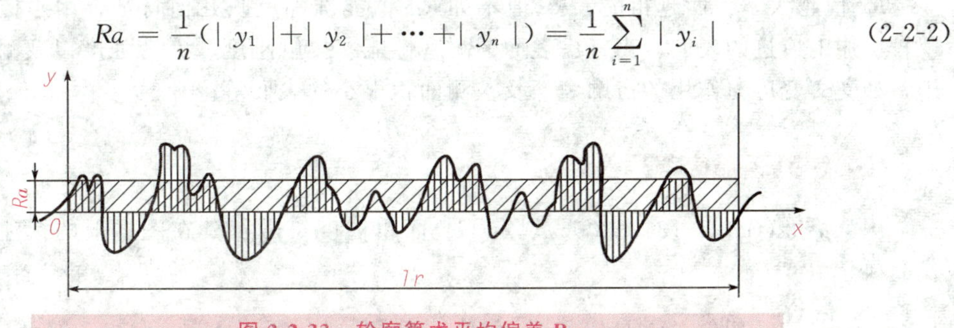

图 2-2-33　轮廓算术平均偏差 Ra

Ra 值的大小能客观反映被测表面微观几何特性，Ra 值越小，说明被测表面微小峰谷的幅度越小，表面越光滑；Ra 值越大，被测表面越粗糙。

轮廓算术平均偏差 Ra 的数值规定见表 2-2-10。

表 2-2-10 轮廓算术平均偏差 Ra 数值(GB/T 3505—2000) （单位：μm）

Ra	0.012 0.025 0.050 0.100	0.2 0.4 0.8 1.6 3.2 6.3	12.5 25 50 100

轮廓算术平均偏差 Ra 能充分反映表面微观几何形状高度方面的特征，并且用仪器(轮廓仪)测量时方法比较简单，是目前生产中评定表面粗糙度应用最多的参数。但受计量器具的功能限制，不宜用于太粗糙或太光滑的表面粗糙度的评定。

2. 轮廓最大高度 Rz

在一个取样长度 lr 内，最大轮廓峰高 Zp 和最大轮廓谷深 Zv 之和的高度，如图 2-2-34 所示。

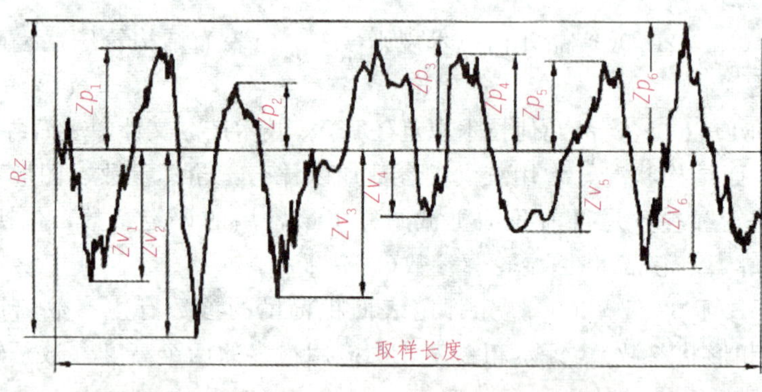

图 2-2-34 轮廓最大高度 Rz

轮廓最大高度 Rz 的表达式为

$$Rz=Zp+Zv \tag{2-2-3}$$

Rz 值越大，表面越粗糙。Rz 值不如 Ra 值能准确反映几何特征，用于控制不允许出现较深加工痕迹的表面，当考虑表面的耐磨性能、接触刚度、疲劳强度以及耐腐蚀性时使用，如受交变应力作用的齿廓表面及被测面积很小的表面等。

(四)表面粗糙度符号及标注

国家标准(GB/T 131—2006)规定了表面粗糙度符号及其在图样上的标注方法，以下作简要介绍。

1. 表面粗糙度符号

表面粗糙度符号及意义见表 2-2-11。

表 2-2-11　表面粗糙度符号及意义

符　　号	意　　义
	基本符号，表示指定表面可以用任何方法获得。当不加注表面粗糙度参数值或有关说明时，仅适用于简化代号标注
	基本符号加一短横，表示指定表面是用去除材料的方法获得，如车、铣、刨、磨、钻、剪切、抛光、腐蚀、电火花加工、气割等
	基本符号加一圆圈，表示指定表面是用不去除材料的方法获得，如铸、锻、冲压变形、热轧、粉末冶金等，或者是用于保持原供应状况的表面
	完整符号，在上述三个符号的长边上加一横线，用于标注有关参数和说明
	完整符号的长边上加一圆圈，表示图样某视图上构成封闭轮廓的各表面具有相同的表面结构要求

2. 表面粗糙度的代号及图形标注

在表面粗糙度符号上注出所要求的表面特征参数后即构成表面粗糙度代号，图样上标注的表面粗糙度代号是表示该表面完工后的要求，如图 2-2-35 所示。

a：表面结构单一要求。

a 和 *b*：两个或多个表面结构要求。

c：加工方法、表面处理、涂层或其他加工工艺要求。

d：表面纹理和纹理方向。

e：加工余量(mm)。

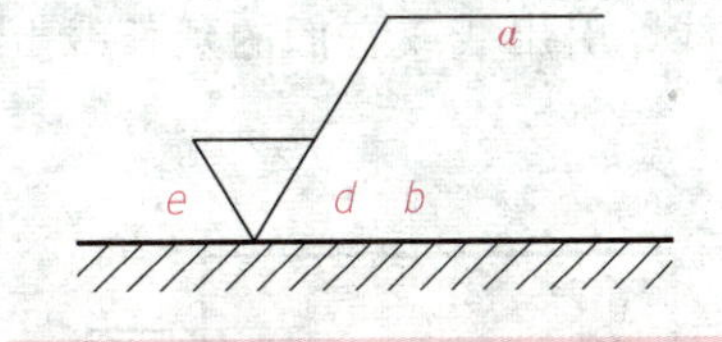

图 2-2-35　表面粗糙度代号的注法

一般情况下，只注出表面粗糙度评定参数代号及其允许值，若对零件表面有特殊要求时，则应注出表面特征的其他规定，如取样长度、加工纹理、加工方法等。各种图形标注示例及意义见表 2-2-12。

表 2-2-12　表面粗糙度高度参数值得标注示例及意义

代　　号	意　　义	代　　号	意　　义
Ra 3.2	用不去除材料的方法获得的表面，*Ra* 的上限值为 3.2 μm	车 *Rz* 3.2	用车削的方法获得的表面，*Rz* 的上限值为 3.2 μm
Ra 3.2	用去除材料的方法获得的表面，*Ra* 的上限值为 3.2 μm	*Ra*max 1.6	用去除材料方法获得的表面，*Ra* 的最大值为 1.6 μm

续表

代号	意义	代号	意义
U Ra 3.2 L Ra 1.6	用去除材料的方法获得的表面，*Ra* 的上限值为 3.2 μm，下限值为 1.6 μm	U Rz 0.8 L Ra 0.2	用去除材料的方法获得的表面，*Rz* 的上限值为 0.8 μm，*Ra* 的下限值为 0.2 μm
铣 Ra 0.8 Rz 3.2 ⊥	用铣削的方法获得的表面，*Ra* 的上限值为 0.8 μm，*Rz* 的上限值为 3.2 μm，纹理垂直于视图所在投影面	U Ramax 3.2 L Ra 0.8	用不去除材料的方法获得的表面，*Ra* 的最大值为 3.2 μm，*Ra* 的下限值为 0.8 μm
车 Rz 3.2 3	用车削的方法获得的表面，*Rz* 的上限值为 3.2 μm，加工余量为 3 mm	Ra 1.6 Rz 6.3	用去除材料方法获得的表面，*Ra* 的上限值为 1.6 μm，*Rz* 的上限值为 6.3 μm

3. 表面粗糙度在图样上的标注

(1)在图样上标注表面粗糙度时，代号的注写和读取方向与尺寸的注写和读取方向一致。表面粗糙度代号可标注在轮廓线上，其代号的尖端必须从材料外指向并接触表面。必要时，表面粗糙度代号也可用带箭头或黑点的指引线引出标注，如图 2-2-36 所示。

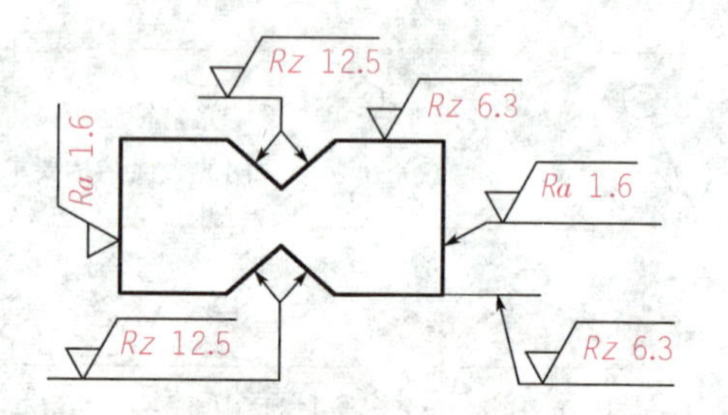

图 2-2-36 表面粗糙度在轮廓线上的标注

(2)在同一图样上，每一表面一般只标注一次代号，并标注在可见轮廓线、尺寸线、尺寸界线、引出线或它们的延长线上，如图 2-2-37 所示。

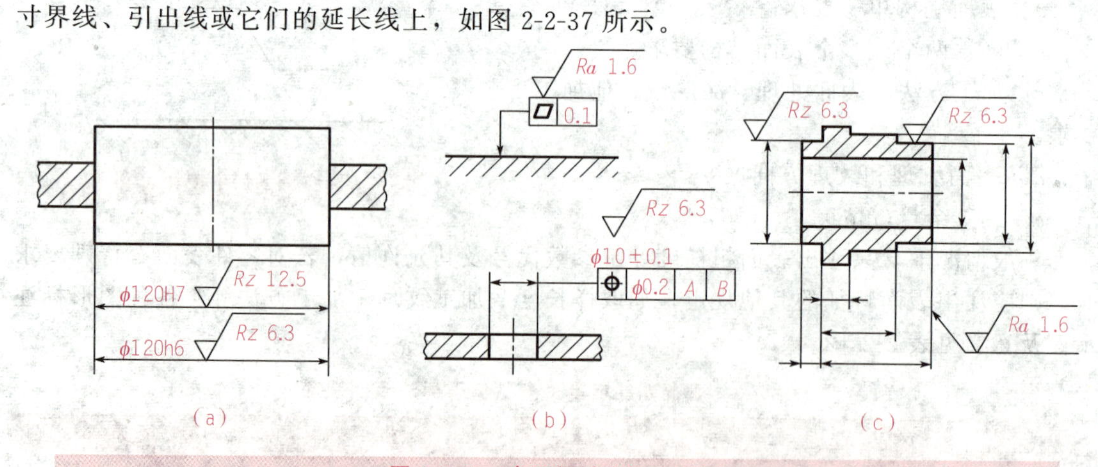

图 2-2-37 表面粗糙度标注位置

(a)标注在尺寸线上；(b)标注在形位公差框格上；(c)标注在轮廓线、尺寸界线上

(3)表面粗糙度的简化标注。

①有相同表面粗糙度要求的简化注法。工件的多数(包括全部)表面有相同的粗糙度要

求，可统一标注在图样的标题栏附近，在圆括号内给出无任何其他标注的基本符号或标出不同的表面结构要求，如图 2-2-38 所示。

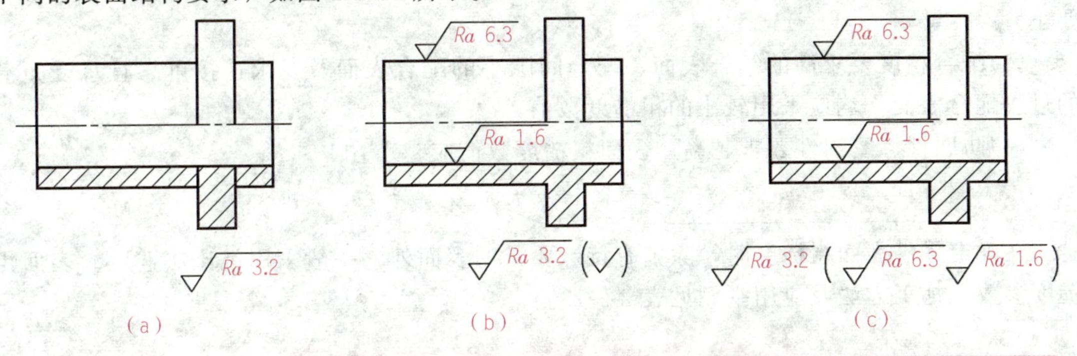

图 2-2-38　有相同表面粗糙度要求的简化注法

②多个表面有共同要求的注法。

a. 当地方狭小、图纸空间有限或不便于标注时，可标注简化代号，但必须在标题栏附近说明简化代号的意义，如图 2-2-39 所示。

b. 只用符号以等式的形式给出对多个表面共同的表面粗糙度要求，如图 2-2-40 所示。

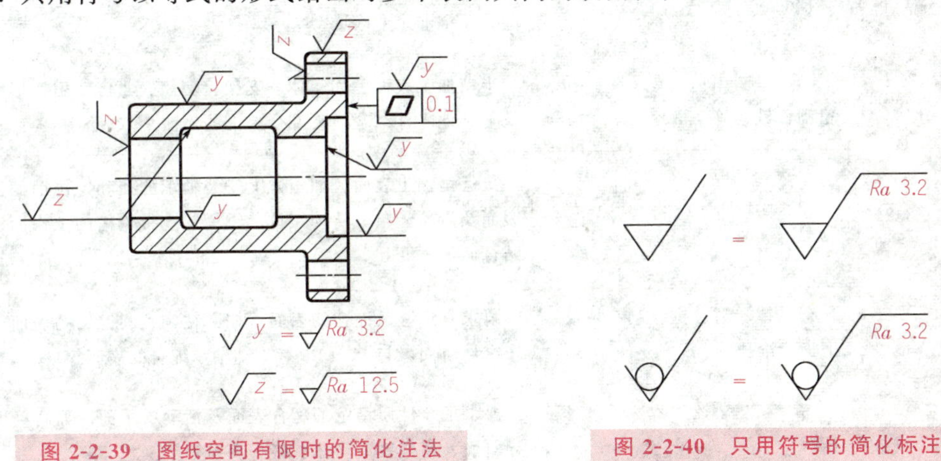

图 2-2-39　图纸空间有限时的简化注法　　图 2-2-40　只用符号的简化标注

(五)表面粗糙度的选用

零件表面粗糙度不仅对其使用性能的影响是多方面的，而且关系到产品质量和生产成本。因此，在选择粗糙度数值时，既要满足零件表面的使用功能要求，又要考虑经济合理性和工艺的可能性，也就是在满足零件使用功能要求的前提下，应尽量选用较大的表面粗糙度参数值，以降低加工成本。

1. 参数值的选择原则

(1)在满足表面功能要求的情况下，尽量选用较大的表面粗糙度值，以降低加工成本。

(2)同一零件上工作表面的粗糙度参数值应小于非工作表面的粗糙度参数值。

(3)摩擦表面比非摩擦表面的粗糙度数值要小；运动速度高、压力大的摩擦表面应比运动速度低、压力小的摩擦表面的粗糙度数值要小。

(4)承受循环载荷的表面及易引起应力集中的结构(如圆角、沟槽等)，其粗糙度数值要小。

(5)配合精度要求高的结合表面、配合间隙小的配合表面及要求连接可靠且承受重载的过盈配合表面，均应采用较小的粗糙度数值。

(6)防腐性、密封性要求越高，表面粗糙度数值应越小。

2. 参数值的选择方法

在确定零件表面粗糙度时，除了有特殊要求的表面外，一般采用类比法选取。表面粗糙度参数、加工方法及应用举例见表 2-2-13。

表 2-2-13 表面粗糙度参数、加工方法及应用举例 (单位：μm)

Ra	加工方法	应用举例
>12.5～25	粗车、粗铣、粗刨、钻、毛锉、锯断等	粗加工后、非配合表面。如轴端面、倒角、钻孔、齿轮和带轮侧面、键槽底面、垫圈接触面等
>6.3～12.5	车、铣、刨、镗、钻、粗绞等	半精加工表面。如轴上不安装轴承、齿轮等处的非配合表面，轴和孔的退刀槽、支架、衬套、端盖、螺栓、螺母、齿顶圆、花键非定心表面等
>3.2～6.3	车、铣、刨、镗、磨、拉、粗刮、铣齿等	半精加工表面。如箱体、支架、套筒、非传动用梯形螺纹等及与其他零件结合而无配合要求的表面
>1.6～3.2	车、铣、刨、镗、磨、拉、刮等	接近精加工表面。如箱体上安装轴承的孔和定位销的压入孔表面及齿轮齿条、传动螺纹、键槽、皮带轮槽的工作面、花键结合面等
>0.8～1.6	车、镗、磨、拉、刮、精绞、磨齿、滚压等	要求有定心及配合的表面。如圆柱销、圆锥销的表面，卧式车床导轨面，与 P0、P6 级滚动轴承配合的表面等
>0.4～0.8	精绞、精镗、磨、刮、滚压等	要求配合性质稳定的配合表面及活动支承面。如高精度车床导轨面、高精度活动球状接头表面等
>0.2～0.4	精磨、珩磨、研磨、超精加工等	精密机床主轴锥孔、顶尖圆锥面、发动机曲轴和凸轮轴工作表面、高精度齿轮齿面、与 P5 级滚动轴承配合面等
>0.1～0.2	精磨、研磨、普通抛光等	精密机床主轴轴颈表面、一般量规工作表面、汽缸内表面、阀的工作表面、活塞销表面等
>0.025～0.1	超精磨、精抛光、镜面磨削等	精密机床主轴轴颈表面、滚动轴承套圈滚道、滚珠及滚柱表面，工作量规的测量表面，高压液压泵中的柱塞表面等
>0.012～0.025	镜面磨削等	仪器的测量面、高精度量仪等
≤0.012	镜面磨削、超精研等	量块的工作面、光学仪器中的金属镜面等

二、表面粗糙度的检测

(一)表面粗糙度的检测方法

表面粗糙度的测量方法常包括比较法、光切法、干涉法和描针法四种。

比较法是车间常用的方法，将被测量表面对照粗糙度样板，用肉眼判断或借助于放大镜、比较显微镜比较，也可用手摸，指甲划动的感觉来判断被加工表面的粗糙度；光切法是利用“光切原理”(光切显微镜)来测量表面粗糙度；干涉法是利用光波干涉原理(干涉显微镜)来测量表面粗糙度，被测表面直接参与光路，同一标准反射镜比较，以光波波长来度量干涉条纹弯曲程度，从而测得该表面的粗糙度；描针法是利用电动轮廓仪(表面粗糙度检查仪)的触针直接在被测表面上轻轻划过，从而测出表面粗糙度的方法。

(二)与标准样块比较的目估比较法

比较法测量表面粗糙度是生产中常用的方法之一。此方法是用表面粗糙度比较样板与被测表面比较，判断表面粗糙度的数值。尽管这种方法不够严谨，但它具有测量方便、成本低、对环境要求不高等优点，所以被广泛应用于生产现场检验一般表面粗糙度。

图 2-2-41 为车削加工表面粗糙度比较样板，它是采用特定合金材料加工而成，具有不同的表面粗糙度参数值。通过触觉、视觉将被测件表面与之作比较，以确定被测表面的粗糙度。

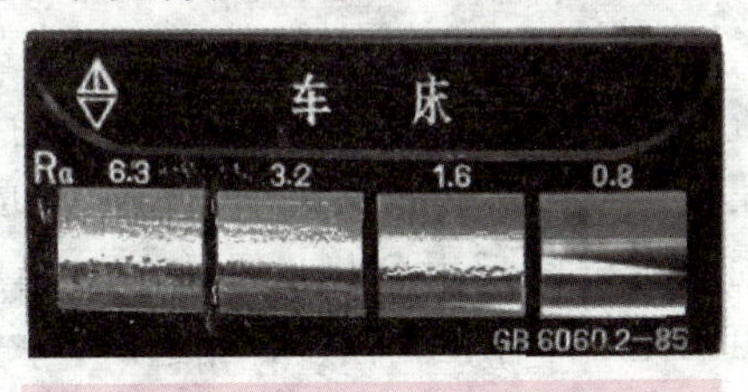

图 2-2-41　车削加工样板

视觉比较：就是用人的眼睛反复比较被测表面与比较样板间的加工痕迹异同、反光强弱、色彩差异，以判定被测表面的粗糙度的大小。必要时可借用放大镜进行比较。

触觉比较：就是用手指分别触摸或划过被测表面和比较样板，根据手的感觉判断被测表面与比较样板在峰谷高度和间距上的差别，从而判断被测表面粗糙度的大小。

注意：

(1)被测表面与粗糙度比较样板应具有相同的材质。不同的材质表面的反光特性和手感的粗糙度不一样。例如：用一个钢质的粗糙度比较样板与一个铜材的加工表面相比较，将会导致误差较大的比较结果。

(2)被测表面与粗糙度比较样板应具有相同的加工方法，不同的加工方法所获取的加工痕迹是不一样的。例如：车加工的表面粗糙度绝对不能用磨加工的粗糙度比较样板去比较并得出结果。

(3)用比较法检测工件的表面粗糙度时，应注意温度、照明方式等环境因素影响。

(三)用干涉显微镜的干涉法

通过测不平度高度，用公式计算 Rz，表面太粗糙则不能形成干涉条纹，所以 $Rz=0.05\sim0.8\ \mu m$。

干涉显微镜是利用光波干涉原理，将具有微观不平的被测表面与标准光学镜面相比较，以光波波长为基准来测量工件表面粗糙度，其外形结构如图 2-2-42 所示。

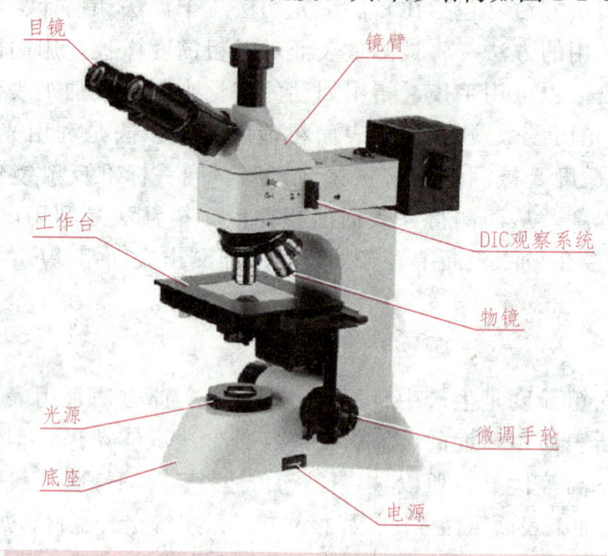

图 2-2-42　干涉显微镜外形

干涉显微镜的光学系统如图 2-2-43 所示。从光源发出的光束，经过分光镜分为两束光。一束透过分光镜、补偿板，射向被测工件表面，由工件反射后经原路返回至分光镜，射向观察目镜。另一束光通过分光镜反射到标准参考镜，由标准参考镜反射并透过分光镜，也射向观察目镜。这两束光线间存在光程差，相遇时，产生光波干涉，形成明暗相间的干涉条纹。

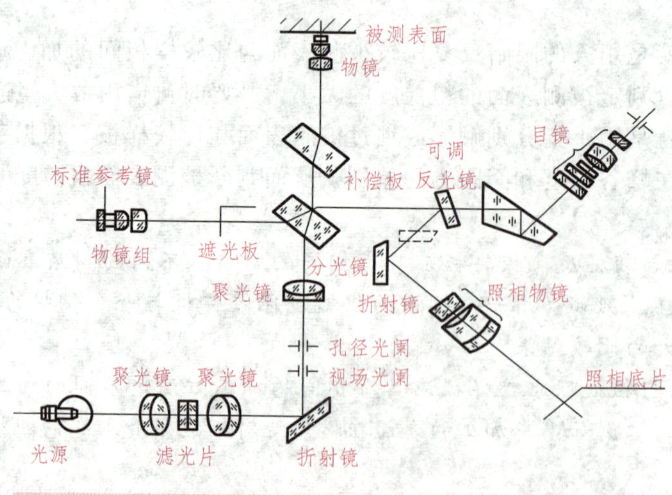

图 2-2-43　干涉显微镜光学系统

若工件表面为理想平面，则干涉条纹为等距离平行直纹；若工件表面存在着微观几何误差，通过目镜将看到如图 2-2-44 所示的弯曲干涉条纹。测出干涉条纹的弯曲度 Δh_i 和间隔宽度 b_i(由光波干涉原理可知，b 对应于半波长 $\lambda/2$)。通过下式可计算出波峰至波谷的实际高度 y_i：

$$y_i=\frac{\Delta h_i}{b_i}\times\frac{\lambda}{2}$$

式中：λ 为光波波长(自然光(白光)$\lambda=0.66\ \mu m$；绿光(单色光)$\lambda=0.509\ \mu m$；红光(单色光)$\lambda=0.644\ \mu m$)。

测量步骤：

(1)将被测件表面向下。置于仪器的工作台上，如图 2-2-42 所示。

(2)手轮转到目镜的位置，松开目镜的螺钉，拔出目镜，并从目镜管中观察。若看到两个灯丝像，则调节光源，使两个灯丝像重合。然后插上目镜，锁紧螺钉。

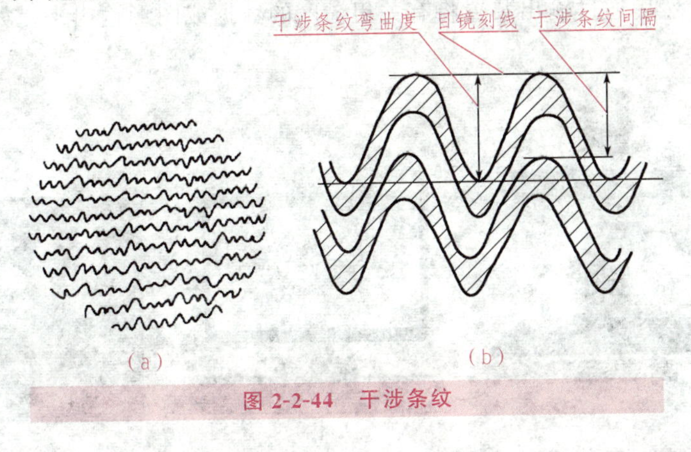

图 2-2-44　干涉条纹

(3)旋转遮光板调节手轮，遮住一束光线，用手轮转动工作台滚花盘，对被测表面调焦，直至看到清晰的表面纹路为止，再旋转遮光板调节手轮，视场中出现干涉条纹。

(4)缓慢调节手轮，使之得到清晰的干涉条纹。再旋转方向调节手轮，以改变干涉条纹的方向，使之垂直于加工痕迹，如图 2-2-44 所示。

(5)在干涉条纹的取样长度内，选 5 个最高峰和 5 个最低谷进行测量、读数并记录。干涉条纹弯曲度的平均值 Δh 用下式计算：

$$\Delta h=\frac{\sum_{1}^{5}h_{\mathrm{PI}}-\sum_{1}^{5}h_{\mathrm{PV}}}{5b} \tag{2-2-4}$$

(6)干涉条纹的间隔宽度，可取三个不同位置的平均值：

$$b=\frac{b_1+b_2+b_3}{3} \tag{2-2-5}$$

(7)一般在 5 个取样长度工分别测出 5 个 Δh 值，以其平均值作为工件的表面粗糙度：

$$Rz=\frac{\Delta h}{5}\times\frac{\lambda}{2} \tag{2-2-6}$$

(8)根据定义也可以测出轮廓最大高度 Ry：

$$Ry=h_{峰\max}-h_{谷\min}$$

(9)作合格性判断。

(四)用粗糙度轮廓仪测量法

1. 粗糙度轮廓仪基础知识

粗糙度轮廓仪又叫表面粗糙度仪、表面光洁度仪、表面粗糙度检测仪、粗糙度测量仪、粗糙度计、粗糙度测试仪等多种名称，国外先研发生产，后来才引进国内。其结构如图 2-2-45 所示。

2. 工作原理

针描法又称触针法。当触针直接在工件被测表面上轻轻划过时，由于被测表面轮廓峰谷起伏，触针将在垂直于被测轮廓表面方向上产生上下移动，把这种移动通过电子装置把信号加以放大，然后通过输出装置将有关粗糙度的数据或图形输出来，如图 2-2-46 所示。

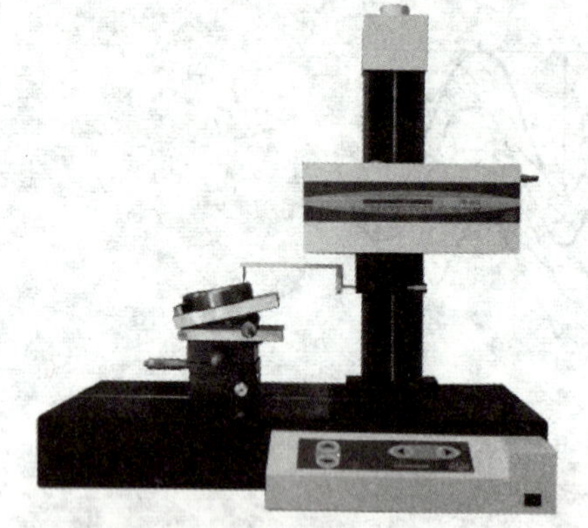

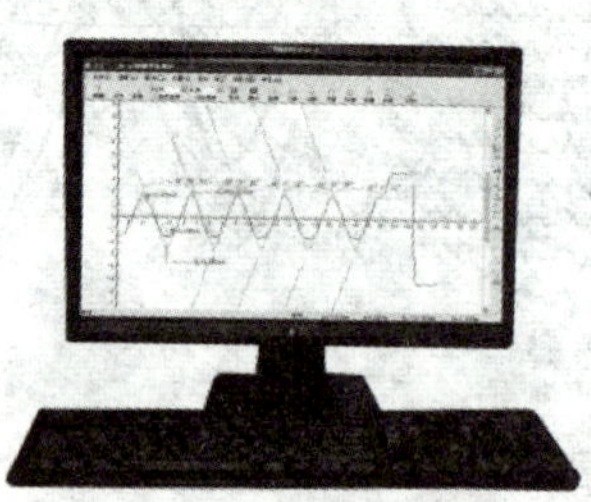

图 2-2-45 粗糙度轮廓仪

图 2-2-46 粗糙度轮廓仪测量

3. 测量过程

测量工件表面粗糙度时，将传感器放在工件被测表面上，由仪器内部的驱动机构带动传感器沿被测表面做等速滑行，传感器通过内置的锐利触针感受被测表面的粗糙度，此时工件被测表面的粗糙度引起触针产生位移，该位移使传感器电感线圈的电感量发生变化，从而在相敏整流器的输出端产生与被测表面粗糙度成比例的模拟信号。该信号经过放大及电平转换之后进入数据采集系统，DSP 芯片将采集的数据进行数字滤波和参数计算，测量结果在液晶显示器上读出，也可在打印机上输出，还可以与 PC 机进行通信。

任务实施

一、测量器具准备

测量训练器具准备：粗糙度样板，如图 2-2-47 所示；全棉布数块；油石；汽油或无水酒精；防锈油。

图 2-2-47　粗糙度样板

二、测量训练内容、步骤和要求

1. 测量训练内容

测量如图 2-2-31 所示轴套零件两处表面粗糙度。

2. 测量训练步骤

(1)将零件擦净，根据被测对象选择样板。

(2)将零件与粗糙度样板进行对比，确定零件是否合格。

3. 填写测量报告单

根据测量过程和测量结果填写测量报告单(表 2-2-14)。

表 2-2-14　测量报告单

测量器具	表面粗糙度样板	
被测件名称		
被测零件简图		
测量序号	检测结果	
	比较样板 Ra	合格性判断
1		
2		
3		
4		
5		
6		
7		
8		

三、测量训练评价

学生应能够按照训练步骤和测量训练评估表 2-2-15 中的评估要求，进行独立计划和实训。评估不合格者，学生提交申请，允许重新评估。

表 2-2-15 测量训练评估表

<table>
<tr><td>学生姓名</td><td colspan="2"></td><td>班级</td><td></td><td>学　号</td><td colspan="3"></td></tr>
<tr><td>测量项目</td><td colspan="2"></td><td>课程</td><td></td><td>专　业</td><td colspan="3"></td></tr>
<tr><td>评价方面</td><td colspan="4">测　量　评　价　内　容</td><td>权重</td><td>自评</td><td>组评</td><td>师评</td><td>得分</td></tr>
<tr><td>基础知识</td><td colspan="4">表面粗糙度的基础知识</td><td>20</td><td></td><td></td><td></td><td></td></tr>
<tr><td rowspan="4">操作训练</td><td>第一阶段：选择仪器</td><td colspan="3">选择合适的测量仪器测量表面粗糙度</td><td>10</td><td></td><td></td><td></td><td></td></tr>
<tr><td rowspan="2">第二阶段：测量并记录数据</td><td colspan="3">①准确测量，并比较</td><td rowspan="2">20</td><td rowspan="2"></td><td rowspan="2"></td><td rowspan="2"></td><td rowspan="2"></td></tr>
<tr><td colspan="3">②多截面测量，准确记录被测段不同部位的实际值</td></tr>
<tr><td>第三阶段：测量数据分析、处理</td><td colspan="3">评定此零件尺寸的合格性，字迹清晰，完成实验报告</td><td>30</td><td></td><td></td><td></td><td></td></tr>
<tr><td rowspan="4">学习态度</td><td colspan="4">①出勤</td><td rowspan="4">20</td><td rowspan="4"></td><td rowspan="4"></td><td rowspan="4"></td><td rowspan="4"></td></tr>
<tr><td colspan="4">②纪律</td></tr>
<tr><td colspan="4">③团队协作精神</td></tr>
<tr><td colspan="4">④爱护实训设施</td></tr>
<tr><td>规章制度</td><td colspan="3">遵守操作规范，正确使用工具，保持实训场地清洁卫生，安全操作，无事故</td><td colspan="2">不符合要求，每次扣5分</td><td></td><td></td><td></td><td></td></tr>
<tr><td colspan="10">测量技能训练评估记录：

指导教师签字：　　　　日期：</td></tr>
<tr><td colspan="10">技能训练评估等级：优秀(85 分以上)；良好(75～85 分)；合格(60～75 分)；不合格(60 分以下)</td></tr>
</table>

思考与练习

1. 试写出内径百分表的使用方法和测量步骤。
2. 内径百分表传动机构工作原理是什么？如何使用和调整？
3. 孔径测量有哪些基本方法？
4. 用内径百分表测量孔径的方法属于绝对测量法还是相对测量法？
5. 在摆动内径百分表时对零和读数，指针转折点是最小值还是最大值，为什么？
6. 简述深度游标卡尺的工作原理及测量方法。
7. 深度游标卡尺主要用途是什么？深度尺能否用来测量形状公差？
8. 简述深度千分尺的原理及测量方法。
9. 简述圆度误差和圆柱度误差的区别。
10. 简述圆度仪的测量原理及测量步骤。
11. 用圆度仪测量圆度误差时应注意哪些问题？影响测量精度的因素有哪些？
12. 表面粗糙度的含义是什么？对零件的使用性能有哪些影响？国标规定了哪些表面粗糙度评定参数？
13. 常见的粗糙度测量方法有哪几种？它们的基本原理是什么？分别能测出什么评定参数？测量范围如何？
14. 试述干涉显微镜的类型和特点。
15. 试解释图 2-2-48(a)、(b)中表面粗糙度标注代号的含义。

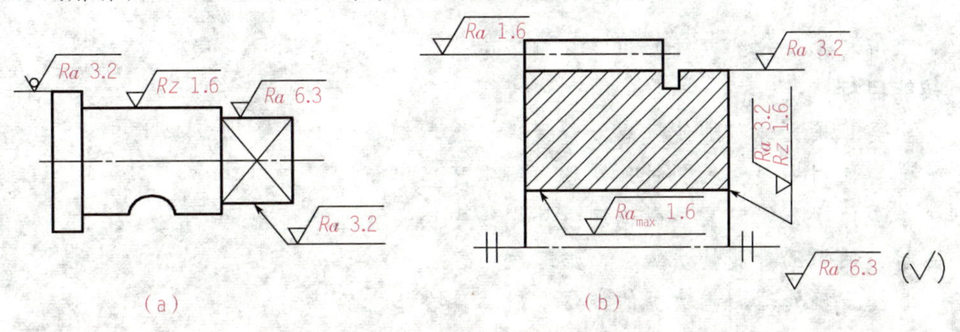

图 2-2-48　题 15 图

项目三

螺纹件的测量

项目导读

本项目主要介绍螺纹及其连接的基础知识、普通螺纹要素的公差知识、螺纹的测量项目、测量方法及测量器具的选用等相关内容。本项目通过两个测量任务来实施。

项目目标

本项目的训练目标如下：

知识目标

· 熟悉螺纹的测量技术要求和相关内容。

· 熟悉螺纹的常用测量工具和仪器（如螺纹千分尺、螺纹量规、大型工具显微镜等）的结构及工作原理，了解其适用范围，掌握其使用方法与测量步骤。

· 理解普通螺纹的主要参数的定义及测量方案的拟定，理解普通螺纹要素的公差知识。

· 了解梯形螺纹的基础知识及其测量方法。

技能目标

· 学会正确、规范地使用螺纹量规进行螺纹测量。

· 学会使用一般量具测量外螺纹中径、牙型半角和螺距。

· 学会使用万能工具显微镜测量外螺纹中径、牙型半角和螺距的方法。

· 学会使用三针测量法测量梯形螺纹中径。

· 掌握正确处理测量数据的方法及对零件合格性的评定。

项目知识

【知识链接1】 螺纹的基础知识

螺纹结合是各种机械中应用最为广泛的一种结合形式，对机器的质量有着非常重要的影响，通常用于紧固连接和传递运动力，涉及国民经济的各个部门和行业。由于使用广泛，需求量大，我国及世界其他国家都有组织专业化生产。我国颁布了 GB/T 197—2003

《普通螺纹公差与配合》标准。

(一)螺纹的分类及使用要求

1. 连接螺纹

(1)普通螺纹。普通螺纹通常也称紧固螺纹，主要用于紧固或连接机械零部件，这是使用最广泛的一种螺纹结合。对这种螺纹结合要保证它的互换性，主要要求是可旋合性和连接的可靠性。可旋合性是指不经任何选择或修配，无须特别施加外力，即可将内、外螺纹自由地旋合。连接可靠性是指内、外螺纹旋合后，接触均匀，且在长期使用中有足够可靠的连接力。

(2)紧密螺纹。紧密螺纹用于密封的螺纹结合，对这种螺纹结合的主要要求是结合紧密，不漏水、不漏气和不漏油。

2. 传动螺纹

传动螺纹常用于传递动力或精确的位移，如丝杠、螺母、千斤顶的起重螺杆等，对这种螺纹结合的主要要求是传递动力的可靠性或传动比的稳定性(保持恒定)。同时对于这种螺纹结合还要求有一定的保证间隙，以便传动及储存润滑油。

(二)螺纹的基本几何要素及标记

1. 螺纹的基本几何要素(图 2-3-1)

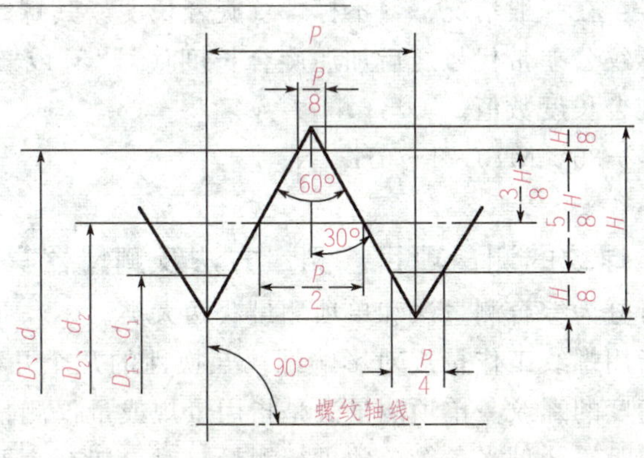

图 2-3-1　螺纹的基本几何要素

大径(d 和 D)：大径是指与外螺纹牙顶或内螺纹牙底相重合的假想圆柱面的直径。国家标准 GB 193—81 规定，米制普通螺纹大径的基本尺寸为螺纹的公称直径。

小径(d_1 和 D_1)：小径是指与外螺纹牙底或内螺纹牙顶相重合的假想圆柱面的直径。为了叙述方便，与牙顶相重合的直径又称为顶径。

中径(d_2 和 D_2)：中径是指一个假想圆柱的直径，在基本牙型上该圆柱的母线正好通过牙型上沟槽和凸起宽度相等且等于 $P/2$ 的地方，用以表示螺纹中径的实际尺寸。

螺距(P)：螺距是指相邻两牙在中径线上对应两点间的轴向距离。

导程(P_h)：导程是指在同一条螺旋线上，相邻两牙在中径线上对应两点间的轴向距离。对于多线螺纹，导程 P_h 等于螺距 P 与螺纹线数 n 的乘积，即 $P_h=nP$。

牙型角(α)：牙型角是指在通过螺纹轴线剖面内，相邻两牙侧间的夹角。对于米制普通螺纹，其牙型角 $\alpha=60°$。

牙型半角($\alpha/2$)：牙型半角是指在螺纹牙型上牙侧与螺纹轴线的垂直线间的夹角。对于米制普通螺纹，其牙型半角 $\alpha/2=30°$。

2. 螺纹互换性的条件

判断螺纹中径的合格性应遵循泰勒原则：作用中径不超过最大实体中径，任一实际中径不超过最小实体中径。

对于外螺纹：$d_{2m} \leqslant d_{2max}$，$d_{2a} \geqslant d_{2min}$。

对于内螺纹：$D_{2m} \geqslant D_{2max}$，$D_{2a} \leqslant D_{2min}$。

3. 普通螺纹的标记

普通螺纹的完整标记由螺纹代号、螺纹公差带代号和螺纹旋合长度代号所组成。

螺纹代号：粗牙普通螺纹用字母“M”及公称直径表示；细牙普通螺纹用字母“M”及公称直径×螺距表示。左旋螺纹在旋合长度代号后加注“LH”，右旋螺纹不加标注。

螺纹公差带代号：包括中径公差带代号和顶径公差带代号，标注在螺纹代号之后，中间用“—”分开。如中径公差带和顶径公差带代号相同，则只标一个代号；若中径公差带和顶径公差带代号不同，则分别注出，前者为中径公差带代号，后者为顶径公差带代号。

螺纹旋合长度代号：在一般情况下，不标螺纹旋合长度，其螺纹公差带按中等旋合长度确定。必要时，在螺纹公差带代号之后加注旋合长度代号“S”或“L”，中间用“—”分开。特殊需要时，可注明旋合长度数值。

例如：M10－5g6g－30，M10×1－6H－N。

【知识链接2】 螺纹的测量项目、测量方法及测量器具的选用

螺纹的检测方法可分为综合测量法和单项测量法两大类。

综合测量法，是指用螺纹工作量规对影响螺纹互换性的几个几何参数进行综合测量，适用于批量生产中等精度的螺纹。单项测量法是指用量规或量仪测量螺纹各(或某个)参数的实际值，如中径、螺距、牙型半角等单独进行测量。对一般精度要求的螺纹，螺距常用钢直尺和螺距规进行测量；外螺纹的大径和内螺纹的小径，公差都比较大，所以，精度不高的螺纹件一般用游标卡尺或螺纹千分尺测量；外螺纹中径可以用螺纹千分尺或单针法、三针法进行测量，其中三针测量法测量精度较高，且在车间生产条件下使用较方便。外螺纹主要的几何参数也可在工具显微镜上用影像法测量。

【知识链接3】 普通螺纹的公差与配合

螺纹公差制的基本结构是由公差等级系列和基本偏差系列组成的。公差等级确定公差带的大小，基本偏差确定公差带的位置，两者组合可得到各种螺纹公差。

1. 螺纹的公差等级

螺纹公差带的大小由标准公差确定，在普通螺纹国家标准 GB/T 197—2003 中，按内、外螺纹的中径、大径和小径公差的大小分为若干等级。内、外螺纹的中径和顶径(内螺纹的小径 D_1、外螺纹的大径 d)的公差等级见表 2-3-1。

表 2-3-1　螺纹的公差等级

螺纹直径	公差等级
内螺纹小径 D_1	4，5，6，7，8
内螺纹中径 D_2	4，5，6，7，8
外螺纹大径 d	4，6，8
外螺纹中径 d_2	3，4，5，6，7，8，9

不同直径、螺距和公差等级的标准公差值见表 2-3-2 和表 2-3-3。

表 2-3-2　普通内外螺纹中径公差 TD_2、Td_2

公称直径 D、d/mm		螺距 P/mm	内螺纹中径公差 $TD_2/\mu m$					外螺纹中径公差 $Td_2/\mu m$						
			公差等级											
>	≤		4	5	6	7	8	3	4	5	6	7	8	9
11.2	22.4	1	100	125	160	200	250	60	75	95	118	150	190	236
		1.25	112	140	180	224	280	67	85	106	132	170	212	265
		1.5	118	150	190	236	300	71	90	112	140	180	224	280
		1.75	125	160	200	250	315	75	95	118	150	190	236	300
		2	132	170	212	265	335	80	100	125	160	200	25	315
		2.5	140	180	224	280	355	85	106	132	170	212	265	335
22.4	45	1	106	132	170	212	—	63	80	100	125	160	200	250
		1.5	125	160	200	250	315	75	95	118	150	190	236	300
		2	140	180	224	280	355	85	106	132	170	212	265	335
		3	170	212	265	335	425	100	125	160	200	250	315	400
		3.5	180	224	280	355	450	106	132	170	212	265	335	425
		4	190	236	300	375	475	112	140	180	224	280	355	450

表 2-3-3　普通内螺纹小径公差 TD_1 和外螺纹大径公差 Td

螺距 P/mm	内螺纹小径公差 $TD_1/\mu m$					外螺纹大径公差 $Td/\mu m$		
	公差等级							
	4	5	6	7	8	4	6	8
1	150	190	236	300	375	112	180	280
1.25	170	212	265	335	425	132	212	335
1.5	190	236	300	375	475	150	236	375
1.75	212	265	335	425	530	170	265	425

续表

螺距 P/mm	内螺纹小径公差 $TD_1/\mu m$					外螺纹大径公差 $Td/\mu m$		
	公差等级							
	4	5	6	7	8	4	6	8
2	236	300	375	475	600	180	280	450
2.5	280	355	450	560	710	212	335	530
3	315	400	500	630	800	236	375	600
3.5	355	450	560	710	900	265	425	670
4	375	475	600	750	950	300	475	750

对外螺纹的小径和内螺纹的大径不规定具体的公差数值，只规定内、外螺纹牙底实际轮廓的任何点均不得超越按基本偏差所确定的最大实体牙型。

2. 螺纹的基本偏差

国家标准 GB/T 197—2003 对内螺纹的公差带规定了 G 和 H 两种位置，对外螺纹的公差带规定了 e、f、g、h 四种位置，如图 2-3-2 所示。

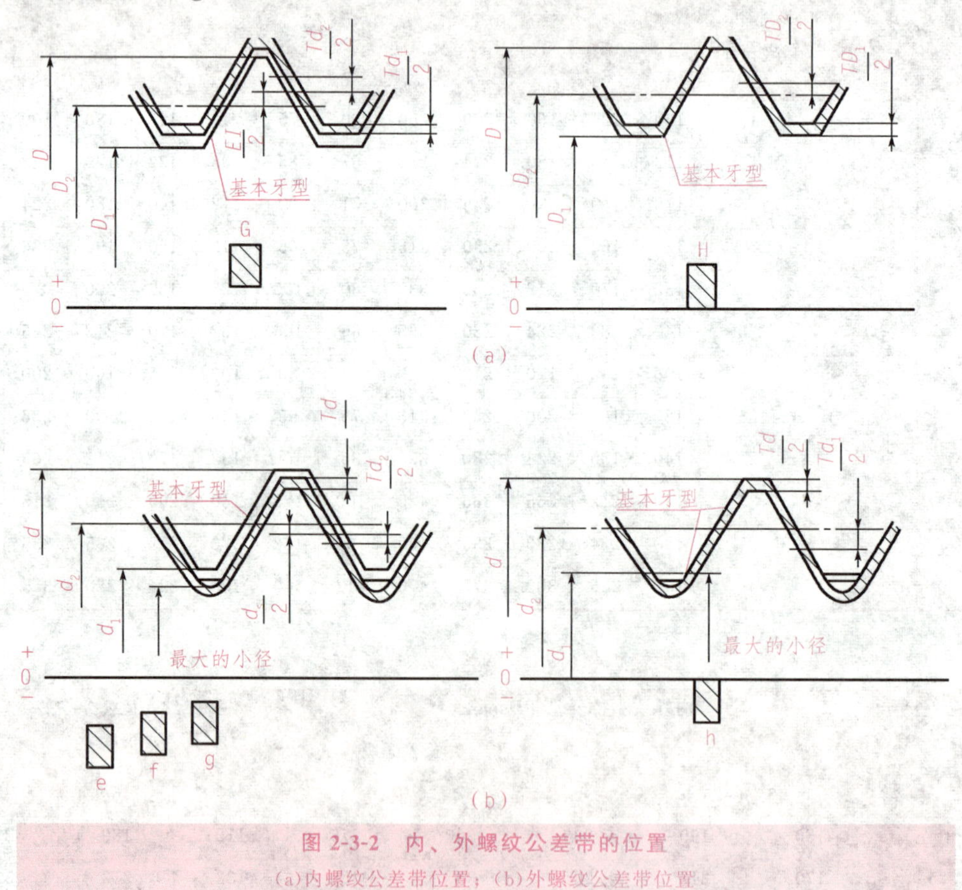

图 2-3-2 内、外螺纹公差带的位置

(a)内螺纹公差带位置；(b)外螺纹公差带位置

内螺纹的公差带在基本牙型零线以上，以下极限偏差(EI)为基本偏差，H 的基本偏差为零，G 的基本偏差为正值。

外螺纹的公差带在基本牙型零线以下，以上极限偏差(es)为基本偏差，h 的基本偏差为零，e、f、g 的基本偏差为负值。

内、外螺纹的基本偏差数值见表 2-3-4。可以看出，除 H 和 h 外，其余基本偏差数值均与螺距有关。

表 2-3-4　内、外螺纹中径和顶径的基本偏差

螺距 P/mm	基本偏差/μm					
	内螺纹 D_2、D_1		外螺纹 d、d_2			
	G(EI)	H(EI)	e(es)	f(es)	g(es)	h(es)
1	+26	0	−60	−40	−26	0
1.25	+28		−63	−42	−28	
1.5	+32		−67	−45	−32	
1.75	+34		−71	−48	−34	
2	+38		−71	−52	−38	
2.5	+42		−80	−58	−42	
3	+48		−85	−63	−48	
3.5	+53		−90	−70	−53	
4	+60		−95	−75	−60	

3. 螺纹的旋合长度

螺纹结合的精度不仅与螺纹公差带的大小有关，而且还与螺纹的旋合长度有关。

标准规定将螺纹的旋合长度分为三组，即短旋合长度(S)、中等旋合长度(N)和长旋合长度(L)。同一组旋合长度中，由于螺纹的公称直径和螺距不同，其长度值也是不同的，具体数值见表 2-3-5。

表 2-3-5　螺纹旋合长度

公称直径 D、d/mm		螺距 P/mm	旋合长度			
			S	N		L
>	≤		≤	>	≤	>
5.6	11.2	0.75	2.4	2.4	7.1	7.1
		1	3	3	9	9
		1.25	4	4	12	12
		1.5	5	5	15	15
11.2	22.4	0.75	2.7	2.7	8.1	8.1
		1	3.8	3.8	11	11
		1.25	4.5	4.5	13	13
		1.5	5.6	5.6	16	16
		1.75	6	6	18	18
		2	8	8	24	24
		2.5	10	10	30	30

项目任务

任务一　普通螺纹的测量

训练目标

知识目标	技能目标
·了解螺纹常用测量工具和仪器的结构、工作原理和适用范围。 ·了解螺纹的公差知识及测量技术要求。 ·掌握螺纹常用测量工具和仪器的使用方法及测量步骤。 ·理解螺纹参数的定义及测量方案的设计。	·学会使用螺纹常用量具测量外螺纹中径。 ·学会正确、规范地使用螺纹量规测量螺纹。 ·掌握正确处理测量数据的方法。 ·掌握对零件合格性的评定方法。

任务分析

图 2-3-3 和图 2-3-4 所示为被测外、内螺纹零件及其图样示意图。在被测螺纹零件图样简图中，M30×1.5 是表示轴套零件上所需加工螺纹的螺纹代号；选用合适的螺纹测量器具，进行正确规范的测量螺纹的相关参数，并判定螺纹是否合格，是本部分要完成的主要任务。

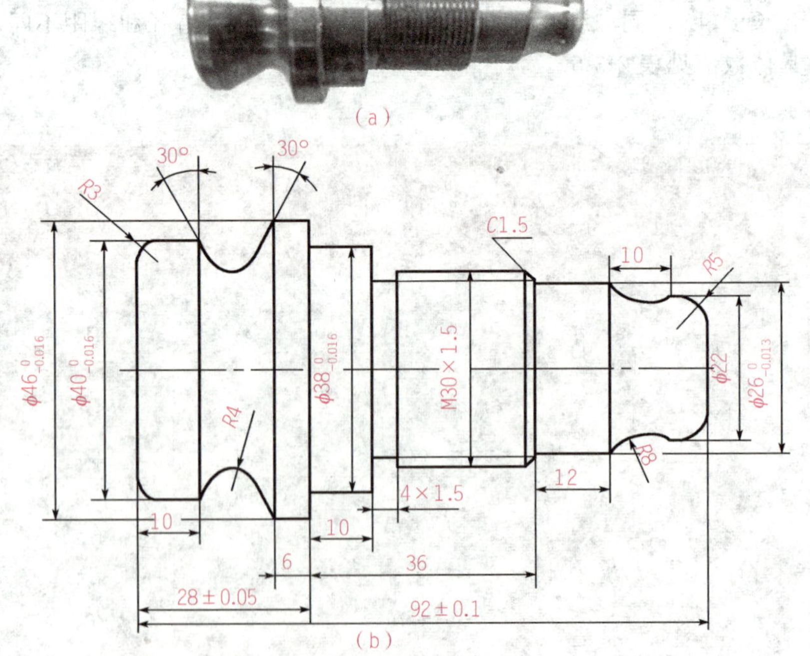

图 2-3-3　被测外螺纹零件及其图样

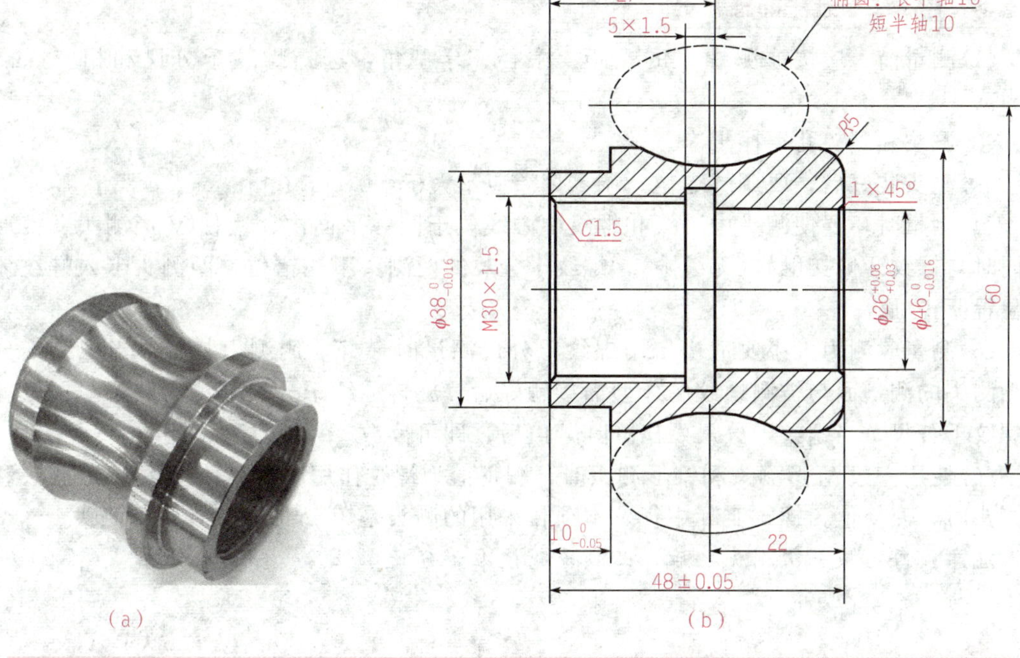

图 2-3-4　被测内螺纹零件及其图样

知识学习

一、螺纹千分尺

1. 螺纹千分尺的结构

螺纹千分尺属于专用的螺旋测微量具，只能用于测量螺纹中径，结构如图 2-3-5 所示，螺纹千分尺具有特殊的测量头，测量头的形状做成与螺纹牙型相吻合的形状，即一个是 V 形测量头，与牙型凸起部分相吻合，另一个为圆锥形测量头，与牙型沟槽相吻合。千分尺有一套可换测量头，每一对测量头只能用来测量一定螺距范围的螺纹。螺纹千分尺适用于低精度要求的螺纹工件测量。

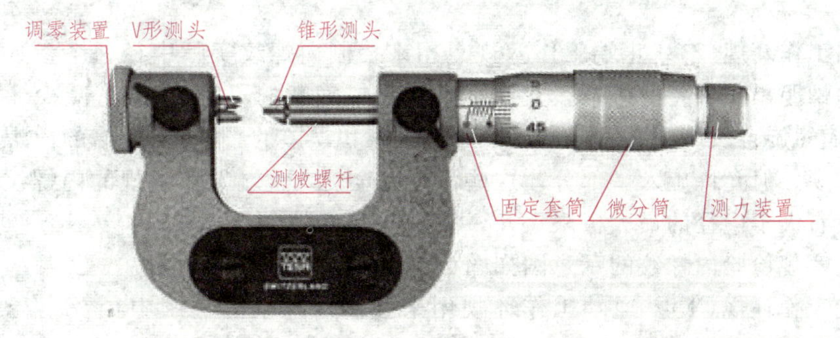

图 2-3-5　螺纹千分尺的结构

2. 螺纹千分尺的使用方法

(1)测量前，应按被测螺纹的螺距、中径、牙型角，选择螺纹千分尺和相应规格的测头。

(2)测头和测头孔要擦干净。

(3)测头装好后，要调整零位。调零偏差应不大于±0.005 mm。

(4)测量时，要使测头中心线和螺纹中心线位于同一平面内，应使V形测头、锥形测头同时与螺纹牙侧接触好(无缝隙)，螺纹千分尺的两测头不能错位，两测头卡入螺纹牙槽的位置要正确。

(5)测量时测力大小要适当。用螺纹千分尺测量时最好使用测力装置。当螺纹千分尺两个测头的测量面与被测螺纹的牙型面接触好后，旋转螺纹千分尺的测力装置，并轻轻晃动螺纹千分尺，当螺纹千分尺发出“咔咔”声后，即可读数。

(6)使用一般V形测头和锥形测头时，测得值为螺纹作用中径；使用短V形测头和锥形测头时，测得值为螺纹实际中径。本项目采用的测头是短V形测头和锥形测头。

注意：每更换一次测头之后，必须重新校准千分尺零位。

二、普通螺纹的测量

1. 综合测量

一次同时测量螺纹的几个参数称为综合测量。在成批生产中通常采用螺纹量规和光滑极限量规联合检验螺纹是否合格。

螺纹极限量规分为工作量规、验收量规和校对量规三种。

(1)工作量规。生产中加工者使用的量规称为工作量规。它包括测量内螺纹的螺纹塞规和光滑塞规，以及测量外螺纹的螺纹环规和光滑卡规。光滑塞规和光滑卡规用来检验内外螺纹的顶径尺寸。螺纹塞规和螺纹环规与光滑塞规和光滑卡规一样都有通端和止端。

①通端工作塞规(T)。通端工作塞规用来检验内螺纹作用中径和螺母大径的最小极限尺寸，采用完整牙型以及与标准的旋合长度(8个牙)相当的螺纹长度，合格的内螺纹应被通端工作塞规顺利旋入。这样，就保证了内螺纹的作用中径和大径不小于它的最小极限尺寸，即 $D_{2作用}>D_{2\min}$。

②止端工作塞规(Z)。止端工作塞规只用来控制内螺纹实际中径一个参数。为了减少牙型半角和螺距累积误差的影响，止端牙型应做成截断的不完整牙形(减少牙型半角误差的影响)即缩短旋合长度到2～2.5牙(减少螺距累积误差的影响)。合格的内螺纹不应通过止端工作塞规，但允许旋入一部分，这些没有完全旋入止端工作塞规的内螺纹，说明它的单一中径没有大于中径的最大极限尺寸，即 $D_{2单一}<D_{2\max}$。

用螺纹塞规检验内螺纹的示意图如图2-3-6所示。

③通端工作环规(T)。通端工作环规用来控制外螺纹的作用中径及小径最大极限尺寸。因此，通端应有完整的牙型和标准的旋合长度。合格的外螺纹应被通端工作环规顺利旋入，这样就保证了外螺纹的作用中径和小径不大于它的最大极限尺寸，即 $d_{2作用}<d_{2\max}$。

④止端工作环规(Z)。通端工作环规用来控制外螺纹的单一中径的最小极限尺寸。和

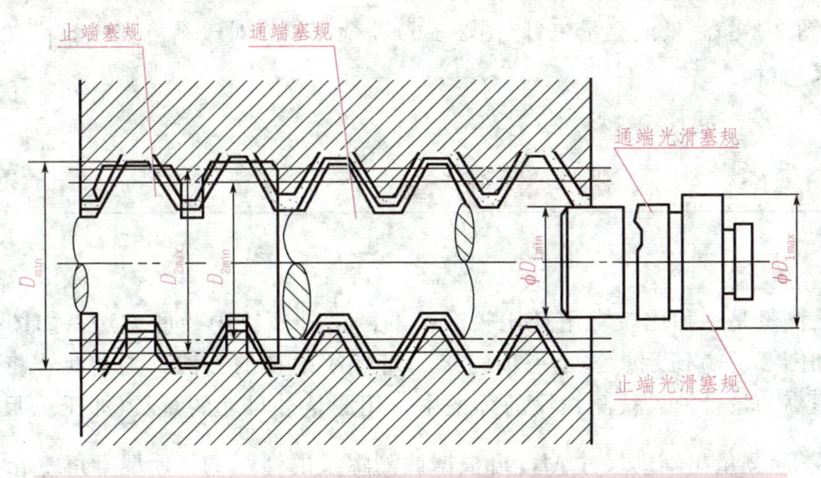

图 2-3-6　用螺纹塞规检验内螺纹的示意图

止端工作塞规同理，止端工作环规的牙型应截短，旋合长度应缩短。合格的外螺纹不应通过止端工作环规，但允许旋入一部分，这些没有完全被旋入的外螺纹，说明它的单一中径没有小于中径的最小极限尺寸，即 $d_{2单一} > d_{2\max}$。

用螺纹环规检验外螺纹的示意图如图 2-3-7 所示。

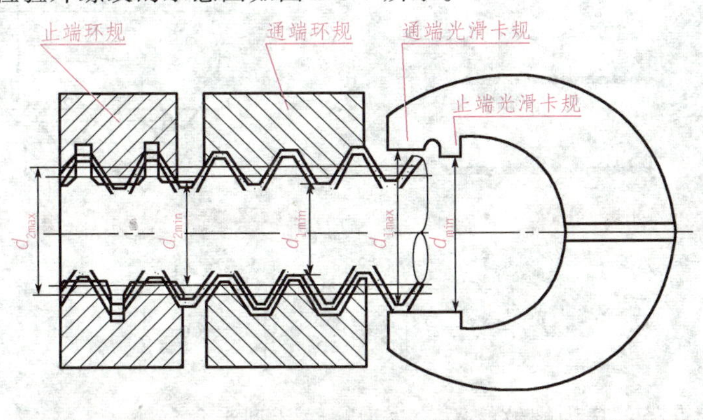

图 2-3-7　用螺纹环规检验外螺纹的示意图

(2)验收量规和校对量规。验收量规和校对量规是工厂检验人员或用户验收人员使用的检验螺纹的螺纹量规。

2. 单项测量

单项测量是用量具测量螺纹几何参数其中的一项。

(1)顶径的测量。顶径的公差值一般都比较大，内、外螺纹顶径常用游标卡尺测量。

(2)螺距的测量。对一般精度要求的螺纹，螺距常用钢直尺和螺纹样板(螺距规)进行测量，如图 2-3-8 所示。

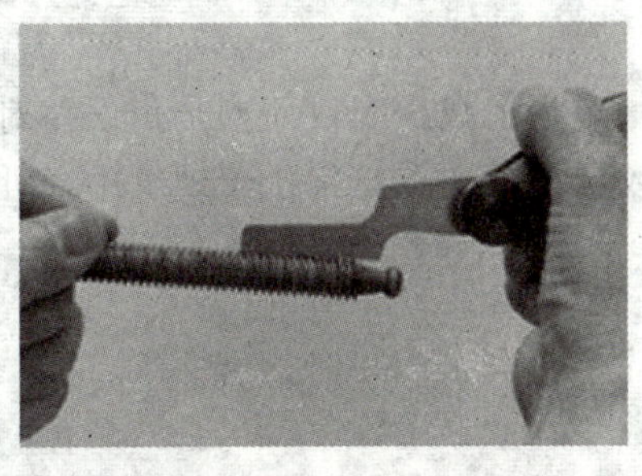

图 2-3-8　用螺纹样板测量螺距

(3)外螺纹中径的测量。外螺纹的中径测量可用螺纹千分尺(图 2-3-5)测量或测量三针(图 2-3-9)进行测量，对于精度要求不高的螺纹一般用螺纹千分尺测量。

三、用三针法测量螺纹中径

1. 测量原理

三针法测量是一种比较常用且比较准确的测量外螺纹中径的方法，如图 2-3-9 所示。其原理图如图 2-3-10 所示。这是一种间接测量螺纹中径的方法，测量时，将三根直径相同、精度很高的量针放入被测螺纹的牙槽中，用测量外尺寸的量具(如千分尺、机械比较仪、测长仪等)测量出辅助尺寸 M，再根据被测螺纹的螺距 P、牙型半角 $\frac{\alpha}{2}$ 和量针直径 d_0 之间的几何关系，换算出被测螺纹的单一中径 d_{2s}。计算公式为

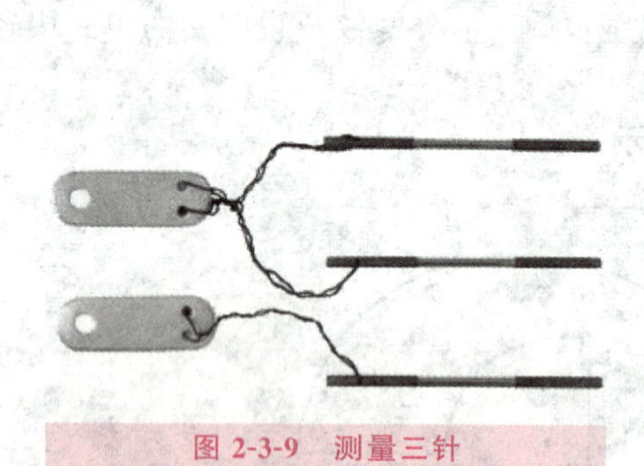
图 2-3-9　测量三针

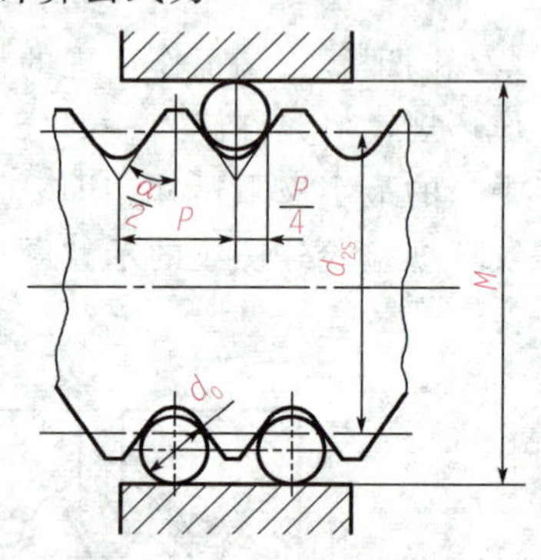

图 2-3-10　三针法测量螺纹中径原理图

$$d_{2s}=M-d_0\left[1+\frac{1}{\sin\frac{\alpha}{2}}\right]+\frac{P}{2}\cot\frac{\alpha}{2} \tag{2-3-1}$$

式中：d_0 为三针直径；P 为螺纹螺距；$\frac{\alpha}{2}$ 为螺纹牙型半角。

①对于公制普通螺纹，$\alpha=60°$，则

$$d_{2s}=M-3d_0+0.866P \tag{2-3-2}$$

②对于梯形螺纹，$\alpha=30°$，则

$$d_{2s}=M-4.8637d_0+1.866P \tag{2-3-3}$$

为了减少螺纹牙型半角误差对测量结果的影响，应选择合适的量针直径，该量针与螺纹牙型的切点恰好位于螺纹中径处。此时所选择的量针直径为最佳量针直径。计算公式为

$$d_{0最佳}=\frac{P}{2}\cos\frac{\alpha}{2} \tag{2-3-4}$$

①当 $\alpha=60°$ 时，有

$$d_{0最佳}=0.577P \tag{2-3-5}$$

②当 $\alpha=30°$ 时，有

$$d_{0最佳}=0.518P \tag{2-3-6}$$

在实际工作中，应选用最佳值，如果没有所需的最佳量针直径，可选择与最佳量针直径相近的三针来测量。

2. 测量步骤

(1)根据被测螺纹的中径，正确选择最佳量针。

(2)在尺座上安装好杠杆千分尺和三针，并校正仪器零位。

(3)将三针放入螺纹牙槽中，按图 2-3-10 所示进行测量，读出 M 值。

(4)在同一截面相互垂直的两个方向上，测出尺寸 M，取其平均值。

(5)计算螺纹单一中径($d_{2s}=M-3d_0+0.866P$)，并判断合格性。

任务实施

一、测量器具准备

测量训练器具准备：螺纹量规，如图 2-3-11 所示；螺纹样板，如图 2-3-12 所示；螺纹千分尺，如图 2-3-5 所示；测量三针，如图 2-3-9 所示；全棉布数块；油石；汽油或无水酒精；防锈油。

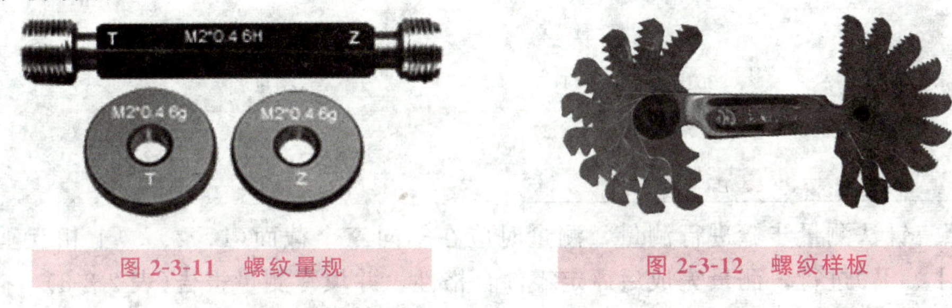

图 2-3-11　螺纹量规

图 2-3-12　螺纹样板

二、螺纹的综合测量

用螺纹量规对被测外螺纹零件(图 2-3-3)和内螺纹零件(图 2-3-4)进行检测，评定零件的合格性，并填写测量报告(表 2-3-6)。

表 2-3-6　螺纹的综合测量报告

测量器具	螺纹量规			
被测零件	外螺纹代号________		内螺纹代号________	
序号	合格	不合格	合格	不合格
工件 1				
工件 2				
工件 3				
测量日期	201　年　月　日		测量者	

三、外螺纹的单项测量(中径测量)

1. 使用螺纹千分尺测量

使用螺纹千分尺在同一个截面相互垂直的两个方向(Ⅰ、Ⅱ)上测量螺纹中径，然后评定零件的合格性，并填写测量报告单(表 2-3-7)。

表 2-3-7 测量报告单

<table>
<tr><td>测量器具</td><td colspan="8">螺纹千分尺：测量范围________ mm，分度值________ mm</td></tr>
<tr><td rowspan="2">被测零件参数</td><td colspan="4">大径 ϕd/mm</td><td colspan="4">中径 ϕd_2/mm</td></tr>
<tr><td colspan="2">$d_{max}=$</td><td colspan="2">$d_{min}=$</td><td colspan="2">$d_{2max}=$</td><td colspan="2">$d_{2min}=$</td></tr>
<tr><td rowspan="2">序号</td><td colspan="2">d_a</td><td colspan="2">评 定</td><td colspan="2">d_{2a}</td><td colspan="2">评 定</td></tr>
<tr><td>Ⅰ方向</td><td>Ⅱ方向</td><td>合格</td><td>不合格</td><td>Ⅰ方向</td><td>Ⅱ方向</td><td>合格</td><td>不合格</td></tr>
<tr><td>工件 1</td><td></td><td></td><td></td><td></td><td></td><td></td><td></td><td></td></tr>
<tr><td>工件 2</td><td></td><td></td><td></td><td></td><td></td><td></td><td></td><td></td></tr>
<tr><td>工件 3</td><td></td><td></td><td></td><td></td><td></td><td></td><td></td><td></td></tr>
<tr><td>测量日期</td><td colspan="4">201 年 月 日</td><td colspan="2">测量者</td><td colspan="2"></td></tr>
</table>

2. 用三针法测量外螺纹中径

按照三针法测量步骤进行测量，测量时应在轴向三个截面(1、2、3)上相互垂直的两个方向(Ⅰ、Ⅱ)进行，测量完成后评定零件合格性，并填写测量报告(表 2-3-8)。

表 2-3-8 测量报告单

<table>
<tr><td>测量器具</td><td colspan="9">螺纹千分尺：测量范围________ mm，分度值________ mm；量针：d_m=________</td></tr>
<tr><td rowspan="3">被测零件参数</td><td colspan="6">测量值 M/mm</td><td rowspan="3">实际中径 d_{2a}/mm</td><td colspan="2" rowspan="2">评定</td></tr>
<tr><td colspan="2">截面 1</td><td colspan="2">截面 2</td><td colspan="2">截面 3</td></tr>
<tr><td>Ⅰ方向</td><td>Ⅱ方向</td><td>Ⅰ方向</td><td>Ⅱ方向</td><td>Ⅰ方向</td><td>Ⅱ方向</td><td>合格</td><td>不合格</td></tr>
<tr><td>工件 1</td><td></td><td></td><td></td><td></td><td></td><td></td><td></td><td></td><td></td></tr>
<tr><td>工件 2</td><td></td><td></td><td></td><td></td><td></td><td></td><td></td><td></td><td></td></tr>
<tr><td>工件 3</td><td></td><td></td><td></td><td></td><td></td><td></td><td></td><td></td><td></td></tr>
<tr><td>测量日期</td><td colspan="4">201 年 月 日</td><td colspan="2">测量者</td><td colspan="3"></td></tr>
</table>

四、测量训练评价

学生应能够按照训练步骤和测量训练评估表 2-3-9 中的评估要求，进行独立计划和实训。评估不合格者，学生提交申请，允许重新评估。

表 2-3-9　测量训练评估表

<table>
<tr><td>学生姓名</td><td colspan="2"></td><td>班级</td><td></td><td>学　　号</td><td colspan="3"></td></tr>
<tr><td>测量项目</td><td colspan="2"></td><td>课程</td><td></td><td>专　　业</td><td colspan="3"></td></tr>
<tr><td>评价方面</td><td colspan="4">测　量　评　价　内　容</td><td>权重</td><td>自评</td><td>组评</td><td>师评</td><td>得分</td></tr>
<tr><td rowspan="3">基础知识</td><td colspan="4">螺纹零件表面技术要求、尺寸公差知识</td><td rowspan="3">20</td><td rowspan="3"></td><td rowspan="3"></td><td rowspan="3"></td><td rowspan="3"></td></tr>
<tr><td colspan="4">螺纹千分尺的结构特点和主要度量指标</td></tr>
<tr><td colspan="4">螺纹千分尺的刻线原理和读数方法</td></tr>
<tr><td rowspan="7">操作训练</td><td rowspan="2">第一阶段：调节仪器</td><td colspan="3">①选择合适的测头装入螺纹千分尺并调零</td><td rowspan="2">10</td><td rowspan="2"></td><td rowspan="2"></td><td rowspan="2"></td><td rowspan="2"></td></tr>
<tr><td colspan="3">②计算并选择与被测螺纹相适应的最佳量针直径</td></tr>
<tr><td rowspan="2">第二阶段：测量并记录数据</td><td colspan="3">①正确使用螺纹千分尺测量螺纹中径并准确读数</td><td rowspan="2">20</td><td rowspan="2"></td><td rowspan="2"></td><td rowspan="2"></td><td rowspan="2"></td></tr>
<tr><td colspan="3">②正确放入量针并测量记录 M 值</td></tr>
<tr><td rowspan="3">第三阶段：测量数据分析、处理</td><td colspan="3">①根据实验现象正确判断螺纹的合格性</td><td rowspan="3">30</td><td rowspan="3"></td><td rowspan="3"></td><td rowspan="3"></td><td rowspan="3"></td></tr>
<tr><td colspan="3">②根据实验数据正确计算被测螺纹的实际中径 d_{2a}</td></tr>
<tr><td colspan="3">③评定螺纹的合格性，字迹清晰，完成实验报告</td></tr>
<tr><td rowspan="4">学习态度</td><td colspan="4">①出勤</td><td rowspan="4">20</td><td rowspan="4"></td><td rowspan="4"></td><td rowspan="4"></td><td rowspan="4"></td></tr>
<tr><td colspan="4">②纪律</td></tr>
<tr><td colspan="4">③团队协作精神</td></tr>
<tr><td colspan="4">④爱护实训设施</td></tr>
<tr><td>规章制度</td><td colspan="3">遵守操作规范，正确使用工具，保持实训场地清洁卫生，安全操作，无事故</td><td colspan="2">不符合要求，每次扣5分</td><td></td><td></td><td></td><td></td></tr>
<tr><td colspan="10">测量技能训练评估记录：

指导教师签字：　　　　　　日期：</td></tr>
<tr><td colspan="10">技能训练评估等级：优秀(85 分以上)；良好(75～85 分)；合格(60～75 分)；不合格(60 分以下)</td></tr>
</table>

任务二 梯形螺纹的测量

训练目标

知识目标	技能目标
· 了解用三针测量梯形螺纹中径的方法与测量步骤。	· 学会使用三针测量梯形螺纹中径，并能正确判断工件的合格性。

任务分析

图 2-3-13 所示为被测外梯形螺纹零件示意图。例如，标记 Tr32×6－7e 是表示梯形螺纹，公称直径 32 mm，螺距 6 mm，中径公差带 7e，中等旋合长度；选用合适的螺纹测量器具，进行正确规范的测量梯形螺纹的相关参数，并判定梯形螺纹是否合格，是本部分要完成的主要任务。

图 2-3-13 梯形螺纹零件示意图

知识学习

机床丝杠、螺母是传递精确位移的传动零件，由于梯形螺纹的传动精度高、效率高、加工方便，因此丝杠、螺母广泛采用牙型角 $\alpha=30°$ 的梯形螺纹。其主要尺寸参数有公称直径 d(外螺纹大径的基本尺寸)和螺距 P。机床丝杠与螺母的中径基本尺寸是相同的，但大径和小径的基本尺寸是不同的，因此装配后在大径和小径处均有间隙。梯形螺纹相关尺寸如图 2-3-14 所示。

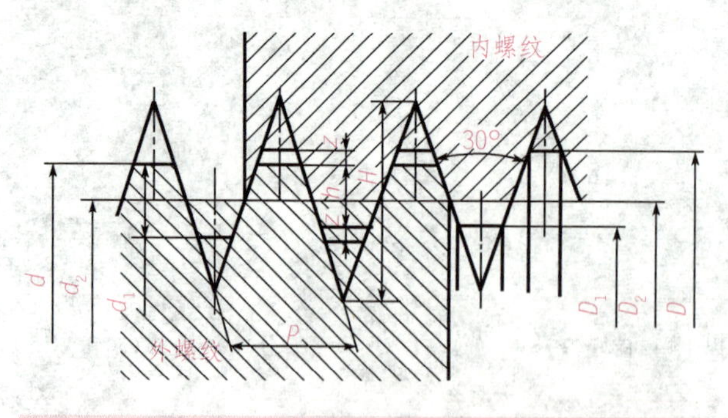

图 2-3-14 梯形螺纹基本牙型示意图

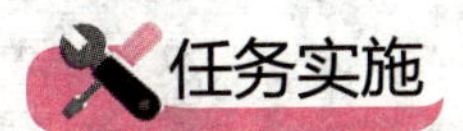

一、测量器具准备

测量训练器具准备：外径千分尺；测量三针。

二、三针法测量梯形螺纹中径

三针法测量梯形螺纹的中径，其原理及测量方法与测量普通螺纹相同，计算公式见式(2-3-3)。根据测量过程和测量结果填写测量报告单(表 2-3-10)。

表 2-3-10　测量报告单

测量器具	螺纹千分尺：测量范围______mm，分度值______mm；量针：d_m=______			
序号	测量值 M/mm	实际中径 d_{2a}/mm	合格	不合格
工件 1				
工件 2				
工件 3				
测量日期	201　年　月　日		测量者	

三、测量训练评价

学生应能够按照训练步骤和测量训练评估表 2-3-11 中的评估要求，进行独立计划和实训。评估不合格者，学生提交申请，允许重新评估。

表 2-3-11　测量训练评估表

<table>
<tr><td>学生姓名</td><td colspan="2"></td><td>班级</td><td></td><td>学　号</td><td colspan="3"></td></tr>
<tr><td>测量项目</td><td colspan="2"></td><td>课程</td><td></td><td>专　业</td><td colspan="3"></td></tr>
<tr><td>评价方面</td><td colspan="4">测　量　评　价　内　容</td><td>权重</td><td>自评</td><td>组评</td><td>师评</td><td>得分</td></tr>
<tr><td rowspan="3">基础知识</td><td colspan="4">梯形螺纹零件表面技术要求、尺寸公差知识</td><td rowspan="3">20</td><td rowspan="3"></td><td rowspan="3"></td><td rowspan="3"></td><td rowspan="3"></td></tr>
<tr><td colspan="4">螺纹千分尺的结构特点和主要度量指标</td></tr>
<tr><td colspan="4">螺纹千分尺的刻线原理和读数方法</td></tr>
<tr><td rowspan="7">操作训练</td><td rowspan="2">第一阶段：调节仪器</td><td colspan="3">①选择合适的螺纹千分尺并调零</td><td rowspan="2">10</td><td rowspan="2"></td><td rowspan="2"></td><td rowspan="2"></td><td rowspan="2"></td></tr>
<tr><td colspan="3">②计算并选择与被测螺纹相适应的最佳量针直径</td></tr>
<tr><td rowspan="2">第二阶段：测量并记录数据</td><td colspan="3">①正确放入量针</td><td rowspan="2">20</td><td rowspan="2"></td><td rowspan="2"></td><td rowspan="2"></td><td rowspan="2"></td></tr>
<tr><td colspan="3">②正确使用螺纹千分尺测量螺纹中径并准确读数记录 M 值</td></tr>
<tr><td rowspan="3">第三阶段：测量数据分析、处理</td><td colspan="3">①根据实验现象正确判断螺纹的合格性</td><td rowspan="3">30</td><td rowspan="3"></td><td rowspan="3"></td><td rowspan="3"></td><td rowspan="3"></td></tr>
<tr><td colspan="3">②根据实验数据正确计算被测螺纹的实际中径 d_{2a}</td></tr>
<tr><td colspan="3">③评定螺纹的合格性，字迹清晰，完成实验报告</td></tr>
</table>

续表

<table>
<tr><th>评价方面</th><th colspan="2">测量评价内容</th><th>权重</th><th>自评</th><th>组评</th><th>师评</th><th>得分</th></tr>
<tr><td rowspan="4">学习态度</td><td colspan="2">①出勤</td><td rowspan="4">20</td><td rowspan="4"></td><td rowspan="4"></td><td rowspan="4"></td><td rowspan="4"></td></tr>
<tr><td colspan="2">②纪律</td></tr>
<tr><td colspan="2">③团队协作精神</td></tr>
<tr><td colspan="2">④爱护实训设施</td></tr>
<tr><td>规章制度</td><td>遵守操作规范，正确使用工具，保持实训场地清洁卫生，安全操作，无事故</td><td colspan="2">不符合要求，每次扣5分</td><td></td><td></td><td></td><td></td></tr>
<tr><td colspan="8">测量技能训练评估记录：

指导教师签字：　　　　　　　　日期：</td></tr>
<tr><td colspan="8">技能训练评估等级：优秀(85分以上)；良好(75～85分)；合格(60～75分)；不合格(60分以下)</td></tr>
</table>

思考与练习

1. 普通螺纹结合的基本要求是什么？
2. 什么是普通螺纹的互换性要求？从几何精度上如何保证普通螺纹的互换性要求？
3. 普通螺纹分为哪些？各种螺纹的特点是什么？
4. 列举普通螺纹的几何参数，并说明其含义。
5. 普通螺纹的公称直径是指哪一个直径？内、外螺纹的顶径分别为哪一个直径？
6. 普通螺纹的原始三角形高度、牙型高度和螺纹接触高度之间有什么关系？
7. 同一精度等级的螺纹，为什么旋合长度不同，中径公差等级也不同？
8. 在普通螺纹的标记中应该注意什么问题？
9. 什么是单一中径？为什么要规定单一中径？单一中径和中径有何区别？
10. 螺纹的检测方法分为哪两大类？各有什么特点？
11. 简述用螺纹工作量规检验内、外螺纹及判定其合格性的过程。
12. 螺纹量规的通端和止端的牙型和长度有何不同？为什么？
13. 用三针法测量外螺纹的单一中径时，量针直径应如何选择？
14. 用三针测量螺纹中径时，有哪些测量误差？

项目四

圆柱齿轮和蜗杆的测量

项目导读

本项目主要介绍了圆柱齿轮和蜗杆的功用、特点和技术工艺要求，圆柱齿轮的测量项目、一般测量方法及测量器具的选用等相关内容。本项目分两个任务，分别以圆柱齿轮和蜗杆为对象来实施。

项目目标

本项目的训练目标如下：

知识目标

· 熟悉圆柱齿轮的基础知识及公差项目。

· 了解圆柱齿轮的测量项目、测量方法及测量器具的选用常识。

· 熟悉圆柱齿轮常用量具和量仪(如齿厚卡尺、齿轮齿距检查仪、基节检查仪等)的结构及工作原理，了解其适用范围，掌握其使用方法与测量步骤。

· 加深对齿距偏差和齿距累积误差定义的理解。

· 加深对基节偏差定义和齿厚偏差定义的理解。

· 了解齿轮径向跳动检查仪的结构，并熟悉其使用方法；加深对径向跳动定义的理解。

· 理解蜗杆主要参数的定义及测量方案的拟定。

技能目标

· 学会正确使用齿轮齿距检查仪测量齿距偏差和齿距累积误差，掌握测量数据的处理方法。

· 掌握齿轮分度圆弦齿高和弦齿厚公称值的计算方法并熟悉齿厚的测量方法。

· 学会使用齿轮基节检查仪测量齿轮基节偏差。

· 了解齿轮径向跳动检查仪的操作方法并正确测量齿轮齿圈径向跳动误差。

· 学会使用三针测量法测量蜗杆分度圆直径。

· 掌握正确处理测量数据的方法及对零件合格性的评定。

项目知识

【知识链接1】 齿轮的基础知识

齿轮传动是现代机械中应用最广的一种机械传动形式，在工程机械、矿山机械、冶金、各种机床及仪器、仪表工业中被广泛用来传递运动和动力；齿轮传动除传递回转运动外，也可以把回转运动转变为直线往复运动。蜗杆传动是利用蜗杆副传递运动和(或)动力的一种机械传动，常用来传递两交错轴之间的运动和动力，通常应用于传动比较大、传递功率不太大或间歇工作的场合；由于传动具有自锁性，故常用在卷扬机等起重机械中，起安全保护作用；它还广泛应用在机床、汽车、仪器、冶金机械及其他机器或设备中。

1. 齿轮的精度要求

齿轮是机器中广泛采用的传动零件之一。各种机械上所用的齿轮，对齿轮传动的要求因用途不同而异，但根据齿轮使用要求归纳起来，齿轮精度由四个方面组成：传递运动的准确性，即运动精度；传动的平稳性，即工作平稳性精度；载荷分布的均匀性，即接触精度；齿轮副传动侧隙。

齿轮加工通常采用展成法加工，其中滚齿是应用最广且具有代表性的一种加工方法。滚切齿轮加工的误差主要来源于机床－刀具－工件系统的周期性误差，从而使加工出的齿轮不同程度地影响了齿轮传动要求的四个方面。

2. 渐开线圆柱齿轮精度

GB/T 10095—2008《渐开线圆柱齿轮精度》是圆柱齿轮传动公差的国家标准。该标准适用于平行轴传动的渐开线齿轮及其齿轮副，其法向模数 m_n 为 1～40 mm，分度圆直径不大于4 000 mm，有效齿宽不大于 630 mm。

(1)精度等级。国家标准 GB/T 10095.1—2008 对单个齿轮规定了 13 个精度等级，其中，0 级精度最高，12 级精度最低。GB/T 10095.2—2008 标准对于径向综合偏差的轮齿精度规定了 9 个精度等级，其中，4 级的精度最高，12 级的精度最低。在表达齿轮精度等级时，要注明 GB/T 10095.1—2008 或是 GB/T 10095.2—2008。

在 GB/T 10095.1—2008 标准 13 个等级中，5 级精度为基本等级，是计算其他等级偏差允许值的基础。0、1、2 级精度目前加工工艺和测量手段尚难以达到，是远景级精度。3 至 12 级分三档：3、4、5 级为高精度等级，6、7、8 级为中等精度等级，9、10、11、12 级为低精度等级。

(2)精度等级的选择。按各项误差对传动性能的主要影响，将齿轮公差分成Ⅰ、Ⅱ、Ⅲ三个公差组，见表 2-4-1。在生产中，将同一个公差组内的各项指标分为若干个检验组，根据齿轮副的功能要求和生产规模，在各公差级中选定一个检验组来检查齿轮的精度。

表 2-4-1 齿轮三个公差组

公差组	公差与极限偏差项目	误差特性	对传动性能的主要影响
Ⅰ	F'_i，F_p，F_{pK}，F''_i，F_r，F_w	以齿轮一转为周期的误差	传递运动的准确性
Ⅱ	f'_i，f''_i，f_f，$\pm f_{pt}$，$\pm f_{pb}$，$f_{f\beta}$	在齿轮一转内，多次周期地重复出现的误差	传动的平稳性

续表

公差组	公差与极限偏差项目	误差特性	对传动性能的主要影响
Ⅲ	F_β，F_b，$\pm F_{px}$	齿线的误差	载荷分布的均匀性

小提示

（1）根据使用的要求不同，对各公差组可选相同或不同的精度等级，但在同一公差组内各项公差与极限偏差应保持相同的精度等级。

（2）一对齿轮副中两个齿轮的精度等级一般取同级，必要时也可选不同等级。

【知识链接 2】 齿轮的测量项目、测量方法及器具的选用

评定齿轮误差的参数有很多，对齿轮测量项目的正确选择能全面地衡量齿轮在传递运动准确性、传动平稳性、载荷分布均匀性、齿轮副侧隙等四个方面的质量。测量齿轮的目的是鉴定完工齿轮的使用质量，根据测量结果调整机床、刀具并分析造成齿轮误差的工艺上的原因，从而改进工艺条件。

在本项目中介绍其中几项参数的测量方法。

1. 齿厚偏差 ΔE_s 的测量

在分度圆柱面上，法向齿厚的实际值与公称值之差。测量齿厚偏差使用齿厚卡尺来测量。

2. 齿轮齿距（周节）累积误差 ΔF_p 及齿距（周节）偏差 Δf_{pt} 的测量

（1）齿距、齿距累积误差、齿距偏差的概念。齿距是指在分度圆上相邻同名齿廓间在圆周上的距离。理论上，对同一齿轮，其齿距都应相等，但由于存在误差，实际上齿距并不相等，与理论齿距有一差值。

齿距偏差（Δf_{pt}）是指在分度圆上实际齿距与公称齿距之差（用相对法测量时，公称齿距是指所有实际齿距的平均值）。Δf_{pt}是由机床周期误差引起的，所以测量齿距偏差可以用来反映机床周期误差。

齿距累积误差（ΔF_p）是指在分度圆上，任意两个同侧齿面间的实际弧长与公称弧长的最大差值。在齿轮加工中不可避免存在偏心，从而使被加工齿轮实际齿廓的位置偏离其公称齿廓，使齿轮齿距不均匀，影响齿轮运动准确性，这种误差由齿距累积误差评定。

（2）测量原理。齿距偏差、齿距累积误差的测量方法常用相对测量法测量。相对测量法是以齿轮上任意一个齿距作为基准，把仪表调整到零，然后依次测量各齿对于基准的相对齿距偏差，最后对数据处理可求出齿距累积误差，同时求解出齿距偏差。相对测量法的定位基准有三种：以齿顶圆定位；以齿根圆定位；以内孔定位。本项目介绍的仪器是以齿顶圆定位的。

3. 齿轮基节偏差的测量

基节是指基圆柱切平面所截两相邻同侧齿面的交线之间的法向距离。基节偏差 Δf_{pb}是指实际基节与公称基节之差。基节偏差使齿轮在啮合过渡的一瞬间发生冲击，影响了齿轮

传动的平稳性。

根据基节定义，测量基节偏差的仪器或量具的测量头应同两齿面接触点的连线应是齿面的法线，或可以说，应等于一齿廓到相邻齿廓切平面的最短距离。本项目介绍的基节检查仪，是利用一个与齿廓相切的测量面以及一沿齿面摆动的测量触头量得两者之间的最小距离，从而反映出基节偏差。测量方法是采用相对测量法。

【知识链接3】 蜗杆的基础知识

蜗杆传动(图 2-4-1)由蜗轮和蜗杆组成，用于传递空间两交错轴(通常交错角为 90°)之间的运动和动力，蜗杆为主动件。

图 2-4-1 蜗杆传动示意图

根据蜗杆的形状，蜗杆传动可分为圆柱蜗杆传动和环面蜗杆传动。圆柱蜗杆按螺旋面形状的不同可分为渐开线蜗杆和阿基米德蜗杆。阿基米德蜗杆由于加工方便，所以应用广泛。

通过蜗杆轴线并垂直于蜗轮轴线的平面称为中间平面，如图 2-4-2 所示。

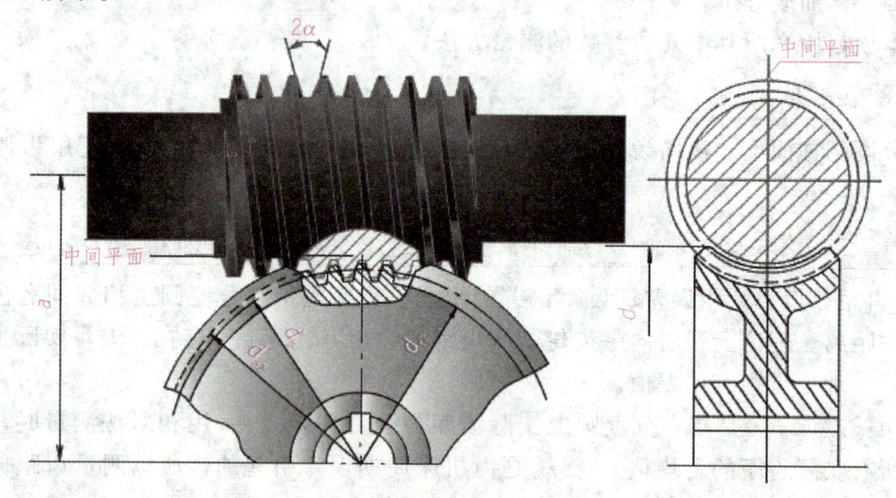

图 2-4-2 蜗杆传动的中间平面示意图

在中间平面内，普通圆柱蜗杆传动相当于齿轮与齿条的啮合传动，所以设计计算都以中间平面的参数和几何关系为准，并沿用圆柱齿轮传动的计算关系。

在中间平面内参数(对蜗杆而言是蜗杆的轴向平面)：

(1)模数 m 和压力角 α。主平面：蜗杆——轴面 m_{x1}，α_{x1}；蜗轮——端面 m_{t2}，α_{t2}。

(2)蜗杆的分度圆直径 d_1 和直径系数 q：

$$d_1=mq\neq mZ_1$$

【知识链接4】 蜗杆测量项目、测量方法及测量器具的选用

蜗杆的主要测量参数有齿距、齿顶圆直径、分度圆直径和法向齿厚等。齿顶圆直径可以用千分尺测量；分度圆直径一般用三针测量；法向齿厚则用齿厚游标卡尺来测量；齿距主要由机床传动链保证，粗略的测量可用钢直尺或游标卡尺。

项目任务

任务一 圆柱齿轮的测量

训练目标

知识目标	技能目标
• 熟悉圆柱齿轮常用量具和量仪(如齿厚卡尺、齿轮齿距检查仪、基节检查仪等)的结构及工作原理，了解其适用范围，掌握其使用方法与测量步骤。 • 加深对齿距偏差和齿距累积误差的定义的理解。 • 加深对基节偏差定义和齿厚偏差定义的理解。	• 学会正确使用齿轮齿距检查仪测量齿距偏差和齿距累积误差，掌握测量数据的处理方法。 • 掌握齿轮分度圆弦齿高和弦齿厚公称值的计算方法并熟悉齿厚的测量方法。 • 学会使用齿轮基节检查仪测量齿轮基节偏差。

任务分析

图 2-4-3 和图 2-4-4 所示分别为直齿圆柱齿轮零件及其图样示意图。选用合适的圆柱齿轮测量器具，进行正确规范的测量直齿圆柱齿轮的相关参数，并判定圆柱齿轮是否合格，是本部分要完成的主要任务。

图 2-4-3 直齿圆柱齿轮

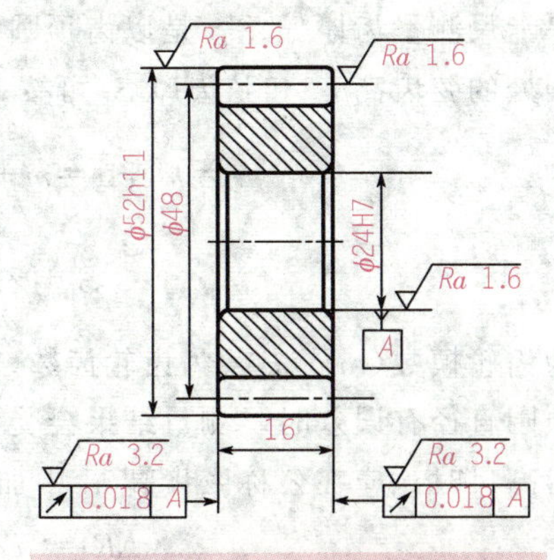

图 2-4-4 圆柱齿轮零件图样

一、齿厚游标卡尺

1. 结构

图 2-4-5 所示为测量齿厚偏差的齿厚游标卡尺。它相当于由两把卡尺相互垂直连接而成，分别称作齿高尺和齿厚尺，齿高尺和齿厚尺的游标分度值相同。目前，常用的齿厚卡尺的游标分度值为 0.02 mm，其原理和读数方法与普通游标卡尺相同。卡尺的测量模数范围为 1～16 mm、1～25 mm、5～32 mm 和 10～50 mm 等 4 种。

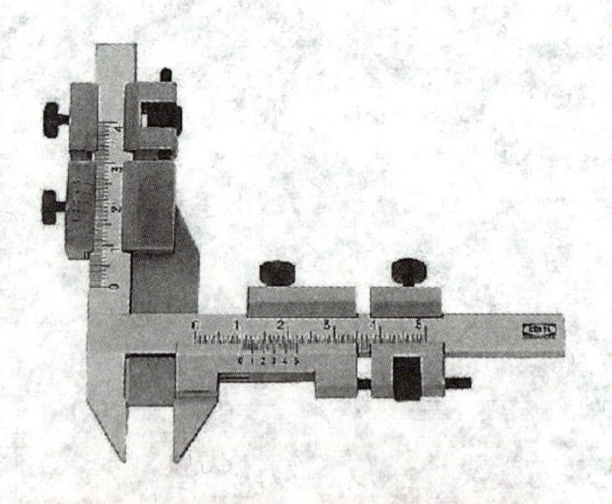

图 2-4-5 齿厚游标卡尺示意图

2. 测量原理

齿高尺用于控制测量部位(分度圆至齿顶圆)的弦齿高 h_f，齿厚尺用于测量所测部位(分度圆)的弦齿厚 $S_{f(实际)}$。其测量方法如图 2-4-6 所示。

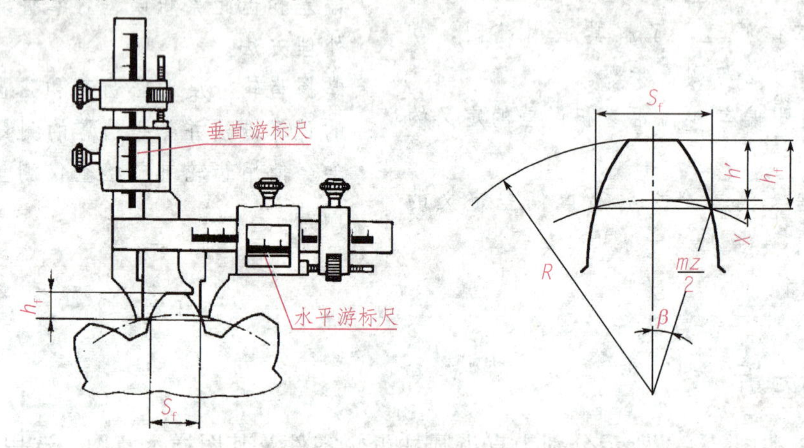

图 2-4-6 齿厚卡尺测量齿厚偏差示意图

用齿厚卡尺测量齿厚偏差，是以齿顶圆为基准。当齿顶圆直径为公称值时，直齿圆柱齿轮分度圆处的弦齿高 h_f 和弦齿厚 S_f 可按下式计算：

$$h_f = h' + x = m + \frac{Zm}{2}\left[1 - \cos\frac{90^\circ}{Z}\right] \tag{2-4-1}$$

$$S_f = Zm\sin\frac{90^\circ}{Z} \tag{2-4-2}$$

式中：m 为齿轮模数(mm)；Z 为齿轮齿数。

当齿顶圆直径有误差时，测量结果会受齿顶圆偏差的影响，为了消除齿顶圆偏差的影响，调整齿高尺时，应在公称弦齿高 h_f 中加上齿顶圆半径的实际偏差 ΔR。

$$\Delta R = (d_{a实际} - d_a)/2 \tag{2-4-3}$$

垂直游标尺应按下式调整：

$$h_f = h' + x + \Delta R = m + \frac{Zm}{2}\left[1 - \cos\frac{90^\circ}{Z}\right] + (d_{a实际} - d_a)/2 \tag{2-4-4}$$

二、齿轮齿距检查仪

1. 结构

齿轮齿距检查仪(图 2-4-7)是测量齿轮齿距偏差和齿距累积误差的常用量具，其测量方法是相对测量法，测量定位基准是齿顶圆。仪器结构如图 2-4-8 所示，被测齿轮模数范围为 2～16 mm，仪器指示表的分度值是 0.001 mm。

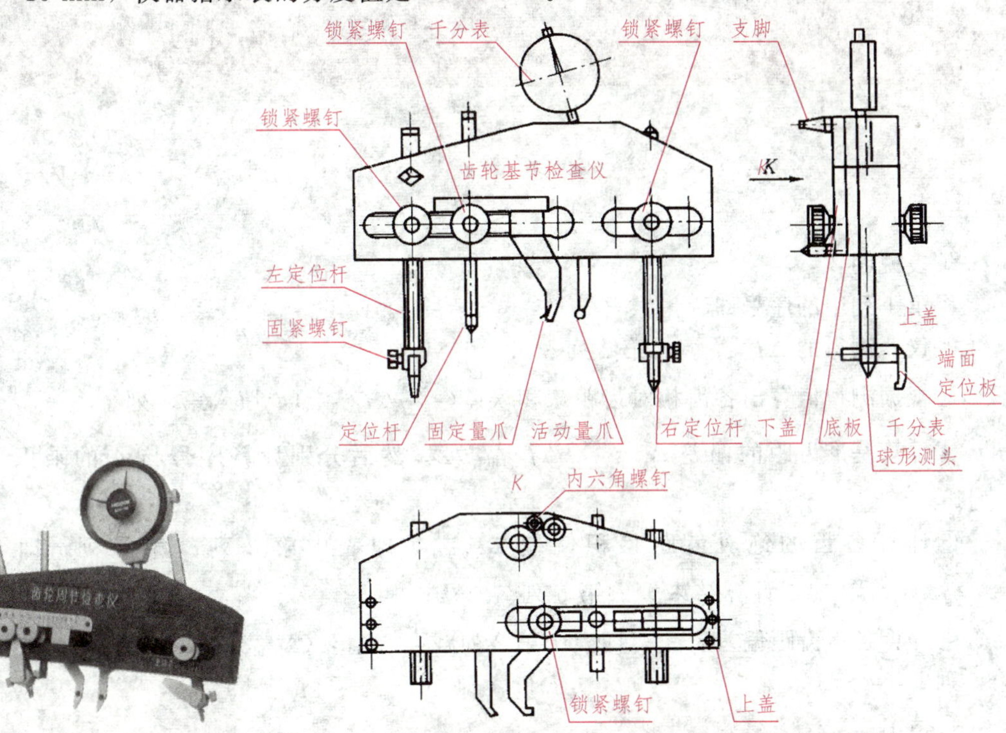

图 2-4-7　齿轮齿距检查仪

图 2-4-8　齿轮齿距检查仪结构示意图

2. 测量原理

齿轮齿距检查仪测量原理如图 2-4-9 所示，测量时以被测齿轮的齿顶圆定位。参照齿距检查仪的结构示意图(图 2-4-8)，按下面的步骤对仪器进行调整和测量齿距偏差。

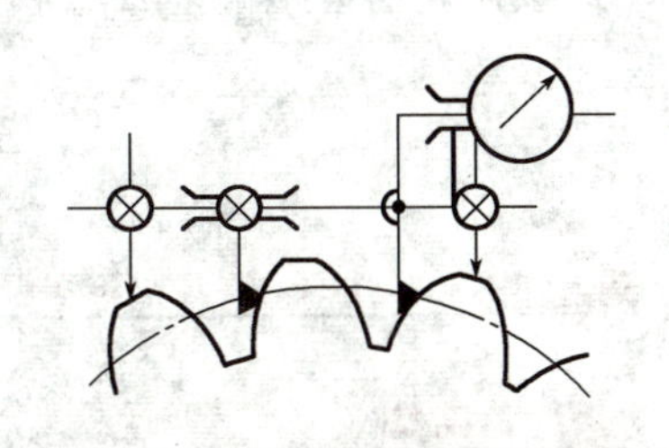

图 2-4-9　齿距仪测量原理示意图

(1)调整固定量爪工作位置。按被测齿轮模数的大小移动固定量爪，使其上的刻线与仪器上相应模数刻线对齐，并用锁紧螺钉固定。

(2)调整定位杆的工作位置。调整定位杆，使其与齿顶圆接触，并使测量头位于分度圆(或齿高中部)附近，然后固定各定位杆。调节端面定位杆，使其与齿轮端面相接触，用螺钉固紧。

(3)测量。

①以被测齿轮上任意一个齿距作为基准齿距进行测量，观察千分表示值，然后将仪器测量头稍微移开齿轮，再使它们重新接触，经数次反复测量，待示值稳定后，调整千分表指针使其对准零位。

②逐齿测量各齿距的相对偏差，填入表格第1列。

(4)数据处理。计算方法采用列表办法，将测量及计算后的数据填入表2-4-2中。

表2-4-2 数据记录表 (单位：μm)

序号	相对齿距偏差 $\Delta f_{pt相对}$	相对齿距累积偏差 $\Delta F_{p相对}$	序号与平均偏差的乘积 $n\Delta$	绝对齿距累积偏差 $\Delta F_{p绝对}$	各齿绝对齿距偏差 $(\Delta f_{pt})_n$

填表说明：

①第1列中的序号即为齿数号。

②仪器测得的 $\Delta f_{pt相对}$ 填入第2列。

③根据测得值算出各齿相对齿距累积误差($\sum\Delta f_{pt相对}$)，填入第3列。

④计算基准齿距的偏差 $\Delta=\sum\Delta f_{pt相对}/Z$。然后分别计算序号与 Δ 的乘积填入第4列。

⑤计算各齿的绝对齿距累积偏差 $\Delta F_{p绝对}$，即表中第3列减第4列，即 $\Delta F_{p绝对}=\sum\Delta f_{pt相对}-\Delta$，计算结果填入第5列。

⑥计算各齿齿距偏差 Δf_{pt}，即表中第2列减去 Δ 值，$(\Delta f_{pt})_n=\Delta f_{pt相对}-\Delta$，结果填入第6列。

⑦结论：

a. 该齿轮的齿距累积误差 ΔF_P 为最大的绝对齿距累积偏差减最小的绝对齿距累积偏差，即 $\Delta F_p=(\Delta F_{p绝对})_{max}-(\Delta F_{p绝对})_{min}$。

b. 该齿轮的齿距偏差 Δf_{pt} 就是表格第6列中各齿绝对齿距偏差中绝对值最大的那个偏差。

三、齿轮基节检查仪

1. 结构

齿轮基节检查仪(图2-4-10)用于检验直齿及斜齿的外啮合圆柱齿轮的基节偏差。

仪器结构如图2-4-11、图2-4-12所示，被测齿轮模数为1～16 mm，仪器指示表的范围是±0.06 mm。

图 2-4-10　齿轮基节检查仪

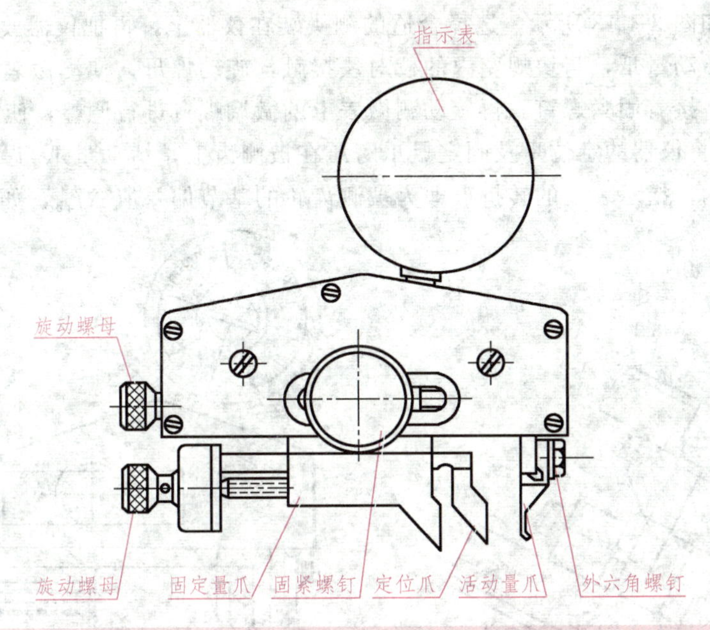

图 2-4-11　齿轮基节检查仪结构示意图

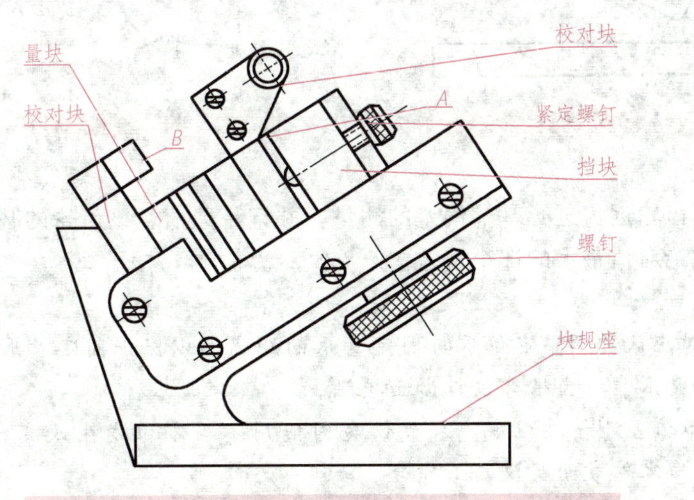

图 2-4-12　块规座

2. 测量原理

参照齿轮基节检查仪的结构示意图(图 2-4-11)，按下面的步骤对仪器进行调整和测量基节偏差。

(1)仪器的调整。

①组合一组量块，使其尺寸等于被测齿轮的公称基节 P_b 值。

公称基节的计算公式为

$$P_b = \pi m_n \cos\alpha_n (\text{当 } \alpha = 20^\circ \text{时，} P_b = 2.9521 m_n)$$

式中：m_n 为法向模数；α_n 为法向压力角。

组成所需尺寸后，在其两端研上校对块，一起放在块规座(图 2-4-12)内。

②调零。如图 2-4-13 所示，选择合适的测头装在仪器上，再把仪器放在块规座上，调节固定量爪与活动量爪，与块规座内的校对块接触，旋动螺母，使测微表上的指针处于零点或零点附近，接着固紧螺钉，再旋动测微表上的微调螺钉进行调整，使指针对准零位。

(2)测量。将仪器的定位爪及固定量爪跨压在被测齿上，活动量爪与另一齿面相接触，将仪器来回摆动，指示表上的转折点即为被测齿轮的基节偏差值 Δf_{pb}，如图 2-4-14 所示。

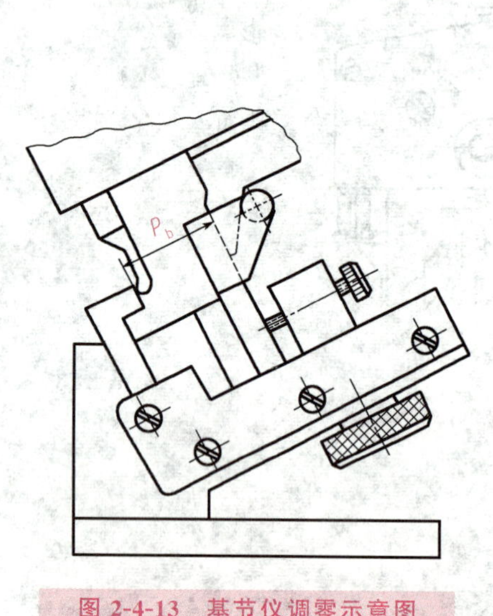

图 2-4-13 基节仪调零示意图

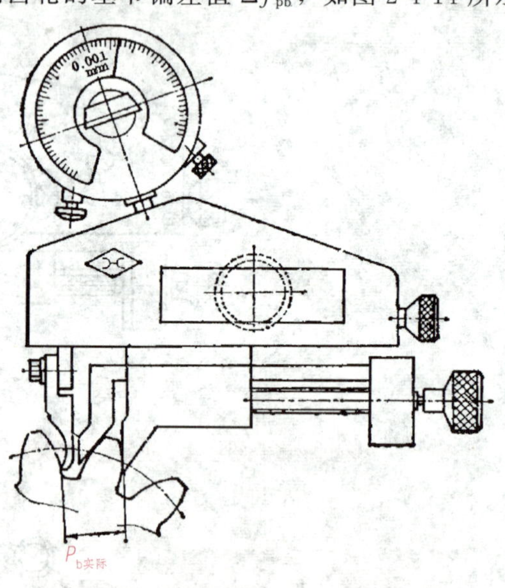

图 2-4-14 基节仪测量基节偏差示意图

对一被测齿轮逐齿进行基节偏差的测量，并记录数值。该齿轮的基节偏差 Δf_{pb} 就是各齿基节偏差中绝对值最大的那个偏差。

注意：

(1)测量时应认真调整定位爪与固定量爪的距离，以保证固定量爪靠近齿顶部位与齿面相切，活动量爪靠近齿根部位与齿面接触。

(2)在基节偏差测量过程中，基节仪会因使用不当零位发生改变，应随时注意校对。测量前应先擦净零件表面及仪器工作台。

一、测量器具准备

测量训练器具准备：外径千分尺、齿厚游标卡尺(图 2-4-5)、齿轮齿距检查仪(图 2-4-7)、齿轮基节检查仪(图 2-4-10)、全棉布数块、油石、汽油或无水酒精、防锈油。

二、测量训练内容和步骤

1. 被测直齿圆柱齿轮($Z=24$，$m=2$ mm)

零件图如图 2-4-15 所示。

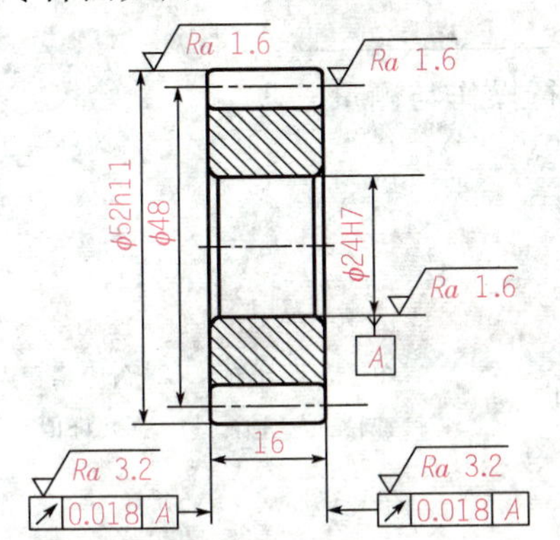

齿数	Z	24
法向模数	m_n	2
齿形角	α	20°
径向变位系数	x	0
精度等级	7—FL	

图 2-4-15　圆柱齿轮零件图样

2. 使用齿厚游标卡尺测量齿轮齿厚偏差

(1)用外径千分尺测量齿顶圆的实际直径。

(2)计算分度圆处弦齿高 h_f 和弦齿厚 S_f。

(3)按 h_f 值调整齿厚卡尺的齿高尺。

(4)将齿厚卡尺置于被测齿轮上，使齿高尺与齿顶相接触。然后，移动齿厚尺的卡脚，使卡脚靠紧齿廓。从齿厚尺上读出弦齿厚的实际尺寸(用透光法判断接触情况)。

(5)分别在圆周上间隔相同的几个轮齿上进行测量，记录测量结果。

(6)按被测齿轮的精度等级，确定齿厚上偏差 E_{ss} 和下偏差 E_{si}，判断被测齿轮齿厚的合格性。

(7)完成测量报告(表 2-4-3)。

表 2-4-3　齿轮齿厚偏差测量报告

测量器具		分度值			测量范围	
被测齿轮	模数		齿顶圆直径		分度圆弦齿高	
	齿数		分度圆弦齿厚		齿顶圆实际直径	
	齿形角		齿厚上偏差		高度尺调定高度	
	精度		齿厚下偏差			
测量结果	测量次数	1	2	3	4	5
	齿厚实际值					
	齿厚实际偏差					
	结论					
测量日期	201　　年　　月　　日			测量者		

3. 使用齿轮齿距检查仪测量齿距偏差和齿距累积误差

(1)按前述介绍的齿轮齿距检查仪的使用方法进行操作与测量。

(2)完成测量报告(表 2-4-4)。

表 2-4-4　齿轮单个齿距偏差和齿距累积误差测量报告

测量器具		分度值		测量范围	
被测齿轮	齿数	齿形角	精度	单个齿距允许偏差值 $\pm f_{pt}$	齿距累积误差允许值 $\pm F_p$
测量结果与数据处理					
序号	相对齿距偏差 $\Delta f_{pt相对2}$	相对齿距累积偏差 $\Delta F_{p相对}$	序号与平均偏差乘积 $n\Delta$	绝对齿距累积偏差 $\Delta F_{p绝对}$	各齿绝对齿距偏差 $(\Delta f_{pt})_n$
单个齿距偏差 f_{pt}			齿距累积误差 F_p		
结论					
测量日期	201　　年　　月　　日			测量者	

4. 使用齿轮基节检查仪测量基节偏差

(1)按前述介绍的基节仪的使用方法进行操作与测量。

(2)完成测量报告(表 2-4-5)。

表 2-4-5　齿轮基节偏差测量报告

测量器具			分度值		测量范围		
被测齿轮	齿数	模数	齿形角	精度	公称基节	基节偏差±f_{pb}	
测　量　结　果							
序　号		1	2	3	4	5	6
基节偏差(f_{pb})	左						
	右						
实际基节偏差	最大				最小		
结论							
测量日期	201　年　月　日					测量者	

三、测量训练评价

学生应能够按照训练步骤和测量训练评估表 2-4-6 中的评估要求，进行独立计划和实训。评估不合格者，学生提交申请，允许重新评估。

表 2-4-6　测量训练评估表

学生姓名			班级		学　号				
测量项目			课程		专　业				
评价方面	测　量　评　价　内　容				权重	自评	组评	师评	得分
基础知识	齿轮零件技术要求、尺寸公差知识				20				
	齿厚游标卡尺的结构特点和主要度量指标								
	齿轮齿距检查仪的结构特点和主要度量指标								
	齿轮基节检查仪的结构特点和主要度量指标								
操作训练	第一阶段：调节仪器	①正确测量齿顶圆的实际直径			20				
		②正确计算分度圆处弦齿高 h_f 和弦齿厚 S_f							
		③正确调整齿距检查仪的零位							
		④正确计算公称基节							
	第二阶段：测量并记录数据	①按 h_f 值正确调整齿厚卡尺的齿高尺			20				
		②正确调整齿厚卡尺的卡脚与被测齿轮齿廓接触							
		③正确测量齿轮齿距相对偏差							
		④正确组合量块							
	第三阶段：测量数据分析、处理	①按被测齿轮的精度等级代号查表确定齿厚上、下偏差			20				
		②根据测量结果进行数据处理计算出齿距偏差							
		③评定齿轮的合格性，字迹清晰，完成实验报告							

续表

评价方面	测量评价内容	权重	自评	组评	师评	得分
学习态度	①出勤 ②纪律 ③团队协作精神 ④爱护实训设施	20				
规章制度	遵守操作规范，正确使用工具，保持实训场地清洁卫生，安全操作，无事故	不符合要求，每次扣5分				
测量技能训练评估记录： 指导教师签字：　　　　日期：						
技能训练评估等级：优秀(85分以上)；良好(75～85分)；合格(60～75分)；不合格(60分以下)						

任务二　蜗杆的测量

训练目标

知识目标	技能目标
• 熟悉测量蜗杆的常用工具和仪器的结构及工作原理，了解其适用范围，掌握其使用方法与测量步骤。 • 理解蜗杆的主要参数的定义及测量方案的拟定。	• 学会正确选用三针测量的量针直径。 • 学会使用三针测量法测量蜗杆分度圆直径，学会正确使用齿厚游标卡尺。 • 学会正确处理测量数据的方法及对零件合格性的评定。

任务分析

图 2-4-16 所示为蜗杆零件。选用合适的蜗杆参数测量器具，进行正确规范的测量直蜗杆的相关参数(如分度圆直径、法向齿厚等)，并判定蜗杆是否合格，是本部分要完成的主要任务。

图 2-4-16　蜗杆

知识学习

蜗杆的主要测量参数有齿距(周节)、齿顶圆直径、分度圆直径和法向齿厚等。其中齿顶圆直径可以用外径千分尺测量。齿距(周节)主要由机床传动链保证，粗略的测量可用钢直尺或游标卡尺。

一、分度圆直径的测量

1. 量针直径的选用

为了减少蜗杆牙型半角误差对测量结果的影响，应选择合适的量针直径，该量针与蜗杆牙型的切点恰好位于蜗杆分度圆直径处，此时所选择的量针直径为最佳量针直径。具体计算公式见表 2-4-7。

表 2-4-7　三针测量蜗杆($\alpha=20°$)的计算公式

三针测量值 M 计算公式	量　针　直　径(d_0)		
	最大值	最佳值	最小值
$M=d_1+3.924d_0-4.316m_x$	$2.446m_x$	$1.672m_x$	$1.61m_x$
注：m_x 为蜗杆的轴向模数；d_1 为蜗杆的分度圆公称直径。			

“温馨提示”：选用的三根量针直径必须相同(精度等级有 0 级、1 级)。

2. 三针测量值 M 的计算

三针测量值 M 的具体计算公式参照表 2-4-7。根据计算公式可计算出三针测量值的理论值，再根据蜗杆精度等级查表得出蜗杆分度圆直径的公差，从而可以得到蜗杆分度圆直径三针测量值的变化范围。

二、法向齿厚的测量

蜗杆的齿厚是很重要的参数，在齿形角正确的情况下，分度圆直径处的轴向齿厚 s_x (图 2-4-17)与齿槽宽应是相等的，但轴向齿厚无法直接测量，常通过对法向齿厚 s_n 的测量来判断轴向齿厚是否正确。法向齿厚与轴向齿厚的关系可用下式表示：

$$s_n=s_x\cdot\cos\gamma=(\pi m_x/2)\cdot\cos\gamma \tag{2-4-5}$$

法向齿厚可以用齿厚卡尺进行测量，其测量方法如图 2-4-17 所示。齿厚卡尺在本项目任务一中已作具体介绍。

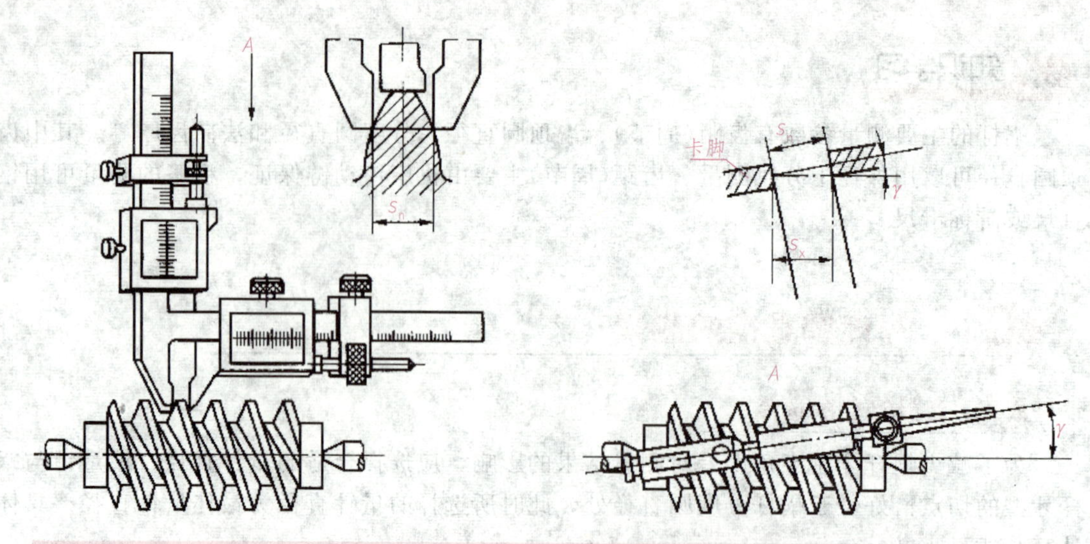

图 2-4-17 用齿厚卡尺测量蜗杆法向齿厚示意图

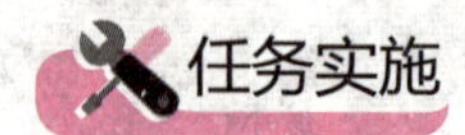

一、测量器具准备

测量训练器具准备：外径千分尺、齿厚游标卡尺(图 2-4-5)、测量三针、公法线千分尺、全棉布数块、油石、汽油或无水酒精、防锈油。

二、测量训练内容和步骤

1. 被测蜗杆

蜗杆(阿基米德蜗杆，头数 $Z=1$；轴向模数 $m_x=3$ mm；旋向：右旋；精度等级 7—DC)零件如图 2-4-16 所示。

2. 分度圆直径的测量

(1)测量过程。测量时，将三根精度很高、直径相同的量针(如果没有所需的最佳量针直径，可选择与最佳量针直径相近的三针来测量，但量针直径必须在最大值与最小值之间)分别放入被测蜗杆的牙槽内，用公法线千分尺测量出辅助尺寸 M 的实际值，填入表 2-4-8(需多次测量)。

表 2-4-8 数据记录 (单位：mm)

测量次数	1	2	3	4	5
M 的实际值					

“温馨提示”：测量读数要精确到小数点后三位。

(2)测量数据处理与测量结果判定。将表格中各次测量数据进行平均，得到一个较为精确的三针测量实际值。

测量结果判定：将三针测量实际值与查表计算得出的蜗杆分度圆直径三针测量值变化范围进行比较，并作出评定结论。如果实际测量值在其变化范围内，则为合格。

(3)填写测量报告。

测量报告单

任务名称： 蜗杆分度圆直径测量——三针测量法

检测仪器： 公法线千分尺　　**规格型号：** ________　　量针直径：________

被测蜗杆： 模数 m_x=________　头数 Z=________　旋向：________

查表并计算得到蜗杆分度圆直径三针测量值变化范围=________~________。

数据记录： (表 2-4-9)

表 2-4-9　数据记录　　(单位：mm)

测量次数	1	2	3	4	5
M 的实际值					

测量结果判定： 实际测量值的平均值=________；

结论： ________________________________。

3. 法向齿厚的测量

(1)测量过程。测量时，由于轴向齿厚无法直接测量，常通过齿厚游标卡尺对法向齿厚 s_n 进行测量(其测量方法如图 2-4-17 所示)，从而来判断轴向齿厚是否正确。其转换的计算公式为：$s_n = s_x \cdot \cos\gamma = (\pi m_x/2) \cdot \cos\gamma$。蜗杆法向齿厚的公差可根据蜗杆的精度等级查表得出。

“温馨提示”：一般情况下，蜗杆零件图的参数一栏中会标注出法向齿厚的数值及相应精度等级的公差值。

用齿厚游标卡尺测量蜗杆法向齿厚的实际值，填入表 2-4-10(需多次测量)。

表 2-4-10　数据记录　　(单位：mm)

测量次数	1	2	3
蜗杆法向齿厚测量值			

“温馨提示”：测量读数要精确到小数点后两位。

(2)测量数据处理与测量结果判定。将表格中各次测量数据进行平均，得到一个较为精确的蜗杆法向齿厚实际值。

测量结果判定：将蜗杆法向齿厚实际值与查表计算得出的蜗杆法向齿厚及公差要求进行比较并作出评定结论。如果实际测量值在其变化范围内则为合格。

(3)填写测量报告。

任务名称： 蜗杆法向齿厚测量

检测仪器： 齿厚游标卡尺　　规格型号：________

被测蜗杆： 模数 m_x=________　头数 Z=________　旋向：________

查表并计算得到蜗杆法向齿厚及公差：

数据记录：（表 2-4-11）

表 2-4-11 数据记录 （单位：mm）

测量次数	1	2	3
蜗杆法向齿厚测量值			

测量结果判定： 实际测量值的平均值＝__________；

结论： ____。

三、测量训练评价

学生应能够按照训练步骤和测量训练评估表 2-4-12 中的评估要求，进行独立计划和实训。评估不合格者，学生提交申请，允许重新评估。

表 2-4-12 测量训练评估表

<table>
<tr><td>学生姓名</td><td colspan="2"></td><td>班级</td><td></td><td>学　号</td><td colspan="4"></td></tr>
<tr><td>测量项目</td><td colspan="2"></td><td>课程</td><td></td><td>专　业</td><td colspan="4"></td></tr>
<tr><td>评价方面</td><td colspan="4">测　量　评　价　内　容</td><td>权重</td><td>自评</td><td>组评</td><td>师评</td><td>得分</td></tr>
<tr><td rowspan="3">基础知识</td><td colspan="4">量针直径的选用基础知识</td><td rowspan="3">20</td><td rowspan="3"></td><td rowspan="3"></td><td rowspan="3"></td><td rowspan="3"></td></tr>
<tr><td colspan="4">分度圆直径的测量有关知识</td></tr>
<tr><td colspan="4">法向齿厚的测量有关操作步骤</td></tr>
<tr><td rowspan="7">操作训练</td><td rowspan="2">第一阶段：调节仪器</td><td colspan="3">①计算并选择与被测蜗杆相适应的最佳量针直径</td><td rowspan="2">10</td><td rowspan="2"></td><td rowspan="2"></td><td rowspan="2"></td><td rowspan="2"></td></tr>
<tr><td colspan="3">②正确调整齿厚游标卡尺</td></tr>
<tr><td rowspan="2">第二阶段：测量并记录数据</td><td colspan="3">①正确使用公法线千分尺测量蜗杆并准确记录 M 值</td><td rowspan="2">20</td><td rowspan="2"></td><td rowspan="2"></td><td rowspan="2"></td><td rowspan="2"></td></tr>
<tr><td colspan="3">②正确使用齿厚游标卡尺测量蜗杆法向齿厚 s_n 并准确记录</td></tr>
<tr><td rowspan="3">第三阶段：测量数据分析、处理</td><td colspan="3">①能进行三针测量值的理论计算与查表</td><td rowspan="3">30</td><td rowspan="3"></td><td rowspan="3"></td><td rowspan="3"></td><td rowspan="3"></td></tr>
<tr><td colspan="3">②能进行蜗杆法向齿厚及公差的计算与查表</td></tr>
<tr><td colspan="3">③评定蜗杆的合格性，字迹清晰，完成实验报告</td></tr>
<tr><td rowspan="4">学习态度</td><td colspan="4">①出勤</td><td rowspan="4">20</td><td rowspan="4"></td><td rowspan="4"></td><td rowspan="4"></td><td rowspan="4"></td></tr>
<tr><td colspan="4">②纪律</td></tr>
<tr><td colspan="4">③团队协作精神</td></tr>
<tr><td colspan="4">④爱护实训设施</td></tr>
<tr><td>规章制度</td><td colspan="4">遵守操作规范，正确使用工具，保持实训场地清洁卫生，安全操作，无事故</td><td>不符合要求，每次扣 5 分</td><td></td><td></td><td></td><td></td></tr>
<tr><td colspan="10">测量技能训练评估记录：

指导教师签字：　　　　　　　　日期：</td></tr>
<tr><td colspan="10">技能训练评估等级：优秀（85 分以上）；良好（75～85 分）；合格（60～75 分）；不合格（60 分以下）</td></tr>
</table>

思考与练习

1. 对齿轮传动有哪些使用要求？

2. 第Ⅰ、Ⅱ、Ⅲ公差组有何区别？各包括哪些项目？

3. 如何选择齿轮的精度等级？从哪几个方面考虑选择齿轮的检验项目？

4. 测量齿轮齿距偏差的目的是什么？

5. 测量齿轮基节偏差的目的是什么？

6. 测量齿轮齿厚偏差的目的是什么？

7. 测量齿轮齿厚是为了保证齿轮传动的哪项使用要求？

8. 齿轮齿厚偏差 ΔE_s 可以用什么评定指标代替？

9. 测量齿轮齿限偏差 Δf_{pt}和齿距累积误差 ΔF_p 是为了保证对齿轮传动的哪些使用要求？可以用什么评定指标代替 ΔF_p？

10. 齿轮径向跳动产生的主要原因是什么？它对齿轮传动有何影响？

11. 为什么测量齿轮径向跳动时，要根据齿轮的模数不同，选用不同直径的球形测头？

12. 齿厚的测量精度与哪些因素有关？

13. 试分析用齿厚游标卡尺测量齿轮轮齿齿厚时应注意的事项。

14. 试列出齿轮基节检查仪调整的步骤。

15. 测量基节偏差 Δf_{pb}是为了保证对齿轮传动的哪项使用要求？

16. 测量一般精度要求的齿轮通常采用何种测量方法？它的优点是什么？

17. 齿轮的基节偏差与齿距(周节)偏差有无关系？

18. 三针测量法测量蜗杆分度圆直径时为什么要确定三个量针的直径？如何确定？

19. 试分析当你在加工蜗杆时会采用的测量方法，并说明原因。

20. 你认为三针测量法测量蜗杆与用齿厚游标卡尺测量法向齿厚，哪种测量方法的测量精度高？哪种测量方法操作方便？

第三部分

精密测量设备应用技术基础

测量技术的发展与机械加工精度的提高有着密切的关系。随着我国机械工业的发展，高、精测量设备的应用领域得到逐步扩大，从而有效地解决了传统手工测量中的技术难题，进一步提高了测量效率和测量精度。此外，计算机和量仪的连用，还可用于控制测量操作程序，实现自动测量或通过计算机对数控机床发出的加工指令将测量结果用于控制加工工艺，从而使测量和加工组成工艺系统的整体。

本项目主要学习用于精密测量的光学量仪、气动量仪和三坐标测量机的结构、特点和使用方法。

任务一　工具显微镜应用技术基础

训练目标

知识目标	技能目标
• 熟悉工具显微镜的结构、特点和用途。 • 掌握工具显微镜正确使用方法与测量步骤。	• 学会使用工具显微镜测量外螺纹牙型、大径和螺距的方法。

任务分析

图 3-0-1 所示为被测零件——螺栓。利用工具显微镜精确测量螺栓零件的螺纹要素（如牙型、大径和螺距等），并判定螺栓零件是否合格，是本部分要完成的主要任务。

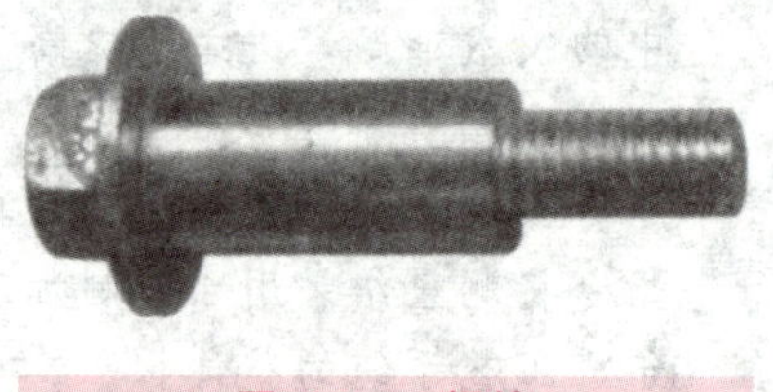

图 3-0-1　螺栓

知识学习

一、工具显微镜的结构

工具显微镜是一种典型的光学量仪，它主要由主机和外接数据处理系统组成。其中主机包括目镜、物镜、工作台、底座、立柱、悬臂和光源等，具体结构如图 3-0-2 所示。工具显微镜是利用光的反射原理所构成的光学杠杆放大作用而制成的精密光学测量仪器，并通过外接数据处理系统，将测量结果反映在显示屏上。

工具显微镜配有很多附件，有各种目镜（如螺纹轮廓目镜、双像目镜、圆弧轮廓目镜等），还有测量刀具、测量孔径用的光学定位器等。

二、工具显微镜的用途

工具显微镜主要用来测量零件的尺寸、形状和位置误差，它有不同的放大倍率，以便

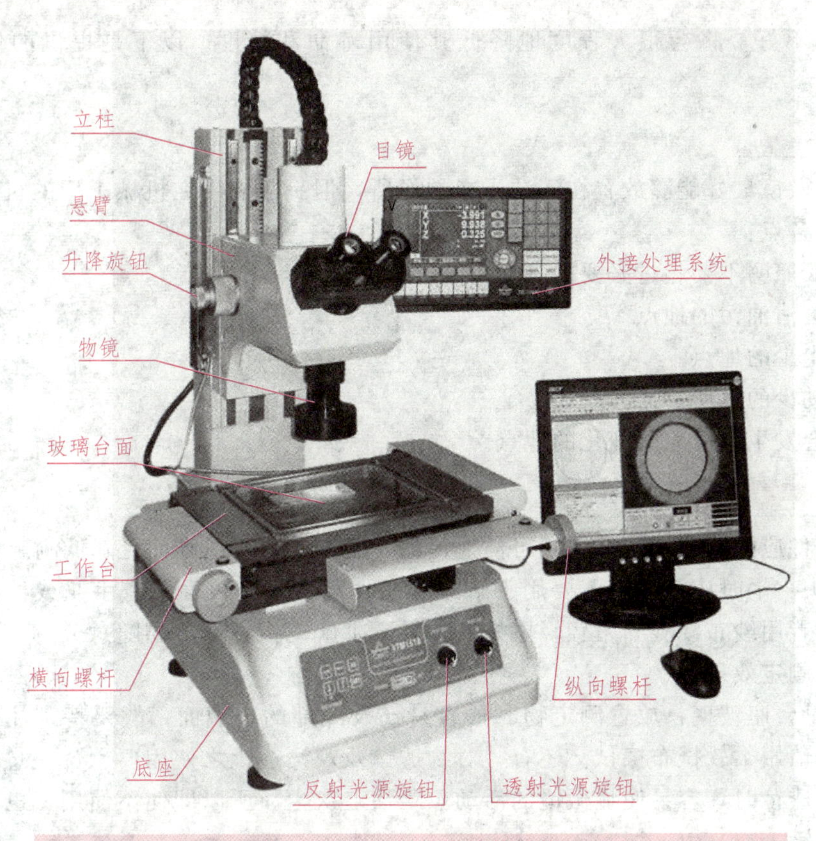

图 3-0-2　工具显微镜的结构

于对微小工件也能做出精确的测定。主要使用范围如下：

(1)测量尺寸：长度、外径、孔径及孔距等。

(2)测定形状：各种成型零件如样板、样板车刀、样板铣刀、冲模和凸轮的形状。

(3)测定螺纹：外螺纹(螺纹塞规、丝杆和蜗杆等)的中径、小径、螺距、牙型半角、螺形角等。

(4)测定角度：如螺纹梳形车刀、螺纹铣刀的螺形角、各种样板铣刀的轮廓角和各种形状样板的角度等。

(5)测定齿轮：齿轮滚刀的导程、齿形和牙型角。

(6)测定形位误差：电路板、钻模或孔板上的孔的位置度、键槽的对称度等形位误差。

(7)本仪器也可作为观察显微镜使用，例如作表面粗糙度检定及其他类似工作。

(8)本仪器可配用特殊设备与附件，并可变换不同的放大倍率。对于形状复杂或微小工件的测定极为方便。

三、工具显微镜的维护保养

显微镜在不使用的状态下，用塑料袋包起来，然后在塑料袋里放 12 包干燥剂，显微镜放到通风的环境下就可以了，物镜镜头要定期擦拭。工具显微镜是很精密的测量仪器，如果保养得不好，将会很大程度地降低其使用寿命和精度。以下是提供的保养和维护建议。

1. 环境

工具显微镜最好能够放置在清洁干净的场所，但一般使用在机械工厂的机会很多，故应注意下列各点：

(1)一般照明不要超过必要的亮度。

(2)不会沾油污的地点。

(3)灰尘少的地点。

(4)振动少的场所。

(5)不会发生温度急剧变化的地点。

2. 玻璃零组件

玻璃零件应随时保持清洁，不可沾上污垢，否则生像不清晰而且降低测定精度。

(1)镜头：平时应该注意不要用手触碰镜头，假若镜头表面沾有手纹或油污，可用镜头清洁剂或者用纱布浸湿酒精轻轻擦拭，如果不了解镜头者请不要随意分解，些微的灰尘是不会影响测定效果。

(2)测量台座玻璃：放置测定物时最容易伤及此部的玻璃面，故要特别注意。若沾上油垢或灰尘请用柔软拭布擦拭。还有，对物透镜及观测透镜之使用要十分注意。当从显微镜拆卸观测透镜时，容易使显微镜的活动焦距沾上灰尘，所以即使不使用，也要把观测透镜装在显微镜上。

3. 电气零件

工具显微镜必须使用较高压的电流，假若接触不良容易产生热，易发生危险，所以必须随时检查，原则上主机必须接地。

4. 消耗品及附件

灯泡及电源保险丝是属于消耗品，购置时应准备备品以利更换。附件则以测定台玻璃最重要，也须准备备品。

任务实施

使用工具显微镜进行测量的方法有影像法和轴切法。影像法是指利用工具显微镜中分划板上的标线瞄准被测长度一边后，从相应的读数装置中读数，然后移动工作台，以同一标线瞄准被测长度的另一边，再做第二次读数。两次读数之差即为被测长度的量值。下面采用影像法对螺栓零件的螺纹进行测量。

一、测量器具准备

测量训练器具准备：工具显微镜(图 3-0-2)、全棉布数块、油石、汽油或无水酒精、防锈油。

二、测量训练内容和步骤

1. 待测螺栓零件

待测螺栓零件(图 3-0-1)。

2. 正确安装被测零件

将被测零件放置在工作台上，让被测零件借助于磁性表座使零件的螺纹轴线与工作台平行。

3. 用工具显微镜测量牙型角、螺纹大径、螺距

(1)螺纹牙型角的测量。牙型角的测量方法是将牙型放大后，分别测出某个牙型的四个点的坐标，通过数据处理换算成角度值。具体操作步骤如下：

①选择合适的物镜和目镜。

②打开透射光源，调节亮度和悬臂高度，从目镜中能观察到零件清晰的轮廓影像。

③调节旋钮，使刻线板上坐标中心对准螺纹牙侧的一点 A。

④在外接微电脑处理器上按“angle”键(表示测量角度)，再按“enter”键确认牙侧一点的位置，该点的坐标值显示在屏幕上。

⑤移动工作台，使坐标中心对准螺纹同一牙侧的另一点 B，按“enter”键确认第二个点的位置，再按“finish”键，完成螺纹牙型第一边的测量。

⑥按上述操作方法，使坐标中心对准同一牙型的另一侧的某一点 C，按“enter”键确认螺纹牙型另一侧点 C 的位置坐标。

⑦移动工作台，使坐标中心对准螺纹牙型另一侧的第二个点 D，按“enter”键确认该点的坐标。再按“finish”键，完成第二个边的测量，处理器自动计算出牙型的角度(本例中测量计算出牙型角为 62°43′01″)。

(2)螺纹大径的测量。

①调节工作台，使目镜中的水平坐标线对齐螺纹牙顶。

②按下处理器上 X、Y 坐标归零按钮，将 X、Y 坐标全部归零。

③移动工作台，使目镜中的水平线对齐螺纹另一边的牙顶。

④找准位置后，处理器自动显示测量结果(本例中测出该螺纹大径为 5.9008 mm)。

(3)螺距的测量。

①调节工作台，使目镜中的水平线对齐螺纹牙顶。

②转动横向螺杆，使目镜中的水平虚线置于螺纹中径附近某一位置。

③转动纵向螺杆，使刻线板上坐标中心对准螺纹某牙侧的一点，直接按下处理器上 X、Y 坐标归零按钮。

④转动纵向螺杆，使牙型纵向移动几个螺距的长度，至刻线板上坐标中心对准螺纹另一同侧牙型，处理器自动显示两牙型之间的距离。

⑤将测量数据除以移动的螺距数的所得值即为被测螺纹的螺距。

4. 观察螺纹牙顶、牙底的微观，判定螺纹的旋合受力状况

观察螺纹的牙顶与牙底的微观，主要是确定螺纹在使用过程中是否存在受力过大、旋合长度过长等状况，以便在新一批的机器装配中能对螺纹安装的控制力和长度起指导性作用。

观察螺纹牙顶与牙底的微观时，除选择合适的目镜和物镜外，必须采用反射光源。即应打开反射光源，调节亮度，再通过调节悬臂高度，使在目镜中能观察到零件清晰的影像。

5. 完成测量报告

完成测量报告(表 3-0-1)。

表 3-0-1 测量报告单

测量器具	工具显微镜 分度值______					
被测零件	螺纹代号为 M6					
测量件数	测量结果					
	大径	小径	牙型角	螺距	牙顶微观	合格性评定
件 1						
件 2						
件 3						
测量日期	201 年 月 日			测量者		

任务二 气动量仪应用技术基础

训练目标

知识目标	技能目标
• 熟悉浮标式气动测量仪的结构、特点和用途。 • 了解气动量仪的工作原理。	• 初步学会使用浮标式气动测量仪的操作方法和测量步骤。

任务分析

图 3-0-3 所示为被测零件——发动机箱盖。

图 3-0-3 发动机箱盖

利用气动测量仪测量发动机箱盖结构尺寸(如中心孔 $\phi 40^{+0.018}_{0}$)，并判定箱盖零件是否合格，是本部分要完成的主要任务。

知识学习

一、气动量仪简介

1. 气动量仪的工作原理及分类

气动量仪的测量原理是比较测量法。它是利用压缩空气流过零件表面时压力或流量的变化，将被测尺寸的变化转换成气体或流量信号，通过刻度显示的装置来反映零件几何尺寸或位置的测量仪器。气动量仪的工作原理如图 3-0-4 所示。

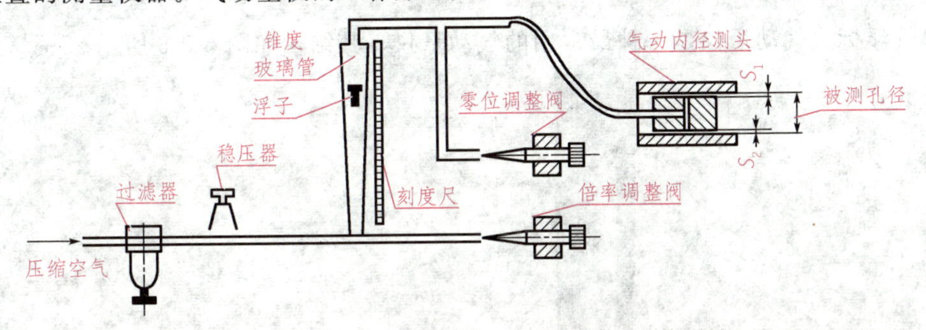

图 3-0-4 气动量仪的工作原理示意图

气分动量仪为压力式和流量式两类。压力式气动量仪有水柱式、水银式、薄膜式、膜盒式和波纹管式等。流量式气动量仪有单管、双管或三管式等类型。流量式气动量仪的测量原理是将长度信号转化为气流信号，通过有刻度的玻璃管内的浮标显示数值，称为浮标式气动测量仪；或通过气电转换器将气信号转换为电信号，由发光管组成的光柱显示示值，称为电子柱式气动测量仪。图 3-0-5 所示为三管浮标式气动量仪，它可同时连接上看

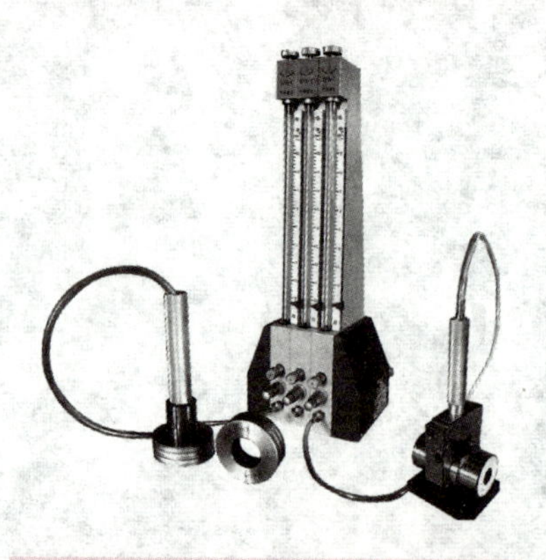
图 3-0-5 三管浮标式气动量仪

气动接头，完成不同项目的测量。

2. 气动量仪的特点及用途

气动量仪是一种可多台拼装的多功能的综合量仪，它与不同的气动测头搭配，可以实现多种参数的测量。气动量仪由于其本身具备很多优点，所以在机械制造行业得到了广泛的应用。其优点如下：

(1)测量项目多。可测量长度，如内径、外径、槽宽、两孔距、深度、厚度等。也可测量形状和位置误差，如圆度、同轴度、直线度、平面度、平行度、垂直度等。还可测量如锥度、通气度和密封性等。特别对某些用机械量具和量仪难以解决的测量，如测深孔内径、小孔内径、窄槽宽度等，用气动测量比较容易实现。

(2)量仪的放大倍数较高，人为误差较小，不会影响测量精度。工作时无机械磨擦，所以没有回程误差。

(3)操作方法简单，读数容易，能够进行连续测量，易于判断各尺寸是否合格。

(4)能够实现测量头与被测表面不直接接触，减少测量力对测量结果的影响，同时避免划伤被测件表面，对薄壁零件和软金属零件的测量尤为适用；同时由于非接触测量，测量头可以减少磨损，延长使用期限。

(5)气动量仪主体和测量头之间采用软管连接，可实现远距离测量。

(6)结构简单，工作可靠，调整、使用和维修都十分方便。

二、单管浮标式气动量仪的结构及规格

单管浮标式气动量仪是一种最常用的气动量仪，其结构如图 3-0-6 所示。

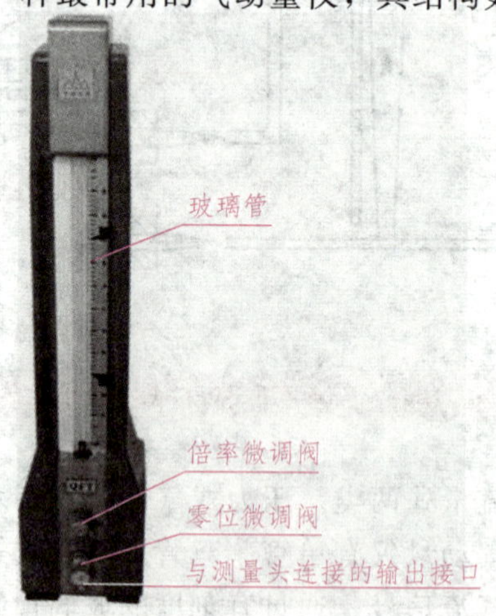

图 3-0-6 单管浮标式气动量仪的结构

单管浮标式气动量仪的规格包括基本放大倍数、有效示值范围和刻度值(分度值)，具体见表 3-0-2。基本放大倍数是指刻度尺上相邻两刻线的间距与分度值的比值。有效示值范围是指在全部刻度范围中，能保证性能指标的刻度范围。

表 3-0-2 单管浮标式气动量仪的规格

基本放大倍数	示值范围/μm	有效示值范围(被测件公差范围)	刻度尺		
			刻度值/μm	格宽度/mm	全刻度格数
1000	200	160	5.0	5	40
2000	100	80	2.0	4	50
5000	40	30	1.0	5	40
10000	20	16	0.5	5	40

量仪使用条件：

- 使用清洁干净且干燥空气源。
- 空气源工作压力为 0.3～0.7 MPa。

任务实施

一、测量器具准备

测量训练器具准备：单管浮标式气动量仪(图 3-0-6)、全棉布数块、油石、汽油或无水酒精、防锈油。

二、测量训练内容和步骤

1. 待测发动机箱盖

待测发动机箱盖(中心孔 $\phi40^{+0.018}_{0}$)零件(图 3-0-3)。

2. 测量前

(1)选择合适的校对环规。根据被测孔的尺寸公差要求确定两个校对环规和一个测头。环规和测头必须根据被测零件孔的尺寸到量仪厂定制。本例中的上限环规的尺寸为 ϕ40.0186 mm，下限环规尺寸为 ϕ39.997 mm，测头的直径规格为 $\phi40^{+0.02}_{0}$ mm(由量仪厂标写，非真实尺寸)，如图 3-0-7 所示。

(2)连接气管和测头，检查气动量仪。

①查气动量仪有无漏气现象，否则影响使用性能。

②查倍率微调阀和零位微调阀是否灵活、可靠，浮标有无轴向窜动。

③查界限指针上下调整是否方便，且要求定位准确、固定可靠。

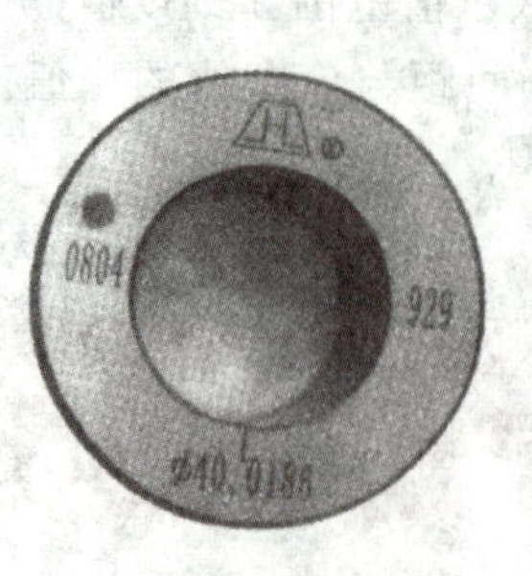

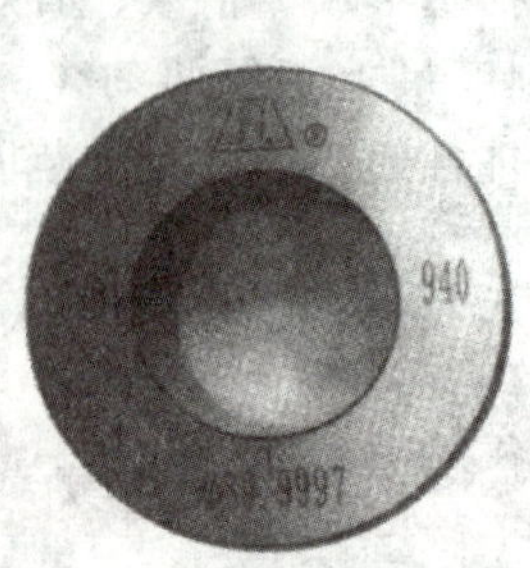

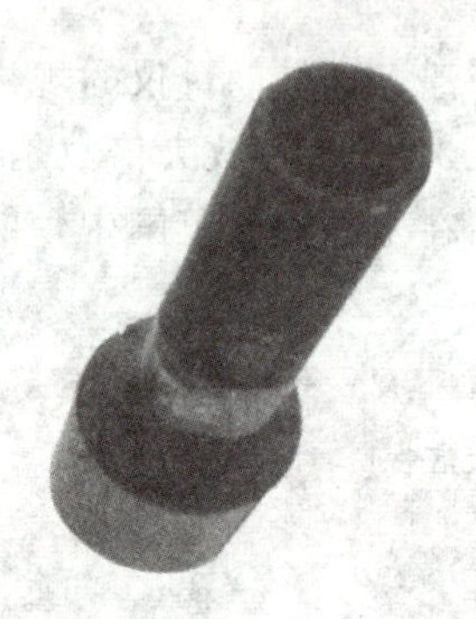

图 3-0-7　测量用环规和测头

3. 测量中

(1)选择合适的放大倍率，调整量仪的上、下限位置。打开气源开关，调好压缩空气的压力。然后将测头放在下限环规里，采用 5000 倍放大倍数，用零位微调阀调定浮标的下限位置，浮标处于调定的零位状态。再将测头放在上限环规里，用倍率微调阀调定浮标的上限位置，浮标处于调定的上限位置状态。这样上、下之间共有 18 格，每一刻线代表的长度尺寸为 1 μm，即分度值为 1 μm。

(2)测量零件尺寸。将测头小心地放在零件的被测孔内，如图 3-0-8 所示。打开空气开关，由于被测孔径实际尺寸与校对环规尺寸之差引起的间隙变化，使测量气室中的空气流量发生变化。变化的大小由浮标在锥度玻璃管中的位置显示出来。然后，从刻度尺上读出浮标与下限之间的格数，此时，格数为 13.5 格，即浮标所示读数为 13.5 μm。所以，孔的实际尺寸为 $\phi 40.0135$ mm。

图 3-0-8　测头放入中心孔测量

4. 测量后

(1)关闭空气开关，将测头和气管拆下存放在专用盒内。气动量仪应保持洁净。

(2)处理相关测量数据，并完成测量报告(表 3-0-3)。

表 3-0-3　测量报告

测量器具	气动量仪________　基本放大倍数________　有效示值范围________　分度值________	
被测零件尺寸要求	发动机箱盖中心孔尺寸 $\phi 40^{+0.018}_{0}$	
测量件数	测量结果	
	测量值	合格性评定
件 1		
件 2		
件 3		

提示： 测量零件时，只要浮标在上、下限位置之间，说明该尺寸合格。

任务三　三坐标测量机应用技术基础

训练目标

知识目标	技能目标
• 了解托架尺寸、形位公差的测量方法。 • 了解三坐标测量机的结构组成、工作原理及应用。 • 熟悉三坐标测量机的操作使用方法、测量步骤和维护保养。	• 能根据测量软件要求选择测头等组件。 • 学会校正基准，会把 X、Y、Z 坐标置零位，能恰当地选取测点及测量参数。 • 能根据软件分析处理数据，并判定被测件是否合格。

任务分析

图 3-0-9 所示为被测汽车配件零件——托架。利用三坐标测量机测量托架结构几何尺寸、形状和位置误差，并判定托架零件是否合格，是本部分要完成的主要任务。

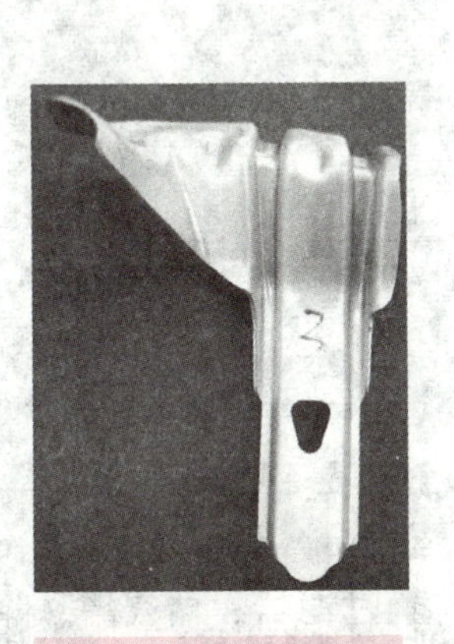

图 3-0-9　托架

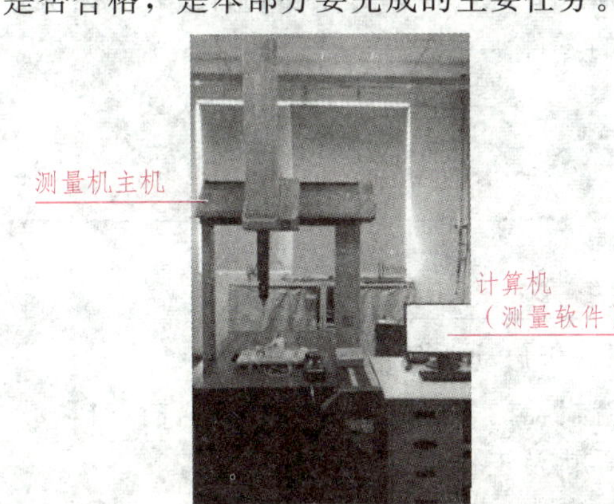

图 3-0-10　三坐标测量机

知识学习

一、三坐标测量机简介

三坐标测量机是 20 世纪 60 年代后期发展起来的一种高效的精密测量仪器。它是根据绝对测量法，采用触发式或扫描式等形式的传感器随 X、Y、Z 三个互相垂直的导轨相对移动和转动，获得被测物体上各测点的坐标位置，再经计算机数据处理系统，显示被测物体的几何尺寸、形状和位置误差的综合测量仪。

三坐标测量机的具体结构如图 3-0-10 所示，主要由测量机主机机械系统、计算机数据处理系统(测量软件)、电气控制系统和测头测座系统(图 3-0-11)四部分组成。

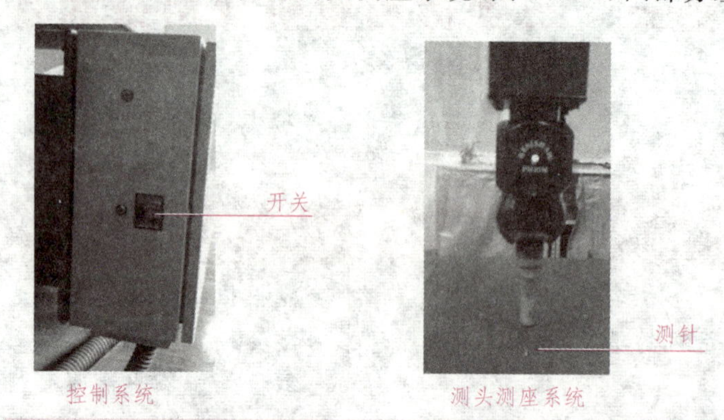

图 3-0-11 三坐标测量机的电气控制系统及测头测座系统

三坐标测量机可以准确、快速地测量标准几何元素(如线、平面、圆、圆柱)及确定中心和几何尺寸的相对位置。在一些应用软件的帮助下，还可以测量、评定已知的或未知的二维或三维开放式、封闭式曲线。因而，三坐标测量机可以对工件的尺寸、形状和形位公差进行精密检测，从而完成零件检测、外形测量、过程控制等任务。

三坐标测量机广泛应用于汽车、电子、五金、塑胶、模具等行业中，特别适用于测量复杂的箱体类零件、模具、精密铸件、汽车外壳、发动机零件、凸轮以及飞机形体等带有空间曲面的零件。

二、三坐标测量机的使用方法

1. 操作前的确认事项

(1)测量机启动前的准备工作。

①检查机器的外观及机器导轨是否有障碍物，电缆及气路是否连接正常。

②对导轨及工作台面进行清洁。

③检查温度、气压、电压、地线是否符合要求，对前置过滤器、储气罐、除水机(图 3-0-12)进行放水检查。

图 3-0-12 三坐标测量机的除水机、过滤器及储气罐

④以上条件都具备后，接通 UPS、除水机电源，打开气源开关。

(2)测量机系统确认。

(3)测量机系统启动。

①打开计算机电源(图 3-0-13)，启动计算机，打开测头控制器电源。

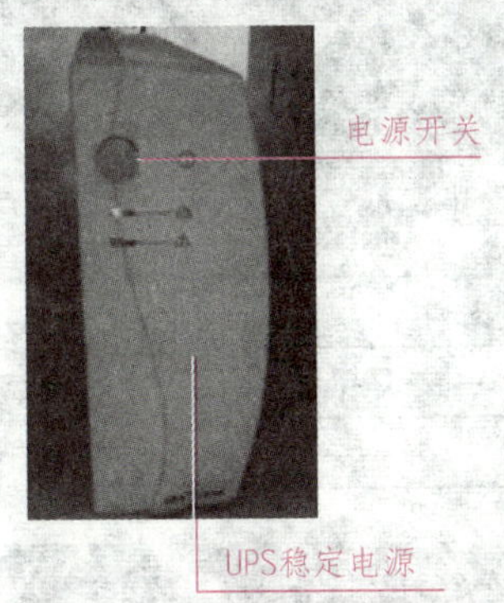

图 3-0-13　三坐标测量机的计算机电源

②打开控制系统电源，系统进入自检状态(操纵盒所有指示灯全亮)，如图 3-0-14 所示。

③待系统自检完毕，单击 PC－DMIS 软件图标，启动软件系统。

④冷启动时，软件窗口会提示进行回机器零点的操作。此时将操纵盒的“加电”键按下，接通驱动电源，单击“确认”键，测量机进入回机器零点过程，三轴依据设定程序依次回零点。

⑤回机器零点过程完成后，PC－DMIS 进入正常工作界面，测量机进入正常工作状态。

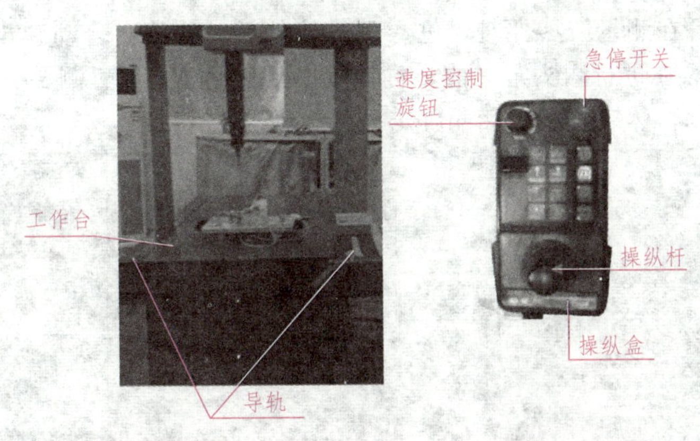

图 3-0-14　三坐标测量机的工作台及操作盒

(4)PC－DMIS 软件控制。

①软件初始界面。单击软件菜单栏中的“文件”，单击“新建”，打开新建零件窗口，如图 3-0-15 所示。

输入“零件名”“修订号”以及“序列号”，并选择测量单位。其中，“零件名”是必填的项

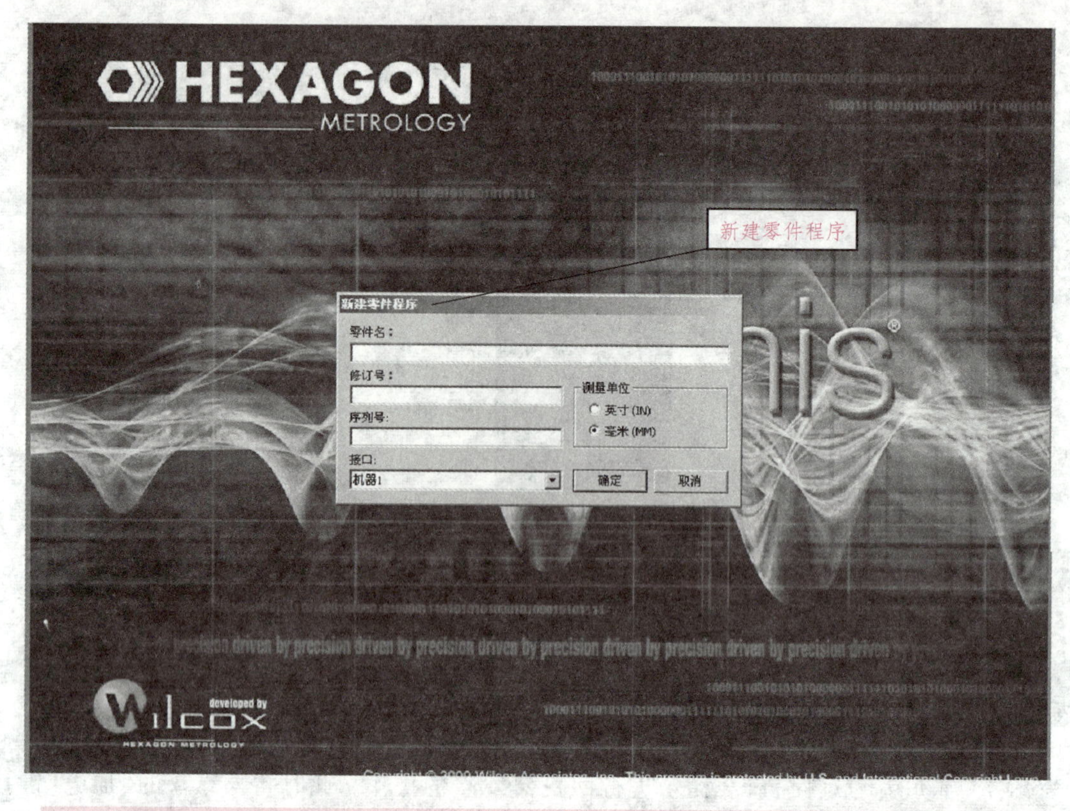

图 3-0-15　三坐标测量机的软件初始界面

目。如果要调用以前的程序，在“文件”菜单中选择“打开”，或在程序启动时选择相应已存在的文件名。选择“确认”后程序进入工作状态。

②测头校验。在测量新零件时，进入测量软件后，软件会自动弹出“测头功能”窗口，如图 3-0-16 所示。在进行测头定义前，首先要按照测量规划配置测头、测针，并规划好测座的所有适用角度，然后按照实际配置定义测头系统。

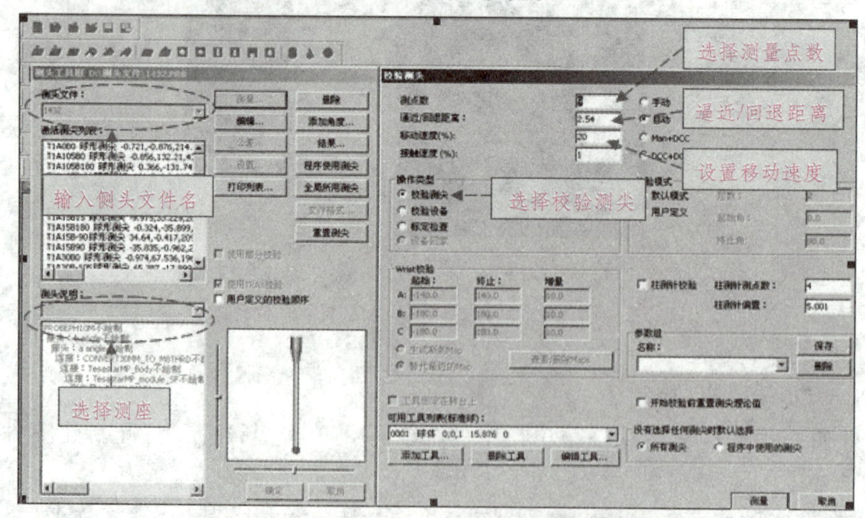

图 3-0-16　三坐标测量机的测头校验界面

单击“测头功能”→“测量”，弹出“校验测头”窗口。

在“校验测头”窗口设置完成后，单击“测量”键。

测头校验后，会弹出“校验结果”窗口，校验结果误差越小越好。

③导入 CAD 模型。单击“文件”→“导入”，如图 3-0-17 所示。

首先，选择所要导入 CAD 模型的数据类型——“igs”；其次，在“查找范围”下拉菜单中选择要导入文件所在的盘符，如“f:”，并在当前盘符下指定的目录下查找文件存放的位置；再次，选择所要导入模型的名称；最后，单击“导入”按钮。

图 3-0-17　三坐标测量机的导入 CAD 界面

④模型导入后，可以开始测量工作。

注意：

·工件吊装前，要将探针退回坐标原点，为吊装位置预留较大的空间；工件吊装要平稳，不可撞击三坐标测量仪的任何构件。

·被测零件在放到工作台上检测之前，应先清洗、去毛刺，防止再加工后零件表面残留的冷却液及加工残留物影响测量机的测量精度及测尖使用寿命。

·正确安装零件，安装前确保符合零件与测量机的等温要求。

·建立正确的坐标系，保证所建的坐标系符合图纸的要求，才能确保所测数据准确。

·当编好程序自动运行时，要防止探针与工件的干涉，故需注意增加拐点。

·对于一些大型较重的模具、检具，测量结束后应及时吊下工作台，以避免工作台长时间处于承载状态。

⑤报告的生成。单击“编辑”→“参数选择”→“参数”，打开参数设置对话框，根据需要，选择尺寸的显示内容及顺序，设置完成后单击“确定”按钮关闭对话框；单击菜单栏中的“视图”，勾选“报告窗口”，如图 3-0-18 所示，即可以出现报告显示界面。

在报告窗口底部，单击鼠标右键，选择“编辑”选项，出现报告显示编辑窗口，根据需要选择报告显示窗口；可以选择“使用文本格式尺寸报告”，出现如图 3-0-19 所示窗口。

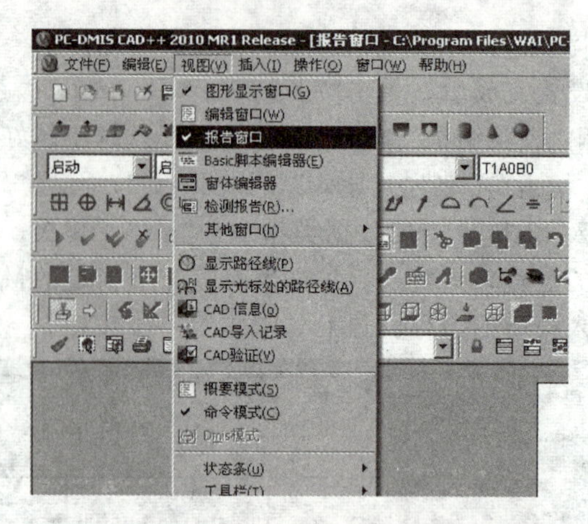

图 3-0-18　三坐标测量机的报告生成界面

pc•dmis	零件名: 5C6802041_08		十月 12, 2011	09:59
	修订号:	序列号:	统计计数: 1	

曲	毫米	位置1 - S1				
AX	NOMINAL	+TOL	-TOL	MEAS	DEV	OUTTOL
Z	1.500	0.000	-0.200	1.516	0.016	0.016

曲	毫米	位置2 - S2				
AX	NOMINAL	+TOL	-TOL	MEAS	DEV	OUTTOL
Z	1.500	0.000	-0.200	1.486	-0.014	0.000

图 3-0-19　三坐标测量机的使用文本格式尺寸界面

(5)测量机系统关闭。测量工作结束后，保存测量程序，关闭测量系统。

①关闭系统时，首先将 Z 轴运动到安全的位置和高度，避免造成意外碰撞。

②退出 PC—DMIS 软件，关闭控制系统电源和测座控制电源。

③关闭计算机电源、UPS、除水机电源，关闭气源开关。

2. 操作中的维护保养

(1)启动测量机。用酒精、棉花清洁三坐标测量机。

(2)选择测头等组件。根据测量软件要求，选择测座、测头、加长杆、测针、标准球直径等，同时要分别定义能够区别其不同角度、位置或长度的测头编号，即对测头进行定义。

(3)测头校正。用标准球进行测头校正，标准球的直径为 10～50 mm，其直径和形状误差都经过校准。用手动、操纵杆、自动方式在标准球的最大范围内触测 5 点以上(一般推荐在 7～11 点)，点的分布要均匀。

(4)安放工件。将被测工件放置在工作台上，目测将其放正后用橡皮泥固定住。

(5)坐标初始化。使三坐标测量机的坐标原点重新回到机器本身的三维坐标原点。

(6)校正基准。

①平面基准：选择工件的某一面(通常选择与三坐标测量机工作台面平行的一面)，在该表面上任意选取四点(所取四点位置尽量分散在工件平面的各个方向)，由这四点决定一个平面，建立一个基准平面。然后对这一平面进行空间位置的校正，即当它与机器工作台有一定的空间角度变化时，测量基准平面仍旧以它为基准，同时在空间偏转相同角度。这是因为所选工件的平面不一定与机器工作台完全平行，通过对空间位置的校正就可以将测量的原始坐标平面始终跟着工件的形状变化而变化，而不用再进行校正。

②直线基准：选择与平面相交的某一边界线上的任意两点，由这两点决定一条直线，建立一个基准坐标。然后对这一直线进行空间位置的校正，即当它与基准平面有一定的空间角度变化时，测量基准坐标仍旧以它为基准，同时在空间偏转相同角度。这样就将测量的原始坐标始终跟着这一直线的变化而变化，而不用再进行校正。

(7)X、Y、Z 坐标置零位。以基准平面和基准直线相交的点作为空间坐标的原点，即 X、Y、Z 轴坐标值均为零。在该点上赋值为零，使这一点成为本次测量的新坐标原点，以后选取的所有点的坐标都是相对于该点的坐标值。空间坐标原点的确定非常关键，往往选取零件图纸上的某个边界点作为基准点。

(8)选取测点。在工件上选取恰当的点进行采集和存储。点的选取，必须多点采集。缓缓地移动三坐标测针的上下、左右和前后位置，在工件上探求所需测量的点，当听到机器发生鸣叫声，即表示机器已自动将所探求的点的三维坐标存入机器内部。

(9)选择测量参数。根据采集的点的坐标参数，在计算机中调出所需测量参数的有关模块，点击该功能就能知道测量的参数值，然后再加以保存，以备后面的数据处理之用。

三、三坐标测量机的维护

三坐标测量机作为一种精密的测量仪器，如果维护及保养做得及时，就能延长机器的使用寿命，并使精度得到保障、故障率降低。下面列出了三坐标测量机的简单维护及保养规程。

1. 开机前的准备

(1)三坐标测量机对环境要求比较严格，应按合同要求严格控制温度及湿度。

(2)三坐标测量机使用气浮轴承，理论上是永不磨损结构，但是如果气源不干净，有油、水或杂质，就会造成气浮轴承阻塞，严重时会造成气浮轴承和气浮导轨划伤，后果严重。所以，每天要检查机床气源，放水放油，定期清洗过滤器及油水分离器。还应注意机床气源前级空气来源，空气压缩机或集中供气的储气罐也要定期检查。

(3)三坐标测量机的导轨加工精度很高，与空气轴承的间隙很小，如果导轨上面有灰尘或其他杂质，就容易造成气浮轴承和导轨划伤。所以每次开机前应清洁机器的导轨，金属导轨用航空汽油擦拭(120 号或 180 号汽油)，花岗岩导轨用无水乙醇擦拭。

(4)切记在保养过程中不能给任何导轨上任何性质的油脂。

(5)定期给光杆、丝杆、齿条上少量防锈油。

(6)在长时间没有使用三坐标测量机时，在开机前应做好准备工作：控制室内的温度和湿度(24 h 以上)，在南方湿润的环境中还应该定期把电控柜打开，使电路板也得到充分的干燥，避免电控系统由于受潮后突然加电后损坏。然后检查气源、电源是否正常。

(7)开机前检查电源，如有条件应配置稳压电源，定期检查接地，接地电阻小于 4 Ω。

2. 工作过程中

(1)被测零件在放到工作台上检测之前，应先清洗去毛刺，防止在加工完成后零件表面残留的冷却液及加工残留物影响测量机的测量精度及测头使用寿命。

(2)被测零件在测量之前应在室内恒温，如果温度相差过大就会影响测量精度。

(3)大型及重型零件在放置到工作台上的过程中应轻放，以避免造成剧烈碰撞，致使工作台或零件损伤。必要时可以在工作台上放置一块厚橡胶以防止碰撞。

(4)在工作过程中，测座在转动时(特别是带有加长杆的情况下)一定要远离零件，以避免碰撞。

3. 操作结束后

(1)请将 Z 轴移动到下方，但应避免测尖撞到工作台。

(2)工作完成后要清洁工作台面。

(3)检查导轨，如有水印应及时检查过滤器。

(4)工作结束后将机器总气源关闭。

任务实施

一、测量器具准备

测量训练器具准备：三坐标测量机(图 3-0-10)、全棉布数块、油石、汽油或无水酒精、防锈油。

二、测量内容、步骤和要求

1. 测量零件图

被测汽车配件——托架如图 3-0-9 所示。

2. 测量步骤方法

参见三坐标测量机的使用方法。

3. 测量编程及报告示例(简略)

零件名：6RA 803 383A

修订号：

序号：

统计计数：1

启动　　=建坐标系/开始，回调:，LIST=是

　　　　建坐标系/终止

模式/手动
逼近距离/2.54
回退/2.54
飞行/开，3
加载测头/1432
测尖/T1A0B0，柱测尖 IJK=0，0，1，角度=90
RPS1FX =自动/矢量点，SHOWALLPARAMS=是
理论值/290.5，－333，680，1，0，0
实际值/688.166，330.8，－519.893，0.9998629，0.0164928，0.0015008
目标值/290.5，－333，680，1，0，0
理论厚度=0，直角，捕捉=否，$
自动移动=BOTH，距离=3
RPS2FY =自动/矢量点，SHOWALLPARAMS=是
理论值/260，－349.8，680，0.0007869，0.9848436，－0.173443
实际值/657.409，347.102，－519.751，0.0168237，－0.9868439，0.1607983
目标值/260，－349.8，680，0.0007869，0.9848436，－0.173443
理论厚度=0，直角，捕捉=否，$
自动移动=BOTH，距离=3
RPS3FY =自动/矢量点，SHOWALLPARAMS=是
理论值/230.6，－351.2，662.8，－0.0134115，0.9967534，－0.0793896
实 际 值/627.96， 347.796， － 502.585， 0.0029452， －0.9977768，0.0665786
目标值/230.6，－351.2，662.8，－0.0134115，0.9967534，－0.0793896
理论厚度=0，直角，捕捉=否，$
自动移动=BOTH，距离=3
……
F1 =自动/矢量点，SHOWALLPARAMS=是
理论值/211.168，－261.793，648.956，－0.1829431，－0.0529835，－0.9816947
实际值/211.288，－261.763，649.613，－0.1829431，－0.0529835，－0.9816947
目标值/211.168，－261.793，648.956，－0.1829431，－0.0529835，－0.9816947
理论厚度=0，直角，捕捉=否，$
自动移动=BOTH，距离=10
……
F23 =自动/矢量点，SHOWALLPARAMS=是
理论值/320.283，－347.41，684.993，0，0.084039，－0.9964625
实际值/320.288，－347.402，684.946，0，0.084039，－0.9964625
目标值/320.283，－347.41，684.993，0，0.084039，－0.9964625
理论厚度=0，直角，捕捉=否，$
自动移动=BOTH，距离=10

移动/POINT，常规，320.445，－347.363，646.407

测尖/T1A0B0，柱测尖 IJK＝0.006，－0.028，－1，角度＝－90.074

S1　　＝自动/棱点，SHOWALLPARAMS＝否

理论值/344.987，－333.179，680，0.9996622，－0.0259912，0

实际值/345.209，－333.207，680.043，0.9996622，－0.0259912，0

目标值/344.987，－333.179，680，0.9996622，－0.0259912，0

……

S16　　＝自动/棱点，SHOWALLPARAMS＝否

理论值/313.855，－317.982，684.841，0.0020005，0.9712482，－0.2380608

实际值/313.873，－317.568，684.847，0.0020005，0.9712482，－0.2380608

目标值/313.855，－317.982，684.841，0.0020005，0.9712482，－0.2380608

格式/文本，选项，，标题，符号，；标称值，测定值，偏差，公差，超差，

……（略）

三、测量训练评价

学生应能够按照实验步骤和技能测试评估表 3-0-4 中的评估要求，进行独立计划和实验。评估不合格者，学生提交申请，允许重新评估。

表 3-0-4　测量训练评估表

<table>
<tr><td>学生姓名</td><td colspan="2"></td><td>班级</td><td></td><td colspan="2">学　号</td><td colspan="3"></td></tr>
<tr><td>测量项目</td><td colspan="2"></td><td>课程</td><td></td><td colspan="2">专　业</td><td colspan="3"></td></tr>
<tr><td>评价方面</td><td colspan="4">测　量　评　价　内　容</td><td>权重</td><td>自评</td><td>组评</td><td>师评</td><td>得分</td></tr>
<tr><td rowspan="3">基础知识</td><td colspan="4">三坐标测量机的测量范围及组成</td><td rowspan="3">20</td><td rowspan="3"></td><td rowspan="3"></td><td rowspan="3"></td><td rowspan="3"></td></tr>
<tr><td colspan="4">三坐标测量机的使用方法</td></tr>
<tr><td colspan="4">三坐标测量机的维护注意事项</td></tr>
<tr><td rowspan="7">操作训练</td><td rowspan="2">第一阶段：准备工作</td><td colspan="3">①能正确完成测量机启动前的各项准备工作</td><td rowspan="2">10</td><td rowspan="2"></td><td rowspan="2"></td><td rowspan="2"></td><td rowspan="2"></td></tr>
<tr><td colspan="3">②完成测量机系统确认、测量机系统启动工作</td></tr>
<tr><td rowspan="2">第二阶段：测量并记录数据</td><td colspan="3">①坐标初始化、校正基准 X、Y、Z 坐标置零位、选取测点、选择测量参数</td><td rowspan="2">20</td><td rowspan="2"></td><td rowspan="2"></td><td rowspan="2"></td><td rowspan="2"></td></tr>
<tr><td colspan="3">②PC－DMIS 软件控制</td></tr>
<tr><td rowspan="3">第三阶段：测量数据分析、处理</td><td colspan="3">①生成报告</td><td rowspan="3">30</td><td rowspan="3"></td><td rowspan="3"></td><td rowspan="3"></td><td rowspan="3"></td></tr>
<tr><td colspan="3">②准确读数分析</td></tr>
<tr><td colspan="3">③评定此零件尺寸的合格性，字迹清晰，完成实验报告</td></tr>
<tr><td rowspan="4">学习态度</td><td colspan="4">①出勤</td><td rowspan="4">20</td><td rowspan="4"></td><td rowspan="4"></td><td rowspan="4"></td><td rowspan="4"></td></tr>
<tr><td colspan="4">②纪律</td></tr>
<tr><td colspan="4">③团队协作精神</td></tr>
<tr><td colspan="4">④爱护实训设施</td></tr>
</table>

续表

<table>
<tr><th>评价方面</th><th colspan="2">测 量 评 价 内 容</th><th>权重</th><th>自评</th><th>组评</th><th>师评</th><th>得分</th></tr>
<tr><td>规章制度</td><td>遵守操作规范，正确使用工具，保持实训场地清洁卫生，安全操作，无事故</td><td colspan="2">不符合要求，每次扣5分</td><td></td><td></td><td></td><td></td></tr>
<tr><td colspan="8">测量技能训练评估记录：
指导教师签字：　　　　日期：</td></tr>
<tr><td colspan="8">技能训练评估等级：优秀(85 分以上)；良好(75～85 分)；合格(60～75 分)；不合格(60 分以下)</td></tr>
</table>

思考与练习

1. 使用工具显微镜测量螺纹尺寸的测量方法有哪些？

2. 使用工具显微镜能够进行哪些项目的测量？

3. 工具显微镜作为精密光学测量仪器，在使用时要注意哪些方面？

4. 用影像法测量螺纹时，工具显微镜的立柱为什么要倾斜一个螺旋角 ψ?

5. 在工具显微镜上测量外螺纹的中径时，为什么要在牙型轮廓影像左、右侧面分别测得数据再取它们的平均值作为测量结果？

6. 根据不同的测量范围，气动量仪常用的分度值有哪几种？

7. 试写出浮标式气动量仪的测量过程及步骤。

8. 试总结浮标式气动量仪的使用注意事项。

9. 简述三坐标测量机的工作原理。

10. 三坐标测量机主要由哪几部分组成？

11. 三坐标测量机在使用和保养上应注意哪些方面？

附 录

附录一 实训守则

一、实训基本要求

(1)严格遵守实训纪律，按照时间安排准时到实训室进行实训，不得迟到、早退。

(2)每天实训前必须认真预习实训指导书及教材中的相关内容，初步了解本次测量实训的目的、要求，熟悉仪器、设备及相关量具的工作原理和操作方法，并完成上次实训记录和课后练习，否则不得进行实训。

(3)实训时必须携带课程教材、测量技术实训指导书、相关参考资料、笔、三角板、计算器及草稿纸等。

(4)测量过程中应学会正确记录和处理各种实验数据，并考虑如何书写实训报告；实训中出现的测量误差或其他情况应进行分析说明。

(5)全部实训完成后要认真归纳整理实训中的各种原始记录，完成全部规定的练习作业，写出实训总结，并进行一次测量技术评价，综合确定实训成绩。

二、实训须知

(1)学生应在规定的时间进入实验室。进入实验室前须搞好个人卫生，并换上工作服。除必要的书籍和文具外，与实训无关的其他物品不得带入实验室。注意养成良好的职业道德规范，保持实训室的清洁和安静。

(2)实训时必须严格遵守实验室的规章制度和仪器设备的操作规程，爱护仪器设备，未经允许不得动用与本次实训内容无关的量具、仪器设备及其他物品。

(3)测量实训时应按教师的要求和指导书的说明擦净量仪和被测工件，细心调整仪器，严肃认真，按规定的操作步骤进行测量，记录数据。操作时用力要适当，严禁用手触摸光学镜头和量具量仪的工作表面。在接通电压时要特别注意仪器要求的电压。如仪器发生故障，应立即报告指导教师进行处理，不得自行拆修。

(4)实训完毕后要清理现场，将所用量具、仪器设备和被测工件整理好。认真填写实训报告(包括实验记录与数据处理，绘制必要的图形)，经指导教师同意后方能离去。

(5)在规定的时间内未能完成测量任务者，须经实训室负责人同意，或延长实训时间，或另行安排时间补做。

附录二　实验实训设备配置建议

按每学期两个班，每班40名学生配置教学实验实训设备。主要的量具、量仪如下：

类型	序号	名称	规格/型号	数量	备注
游标类量具	1	游标卡尺	125×0.02	10	
	2	游标卡尺	200×0.02	10	
	3	游标深度尺	300×0.02	6	
	4	游标高度尺	300×0.02	6	
	5	齿厚游标卡尺	M1～26×0.02	5	
	6	游标万能角度尺	0～320°	10	
螺旋测微类量具	1	外径千分尺	0～25　25～50　50～75	各8件	
	2	外径千分尺	75～100　100～125	1、4	
	3	公法线千分尺	25～50　50～75	各4件	
	4	螺纹千分尺	0～25　25～50	各6件	
	5	杠杆千分尺	0～25　25～50	各5件	
	6	深度千分尺	0～100	1	
	7	壁厚千分尺	0～25	2	
	8	内测千分尺	50～250	6	
指示表类量具	1	百分表	0～5	10	
	2	杠杆百分表	0～0.8	9	
	3	千分表	0～1	10	
	4	内径百分表	18～35，35～50，50～160	各6件	
	5	万能表架		8	
	6	磁力表架		3	
其他类量具	1	三针	1.732	3	
	2	量块	83组	4	
	3	正弦尺	100 mm	3	
	4	宽座角尺	80，125，160	6，2，1	
	5	V形块		5	
	6	方箱		1	
	7	平板	1000×70，500×400	各3块	
	8	表面粗糙度样板		5	
	9	塞尺	150×0.02	5	
	10	半径规	15～25	各5把	
测量仪器	1	偏摆检查仪	PBY5017	2	
	2	立式光学比较仪	LG-1	1	
	3	万能工具显微镜	19JA	1	
	4	卧式万能测长仪	JDY-2	1	
	5	大型工具显微镜	XQJ-1	1	

附录三 轴、孔的基本偏差

附表 3-1 轴的基本偏差值($d \leqslant 500$ mm)(GB/T 1800.3—2009)

基本尺寸/mm	基本偏差																
	上偏差 es												下偏差 ei				
	a	b	c	cd	d	e	ef	f	fg	g	h	js	j			k	
	所有公差等级												5～6	7	8	4～7	≤3 >7
≤3	−270	−140	−60	−34	−20	−14	−10	−6	−4	−2	0	偏差等于 $\pm\frac{IT}{2}$	−2	−4	−6	0	0
>3～6	−270	−140	−70	−46	−30	−20	−14	−10	−6	−4	0		−2	−4	—	+1	0
>6～10	−280	−150	−80	−56	−40	−25	−18	−13	−8	−5	0		−2	−5	—	+1	0
>10～14 >14～18	−290	−150	−95	—	−50	−32	—	−16	—	−6	0		−3	−6	—	+1	0
>18～24 >24～30	−300	−160	−110	—	−65	−40	—	−20	—	−7	0		−4	−8	—	+2	0
>30～40 >40～50	−310 −320	−170 −180	−120 −130	—	−80	−50	—	−25	—	−9	0		−5	−10	—	+2	0
>50～65 >65～80	−340 −360	−190 −200	−140 −150	—	−100	−60	—	−30	—	−10	0		−7	−12	—	+2	0
>80～100 >100～120	−380 −410	−220 −240	−170 −180	—	−120	−72	—	−36	—	−12	0		−9	−15	—	+3	0
>120～140 >140～160 >160～180	−460 −520 −580	−260 −280 −310	−200 −210 −230	—	−145	−85	—	−43	—	−14	0		−11	−18	—	+3	0
>180～200 >200～225 >225～250	−660 −740 −820	−340 −380 −420	−240 −260 −280	—	−170	−100	—	−50	—	−15	0		−13	−21	—	+4	0
>250～280 >280～315	−920 −1050	−480 −540	−300 −330	—	−190	−110	—	−56	—	−17	0		−16	−26	—	+4	0
>315～355 >355～400	−1200 −1350	−600 −680	−360 −400	—	−210	−125	—	−62	—	−18	0		−18	−28	—	+4	0
>400～450 >450～500	−1500 −1650	−760 −840	−440 −480	—	−230	−135	—	−68	—	−20	0		−20	−32	—	+5	0

续表

基本尺寸/mm	基本偏差													
	下偏差 ei													
	m	n	p	r	s	t	u	v	x	y	z	za	zb	zc
	所有公差等级													
≤3	+2	+4	+6	+10	+14	—	+18	—	+20	—	+26	+32	+40	+60
>3～6	+4	+8	+12	+15	+19	—	+23	—	+28	—	+35	+42	+50	+80
>6～10	+6	+10	+15	+19	+23	—	+28	—	+34	—	+42	+52	+67	+97
>10～14 >14～18	+7	+12	+18	+23	+28	—	+33	— +39	+40 +45	— —	+50 +60	+64 +77	+90 +108	+130 +150
>18～24 >24～30	+8	+15	+22	+28	+35	— +41	+41 +48	+47 +55	+54 +64	+63 +75	+73 +88	+98 +118	+136 +160	+188 +218
>30～40 >40～50	+9	+17	+26	+34	+43	+48 +54	+60 +70	+68 +81	+80 +97	+94 +114	+112 +136	+148 +180	+220 +242	+274 +325
>50～65 >65～80	+11	+20	+32	+41 +43	+53 +59	+66 +75	+87 +102	+102 +120	+122 +146	+144 +174	+172 +210	+226 +274	+300 +360	+405 +480
>80～100 >100～120	+13	+23	+37	+51 +54	+71 +79	+91 +104	+124 +144	+146 +172	+178 +210	+214 +256	+258 +310	+335 +400	+445 +525	+585 +690
>120～140 >140～160 >160～180	+15	+27	+43	+63 +65 +68	+92 +100 +108	+122 +134 +146	+170 +190 +210	+202 +228 +252	+248 +280 +310	+300 +340 +380	+365 +415 +465	+470 +535 +600	+620 +700 +780	+800 +900 +1000
>180～200 >200～225 >225～250	+17	+31	+50	+77 +80 +84	+122 +130 +140	+166 +180 +196	+236 +258 +284	+284 +310 +340	+350 +385 +425	+425 +470 +520	+520 +575 +640	+670 +740 +820	+880 +960 +1050	+1150 +1250 +1350
>250～280 >280～315	+20	+34	+56	+94 +98	+158 +170	+218 +240	+315 +350	+385 +425	+475 +525	+580 +650	+710 +790	+920 +1000	+1200 +1300	+1550 +1700
>315～355 >355～400	+21	+37	+62	+108 +114	+190 +208	+268 +294	+390 +435	+475 +530	+590 +660	+730 +820	+900 +1000	+1150 +1300	+1500 +1650	+1900 +2100
>400～450 >450～500	+23	+40	+68	+126 +132	+232 +252	+330 +360	+490 +540	+595 +660	+740 +820	+920 +1000	+1100 +1250	+1450 +1600	+1850 +2100	+2400 +2600

注：①基本尺寸小于 1 mm 时，各级的 a 和 b 均不采用；

②js 的数值：对 IT7～IT11，若 IT 的数值(μm)为奇数，则取 js=±(IT−1)/2。

附表 3-2 孔的基本偏差值($D\leqslant 500$ mm)(GB/T 1800.3—2009)

基本尺寸/mm	基本偏差																		
	下偏差 EI												上偏差 ES						
	A	B	C	CD	D	E	EF	F	FG	G	H	JS	J			K		M	
	所有公差等级												6	7	8	≤8	>8	≤8	>8
≤3	+270	+140	+60	+34	+20	+14	+10	+6	+4	+2	0	偏差等于$\pm\frac{IT}{2}$	+2	+4	+6	0	0	−2	−2
>3~6	+270	+140	+70	+36	+30	+20	+14	+10	+6	+4	0		+5	+6	+10	−1+Δ	—	−4+Δ	−4
>6~10	+280	+150	+80	+56	+40	+25	+18	+13	+8	+5	0		+5	+8	+12	−1+Δ	—	−6+Δ	−6
>10~14 >14~18	+290	+150	+95	—	+50	+32	—	+16	—	+6	0		+6	+10	+15	−1+Δ	—	−7+Δ	−7
>18~24 >24~30	+300	+160	+110	—	+65	+40	—	+20	—	+70	0		+8	+12	+20	−2+Δ	—	−8+Δ	−8
>30~40 >40~50	+310 +320	+170 +180	+120 +130	—	+80	+50	—	+25	—	+9	0		+10	+14	+24	−2+Δ	—	−9+Δ	−9
>50~65 >65~80	+340 +360	+190 +200	+140 +150	—	+100	+60	—	+30	—	+10	0		+13	+18	+28	−2+Δ	—	−11+Δ	−11
>80~100 >100~120	+380 +410	+220 +240	+170 +180	—	+120	+72	—	+36	—	+12	0		+16	+22	+34	−3+Δ	—	−13+Δ	−13
>120~140 >140~160 >160~180	+440 +520 +580	+260 +280 +310	+200 +210 +230	—	+145	+85	—	+43	—	+14	0		+18	+26	+41	−3+Δ	—	−15+Δ	−15
>180~200 >200~225 >225~250	+660 +740 +820	+340 +380 +420	+240 +260 +280	—	+170	+100	—	+50	—	+15	0		+22	+30	+47	−4+Δ	—	−17+Δ	−17
>250~280 >280~315	+920 +1050	+480 +540	+300 +330	—	+190	+110	—	+56	—	+17	0		+25	+36	+55	−4+Δ	—	−20+Δ	−20
>315~355 >355~400	+1200 +1350	+600 +680	+360 +400	—	+120	+150	—	+62	—	+18	0		+29	+39	+60	−4+Δ	—	−21+Δ	−21
>400~450 >450~500	+1500 +1650	+760 +840	+440 +480	—	+230	+135	—	+68	—	+20	0		+33	+43	+66	−5+Δ	—	−23+Δ	−23

续表

基本尺寸/mm	基本偏差															Δ/μm					
	上偏差 ES																				
	N		P～ZC	P	R	S	T	U	V	X	Y	Z	ZA	ZB	Z	3	4	5	6	7	8
	≤8	>8	≤7	>7																	
≤3	−4	−4	在大于7级的相应数值上增加一个Δ值	−6	−10	−14	—	−18	—	−20	—	−26	−32	−40	−60	0					
>3～6	−8+Δ	0		−12	−15	−19	—	−23	—	−28	—	−35	−42	−50	−80	1	1.5	1	3	4	6
>6～10	−10+Δ	0		−15	−19	−23	—	−28	—	−34	—	−42	−52	−67	−97	1	1.5	2	3	6	7
>10～14	−12+Δ	0		−18	−23	−28	—	−33	—	−40	—	−50	−64	−90	−130	1	2	3	3	7	9
>14～18									−39	−45	—	−60	−77	−108	−150						
>18～24	−15+Δ	0		−22	−28	−35	—	−41	−47	−54	−65	−73	−98	−136	−188	1.5	2	3	4	8	12
>24～30							−41	−48	−55	−64	−75	−88	−118	−160	−218						
>30～40	−17+Δ	0		−26	−34	−43	−48	−60	−68	−80	−94	−112	−148	−200	−274	1.5	3	4	5	9	14
>40～50							−54	−70	−81	−95	−114	−136	−180	−242	−325						
>50～65	−20+Δ	0		−32	−41	−53	−66	−87	−102	−122	−144	−172	−226	−300	−400	2	3	5	6	11	16
>65～80					−43	−59	−75	−102	−120	−146	−174	−210	−274	−360	−480						
>80～100	−23+Δ	0		−37	−51	−71	−92	−124	−146	−178	−214	−258	−335	−445	−585	2	4	5	7	13	19
>100～120					−54	−79	−104	−144	−172	−210	−254	−310	−400	−525	−690						
>120～140	−27+Δ	0		−43	−63	−92	−122	−170	−202	−248	−300	−365	−470	−620	−800	3	4	6	7	15	23
>140～160					−65	−100	−134	−190	−228	−280	−340	−415	−535	−700	−900						
>160～180					−68	−108	−146	−210	−252	−310	−380	−465	−600	−780	−1000						
>180～200	−31+Δ	0		−50	−77	−122	−166	−236	−284	−350	−425	−520	−670	−880	−1150	3	4	6	9	17	26
>200～225					−80	−130	−180	−258	−310	−385	−470	−575	−740	−960	−1250						
>225～250					−84	−140	−196	−284	−340	−425	−520	−640	−820	−1050	−1350						
>250～280	−34+Δ	0		−56	−94	−158	−218	−315	−385	−475	−580	−710	−920	−1200	−1500	4	4	7	9	20	29
>280～315					−98	−170	−240	−350	−425	−525	−650	−790	−1000	−1300	−1700						
>315～355	−37+Δ	0		−62	−108	−190	−268	−390	−475	−590	−730	−900	−1150	−1500	−1900	4	5	7	11	21	32
>355～400					−114	−208	−294	−435	−530	−660	−820	−1000	−1300	−1650	−2100						
>400～450	−40+Δ	0		−68	−126	−232	−330	−490	−595	−740	−920	−1100	−1450	−1850	−2400	5	5	7	13	23	34
>450～500					−132	−252	−360	−540	−660	−820	−1000	−1250	−1600	−2100	−2600						

注：1. 基本尺寸小于 1 mm 时，各级的 A 和 B 及大于 8 级的 N 均不采用；

2. JS 的数值，对 IT7～IT11，若 IT 的数值(μm)为奇数，则取 JS=±(IT−1)/2；

3. 特殊情况：当基本尺寸大于 250 mm 而小于 315 mm 时，M6 的 ES 等于−9(不等于−11)。

参 考 文 献

[1] 黄云清 . 公差配合与测量技术（第 3 版）[M]. 北京：机械工业出版社，2018.

[2] 荀占超. 公差配合与测量技术 [M]. 北京：机械工业出版社，2018.

[3] 郑爱云. 机械制图 [M]. 北京：机械工业出版社，2017.

[4] 王军红，史卫华，王伟. 机械制图与 CAD [M]. 北京：机械工业出版社，2019.

[5] 邬建忠 . 机械测量技术 [M] . 北京 : 北京理工大学出版社，2015.

[6] 胡照海 . 零件几何量检测 [M] . 北京 : 北京理工大学出版社，2011.

[7] 陈爱民. 技术测量 [M]. 江苏：江苏教育出版社，2013.

[8] 邬建忠. 机械测量技术基础与训练 [M]. 北京：高等教育出版社，2007.

[9] 梅荣娣. 公差配合与技术测量 [M]. 江苏：江苏教育出版社，2009.

[10] 邬建忠 . 机械测量技术 [M] . 北京 : 电子工业出版社，2013.

[11] GB / T1800–2009 产品几何技术规范 (GPS) 极限与配合 [S].

[12] GB / T1804—2000 一般公差 未注公差的线性尺寸和角度尺寸的公差 [S].

[13] GB / T1182–2008 产品几何技术规范 (GPS) 几何公差形状、方向、位置和跳动公差标注 [S].

[14] GB / T4249–2009 产品几何技术规范 (GPS) 公差原则 [S].

[15] GB / T1184—1996 形状和位置公差 未注公差值 [S].

[16] GB / T16671—2009 产品几何技术规范 (GPS) 几何公差 最大实体要求 最小实体要求和可逆要求 [S].

[17] GB/T131—2006/ISO 1302：2002 产品几何技术规范（GPS）技术产品文件中表面粗糙度的表示法 [S].

[18] GB/T3505—2009 产品几何技术规范（GPS）表面结构 轮廓法 表面结构的术语定义及表面结构参数 [S].

[19] GB/T1031—2009 产品几何技术规则（GPS）表面结构 轮廓法 表面粗糙度参数及其数值 [S].

[20] GB/T193–2003 普通螺纹 直径与螺距系列 [S].

[21] GB/T197–2003 普通螺纹 公差 [S].

[22] GB/T2516–2003 普通螺纹 极限偏差 [S].